计算机应用技术

主　编　徐骏骅　卢雪峰　李桂香
副主编　景秀眉　汤巧英

ZHEJIANG UNIVERSITY PRESS
浙江大学出版社

图书在版编目(CIP)数据

计算机应用技术 / 徐骏骅,卢雪峰,李桂香主编
. —杭州:浙江大学出版社,2019.11
ISBN 978-7-308-19716-8

Ⅰ.①计... Ⅱ.①徐...②卢...③李... Ⅲ.①电子
计算机—高等学校—教材 Ⅳ.①TP3

中国版本图书馆 CIP 数据核字(2019)第 253647 号

计算机应用技术
主　编　徐骏骅　卢雪峰　李桂香
副主编　景秀眉　汤巧英

责任编辑　吴昌雷
责任校对　刘　郡
封面设计　北京春天
出版发行　浙江大学出版社
(杭州市天目山路 148 号　邮政编码 310007)
(网址:http://www.zjupress.com)
排　　版　杭州朝曦图文设计有限公司
印　　刷　嘉兴华源印刷厂
开　　本　787mm×1092mm　1/16
印　　张　14.5
字　　数　342 千
版 印 次　2019 年 11 月第 1 版　2019 年 11 月第 1 次印刷
书　　号　ISBN 978-7-308-19716-8
定　　价　42.00 元

目　　录

模块 1

计算机基础知识

■■ 本章重点

经过五十多年的发展，计算机及网络技术的广泛应用，极大地改变了人们生活、学习和工作的方式和习惯，推动了社会、经济和政治的发展，作为信息化时代的重要特征，计算机操作成为当代人们的必备技能之一。

本章将从计算机技术的基础知识、计算机技术发展与应用、计算机系统组成与工作原理出发，一步步揭开计算机技术的神秘面纱；同时通过对计算机各硬件作用和性能指标进行详细介绍，提高对于计算机硬件系统和计算机选购的了解程度；最后结合信息化技术发展趋势，对当前最热门的大数据和云计算技术的概念、发展现状和实际应用案例进行介绍，开拓对于信息社会未来发展的认知。

■■ 章节要点

- 计算机系统概述
- 计算机技术的发展及应用领域
- 未来计算机的发展方向
- 计算机系统的组成和工作原理
- 计算机硬件知识
- 计算机硬件的主要性能指标
- 大数据与云计算概述

计算机技术概述

1.1 计算机系统概述

1.1.1 计算机技术概述

计算机技术是 20 世纪人类最伟大、最卓越的科学技术发明之一。随着信息化技术的发展，计算机已广泛应用于现代科学技术、国防、工业、农业、企业管理、办公自动化以及日常生活中的各个领域，并产生了巨大的效益。

计算机现已成为当今社会各行各业不可缺少的工具。是一种能按照事先存储的程序，自动、高速地进行大量数值计算和各种信息处理的现代化智能电子设备。它有许多特点，其中最重要的特点是：高速度，能“记忆”，善判断和可交互。

（1）具有自动控制能力。计算机是由程序控制其操作过程的。只要根据应用的需要，事先编制好程序并输入计算机，计算机就能自动、连续地工作，完成预定的处理任务。计算机中可以存储大量的程序和数据。存储程序是计算机工作的一个重要原则，这是计算机能自动处理的基础。

（2）处理速度快。计算机由电子器件构成，具有很高的处理速度。目前世界上最快的计算机每秒可运算万亿次，普通 PC 每秒也可处理上百万条指令。这不仅极大地提高了工作效率，而且使复杂处理可在限定的时间内完成。

（3）具有强大的“记忆”能力。计算机的存储器类似于人的大脑，可以记忆大量的数据和计算机程序，随时提供信息查询、处理等服务。早期的计算机，由于存储容量小，存储器常常成为制约计算机应用的“瓶颈”。今天，一台普通的 PC 内存可达数吉字节，能支持运行大多数窗口应用程序。当然，有些数据量特别大的应用，如大型情报检索、卫星图像处理等，仍需要使用具有更大存储容量的计算机，如巨型机。

（4）具有逻辑判断能力。逻辑判断是计算机的又一重要特点，是计算机能实现信息处理自动化的重要原因。冯·诺依曼型计算机的基本思想，就是将程序预先存储在计算机中。在程序的执行过程中，计算机根据上一步的处理结果，能运用逻辑判断能力自动决定下一步应该执行哪一条指令。这样，计算机的计算能力、逻辑判断能力和记忆能力三者相结合，使得计算机的能力远远超过了任何一种工具而成为人类脑力延伸的有力助手。

（5）计算精度高。由于计算机采用二进制数进行计算，因此可以用增加表示数字的设备和运用计算技巧等手段，使计算的精度越来越高。

（6）支持多种人机交互形式。计算机具有多种输入、输出设备，配上适当的软件后，可支持用户进行方便的人机交互。以广泛使用的鼠标为例，用户手握鼠标，只需将手指轻轻一点，计算机便随之完成某种操作功能，真可谓“得心应手，心想事成”。

（7）通用性强。计算机能够在各行各业得到广泛应用，其原因之一就是具有很强的通用性。计算机可以将任何复杂的信息处理任务分解成一系列的基本算术运算和逻辑运算，反映在计算机的指令操作中。按照各种规律要求的先后次序把它们组织成各种不同的程序，存入存储器中。

计算机技术的应用

1.1.2 计算机技术的应用领域

计算机技术的应用领域十分广泛，主要表现在以下方面：

（1）科学计算。利用计算机进行科学计算，不仅可以节省大量的时间、人力和物力，而且可以提高计算精度。因此，计算机是发展现代尖端技术必不可少的重要工具。

（2）多媒体信息处理。多媒体计算机系统融合多媒体采集、传输、存储、处理和显示控制技术于一体，并与传统的电视广播网和电信网的功能逐步融合，即向“三网合一”的方向发展。

(3)人工智能。人工智能(Artificial Intelligence,AI)是计算机应用的一个重要领域和前沿学科。它的目的是使计算机具有“推理”和“学习”的功能。“自然语言理解”是人工智能的一个分支。现代计算机技术已发展到通过语言方式命令计算机完成特定的操作。“专家系统”是人工智能的又一个重要分支。它是使计算机具有某一方面的专门知识,利用这些知识来处理遇到的问题,如人机对弈、模拟医生开处方等。“机器人”是人工智能的前沿领域,可以代替人进行危险作业、流水线生产安装等工作。

(4)虚拟现实技术。虚拟现实(Virtual Reality,VR)是一项与计算机技术密切相关的技术。它通过综合应用计算机图像、模拟与仿真、传感器、现实系统等技术和设备,以模拟仿真的方式,为用户提供了一个由真实反映操作对象变化与相互作用的三维图像环境所构建的虚拟世界,并通过特殊设备(如VR眼镜等)为用户提供一个与该虚拟世界相互作用的三维交互式用户界面,利用计算机技术模拟出逼真的视觉、听觉、触觉及嗅觉的真实环境,甚至可以对这一虚拟的显示进行交互体验,使人如同身临其境一般,如图1-1所示。

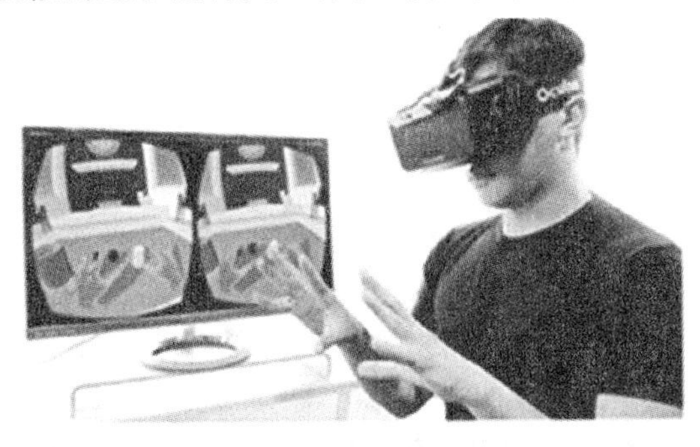

图1-1　虚拟现实(VR)技术

(5)增强现实技术。增强现实(Augmented Reality,AR)是一种实时地计算摄影机影像的位置及角度并加上相应图像的技术,这种技术的目标是在屏幕上把虚拟世界套在现实世界并进行互动。与VR技术不同,AR系统具有三个突出的特点:①真实世界和虚拟世界的信息集成;②具有实时交互性;③是在三维尺度空间中增添定位虚拟物体。因此,AR技术可广泛应用到军事、医疗、建筑、教育、工程、影视、娱乐等领域。目前,具有代表性的应用有苹果ARKit和谷歌ARCore等,如图1-2所示。

图1-2　增强现实(AR)技术

(6)混合现实技术。混合现实(Mixed Reality,MR)是结合了真实和虚拟世界创造的新的环境和可视化,其物理实体和数字对象共存并且可以实时相互作用,如图 1-3 所示。混合现实与前两者之间的界限非常模糊,是真实与虚拟共存,实时完成交互。将真实世界和虚拟世界混合在一起,来产生新的可视化环境,环境中同时包含了物理实体与虚拟信息,并且必须是“实时的”。

图 1-3　混合现实(MR)技术

(7)物联网技术。物联网技术是利用计算机技术将用户端延伸和扩展到任何物品与物品之间进行信息交换和通信,以实现智能化识别、定位、追踪、监控和管理的一种网络技术。随着近十年的发展,当前物联网技术已经拥有完整的系列产品,包括芯片、传感器、控制器以及云计算的各种应用等,应用领域包括环境保护、公共安全、智能家居、智能消防、工业监测、交通物流、个人健康等。在实现物物相连的物联网后,物联网技术将遍及我们生活的方方面面,大大提高我们的生活品质。图 1-4 为医药物联网技术演示。

图 1-4　医药物联网技术

(8)计算机辅助系统。计算机辅助设计(Computer Aided Design,CAD)、计算机辅助制造(Computer Aided Manufacturing,CAM)、计算机辅助测试(Computer Aided Testing,CAT)和计算机辅助教学(Computer Aided Instruction,CAI)等,统称为计算机辅助系统。CAD 是指利用计算机来帮助设计人员进行工程设计,提高设计工作的自动化程度,节省人力和物力。CAM 是指利用计算机来进行生产设备的管理、控制和操作,提高产品质量,降低生产成本。CAT 是指利用计算机进行复杂而大量的测试工作。CAI 是指利用计算机辅助教学的自动系统。

1.1.3　计算机技术的发展历程

计算机技术的发展历程

在第二次世界大战期间，出于战争的需要，美国军方在宾夕法尼亚大学成立了研究小组，开始了世界上第一台电子计算机的研制工作。经过3年的紧张工作，1946年2月14日，世界上第一台名为ENIAC(Electronic Numerical Integrator and Calculator，埃尼亚克)的数字电子计算机诞生了，如图1-5所示。该机的组成元件是电子管，占地约170m^2，重达30t，功率为150kW，每秒只能进行5000次加法运算，但它比当时的台式手摇计算机的速度快8400倍。

图1-5　计算机时代的开端ENIAC

(1)第一代计算机——电子管计算机。第一代计算机是电子管计算机(1946—1957年)。这一代计算机采用电子管作为主要元器件，因此体积庞大，成本很高，能耗大，运算速度只能达到每秒几千次到几万次，如图1-6所示。

图1-6　电子管计算机

(2)第二代计算机——晶体管计算机。第二代计算机是晶体管计算机(1958—1963年)，如图1-7所示。这一代计算机采用晶体管作为主要元器件，运算速度一般为每秒几万次到几十万次，甚至几百万次。与第一代计算机相比，这一代计算机体积缩小了，成本降低了，不仅在军事与尖端技术方面得到了广泛应用，而且在工程设计、数据处理、事务管理以及工业控制等方面也开始得到了应用。

图 1-7　晶体管计算机

(3)第三代计算机——中小规模集成电路计算机，如图 1-8 所示。第三代计算机是中小规模集成电路计算机(1964—1973 年)。这一代计算机采用半导体中小规模集成电路作为主要元器件，其体积和耗电量显著减少，计算速度和存储容量有了较大提高，可靠性也大大增强。在这一时期，设计计算机的基本思想是标准化、模块化、系列化，解决了软件兼容问题。此时，计算机应用进入到许多技术领域。

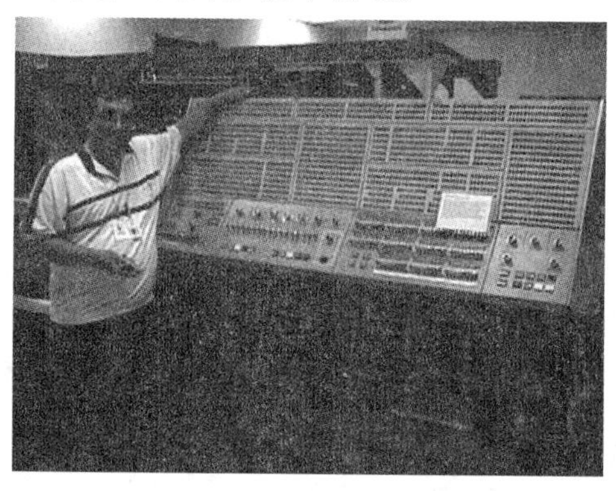

图 1-8　集成电路计算机

(4)第四代计算机——大规模、超大规模集成电路计算机。第四代计算机是大规模、超大规模集成电路计算机(1974 年至今)。伴随着计算机技术的不断发展，计算机沿着两个方向飞速发展。一方面利用大规模集成电路制造多种逻辑芯片，组装出大型、巨型计算机，速度向每秒百亿次、千亿次及更高速度发展。另一方面利用大规模、超大规模集成电路技术，将运算器、控制器等部件集中在一个很小的集成电路芯片上，从而出现了微处理器。将微处理器、半导体存储芯片及外部设备接口电路组装在一起就构成了微型计算机，如图 1-9 所示。微型计算机体积小、功耗低、成本低，其性能价格比优于其他类型的计算机，因此得到了广泛应用和迅速普及。

图 1-9 微型计算机

1.1.4 计算机技术在我国的发展

我国从 20 世纪 50 年代开始研制计算机。1958 年，我国研制出第一台电子管计算机，从而逐步形成了计算机工业。1983 年，我国成功研制出了每秒运算 1 亿次的“银河-Ⅰ”巨型计算机。1992 年，我国又成功研制出了每秒运算 10 亿次的“银河-Ⅱ”巨型计算机。1997 年，每秒运算 130 亿次的“银河-Ⅲ”巨型计算机研制成功，标志着我国计算机研制达到了一个新的水平。

2009 年 10 月 29 日，随着第一台国产千万亿次超级计算机在湖南长沙亮相，作为算盘这一古老计算器的发明国，中国拥有了历史上计算速度最快的工具。每秒 1206 万亿次的峰值速度，和每秒 563.1 万亿次的 Linpack 实测性能，使这台名为“天河一号”的计算机位居同日公布的中国超级计算机前 100 强之首，也使中国成为继美国之后世界上第二个能够自主研制千万亿次超级计算机的国家。这个速度意味着，如果用“天河一号”计算一秒，则在当时相当于全国 13 亿人连续计算 88 年；如果用“天河一号”计算一天，一台当时的主流微机得算 160 年。“天河一号”的存储量，则相当于 4 个国家图书馆藏书量之和。

2010 年，国防科学技术大学在“天河一号”的基础上，对加速节点进行了扩充与升级，新的“天河一号 A”系统已经完成了安装部署，其实测运算能力从上一代的每秒 563.1 万亿次倍增至 2507 万亿次，成为当时世界上最快的超级计算机。

在全球超级计算机 500 强名单中，中国的“天河二号”以“六连冠”成就了一个传奇。这一纪录，在 2016 年 6 月被终结，而终结者是同样来自中国的“神威·太湖之光”，如图 1-10所示。“神威·太湖之光”的峰值计算速度达每秒 12.54 亿亿次，持续计算速度每秒 9.3 亿亿次，性能功耗比为每瓦 60.51 亿次，这三项指标均位列世界第一。这一次，新超算冠军首度采用中国自主知识产品芯片，是中国超算界的一大突破。

图 1-10 “神威·太湖之光”超级计算机

1.1.5 计算机技术的发展趋势

计算机技术是世界上发展最快的科学技术之一，产品不断升级换代。当前计算机正朝着巨型化、微型化、智能化、网络化等方向发展，计算机本身的性能越来越优越，应用范围也越来越广泛，从而使计算机成为工作、学习和生活中必不可少的工具。未来计算机技术发展的趋势如下。

(1)多极化。如今，个人计算机已席卷全球，但由于计算机应用的不断深入，对巨型机、大型机的需求也稳步增长，巨型机、大型机、小型机、微型机各有自己的应用领域，形成了一种多极化的形势。如巨型计算机主要应用于天文、气象、地质、核反应、航天飞机和卫星轨道计算等尖端科学技术领域和国防事业领域，它标志着一个国家计算机技术的发展水平。

(2)智能化。智能化使计算机具有模拟人的感觉和思维过程的能力，使计算机成为智能计算机。这也是目前正在研制的新一代计算机要实现的目标。智能化的研究包括模式识别、图像识别、自然语言的生成和理解、博弈、定理自动证明、自动程序设计、专家系统、学习系统和智能机器人等。图 1-11 为世界首个获公民身份的机器人索菲亚。

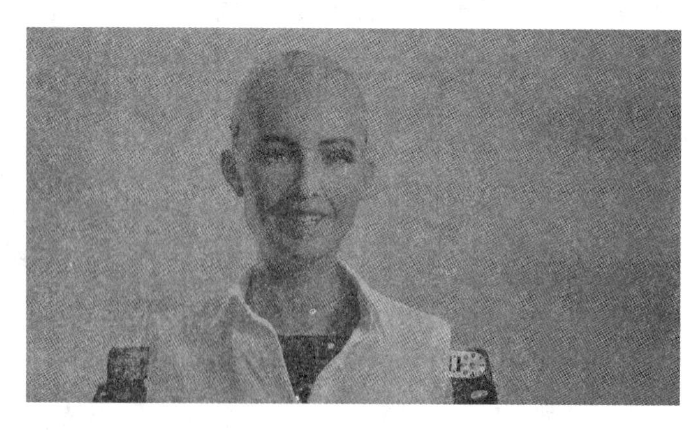

图 1-11 世界首个获公民身份的机器人——索菲亚

(3)网络化。网络化是计算机发展的又一个重要趋势。从单机走向联网是计算机应用发展的必然结果。所谓计算机网络化,是指用现代通信技术和计算机技术把分布在不同地点的计算机互联起来,组成一个规模大,功能强,可以互相通信的网络结构。网络化的目的是使网络中的软件、硬件和数据等资源能被网络上的用户共享。目前,大到世界范围的通信网,小到实验室内部的局域网已经很普及,因特网(Internet)已经连接包括我国在内的150多个国家和地区。由于计算机网络实现了多种资源的共享和处理,提高了资源的使用效率,因而深受广大用户的欢迎,得到了越来越广泛的应用。

(4)多媒体化。多媒体计算机是当前计算机领域中最引人注目的高新技术之一。多媒体计算机就是利用计算机技术、通信技术和大众传播技术,来综合处理多种媒体信息的计算机。这些信息包括文本、视频、图形图像、声音、文字等。多媒体技术使多种信息建立了有机联系,并集成为一个具有人机交互性的系统。图1-12为电影《钢铁侠》中的人机交互场景。多媒体计算机将真正改善人机界面,使计算机朝着人类接受和处理信息的最自然的方式发展。

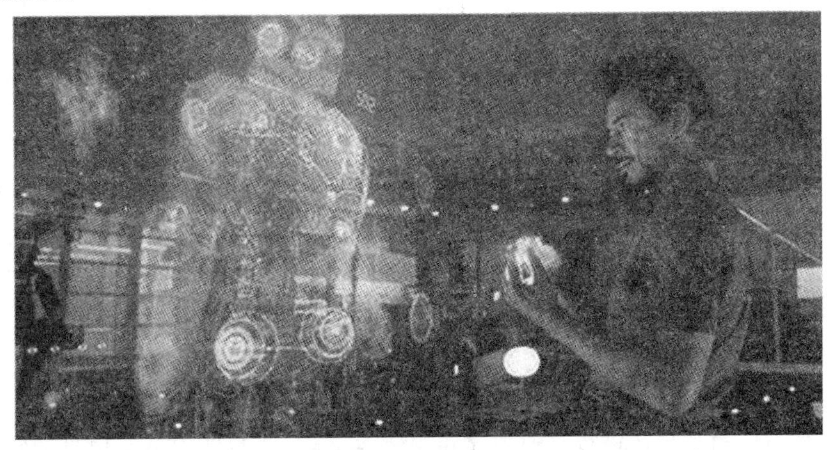

图1-12 电影《钢铁侠》中的人机交互场景

1.1.6 计算机的未来

许多科学家认为以半导体材料为基础的集成技术日益走向它的物理极限,要解决这个矛盾,必须开发新的材料,采用新的技术。于是人们努力探索新的计算材料和计算技术,致力于研制新一代的计算机,如生物计算机、量子计算机等。现在许多国家正在研制新一代计算机,被称为第五代计算机。第五代计算机将从根本上突破传统的冯·诺依曼结构,采用崭新的计算机设计思想,是微电子技术、光学技术、超导技术、电子仿生技术等多学科相结合的产物。

(1)空气胶滞体导线技术。计算机运行速度的快慢与芯片之间信号传输的速度直接相关,然而,目前普遍使用的晶体硅在传输信号的过程中会吸收一部分信号,从而延长了信息传输的时间。美国研究人员已发明一种可以借助于空气来成倍地提高计算机运行速度的技术。纽约伦斯雷尔·保利技术公司的科学家已经生产出一套新型电脑微电路。这种电路的微型芯片或者晶体管之间由胶滞体包裹的导线连接。而这种胶滞体中90%的物质就是空气。因为空气是良好的绝缘体,它不会导电,所以导线几乎不吸收任何信号,因而能够更迅速地传输各种信息。此外,它还可以降低电耗,而且不需要对计算机的芯片进行任何改造,只需换上“空气胶滞体”导线,就可以成倍地提高计算机的运行速度。据悉,美国航天局(NASA)将对该项技术进行太空失重状态下的实验,如果实验成功,这种新技术将被广泛应用于未来的计算机,使计算机的运算速度得以大大提高。

(2)生物计算机。生物计算机于20世纪80年代中期开始研制,其最大的特点是采用了生物芯片,它由生物工程技术产生的蛋白质分子构成。科学家们在生物计算机研究领域已经有了新的进展,预计在不久的将来,就能制造出分子元件,即通过在分子水平上的物理、化学作用,对信息进行检测、处理、传输和存储。目前,科学家们已经在超微技术领域取得了某些突破,制造出了微型机器人。科学家们的长远目标是让这种微型机器人成为一部微小的生物计算机,它们不仅小巧玲珑,而且可以像微生物那样自我复制和繁殖,可以钻进人体内杀死病毒,对损伤的血管、心脏、肾脏等内部器官进行修复,或者使引起癌变的DNA突变发生逆转,从而使人们延年益寿。

(3)光学计算机。光学计算机就是利用光作为信息的传输媒体。与电子相比,光子具有许多独特的优点,它的速度永远等于光速,具有电子所不具备的频率及偏振特征。此外,光信号的传输根本不需要导线,光学计算机的智能水平也将远远超过电子计算机的智能水平,是人们梦寐以求的理想计算机。目前多个国家已启动这方面的研究,而上海大学是唯一能够制造三值光学计算机硬件和软件完整系统的单位。目前这个领域的各项专利都属于上海大学。2017年3月18日在上海大学计算机工程与科学学院大楼513实验室,杨加龙、李凯凯两位硕士研究生和金翊教授一起完成了三值光学计算机SD16的36位并行加法器并进行程序运算,标志着世界上首台光学计算机在中国诞生。

(4)量子计算机。量子计算机(quantum computer),是一种全新的基于量子理论的计算机,是遵循量子力学规律进行高速数学和逻辑运算、存储及处理量子信息的物理装置。量子计算机的概念源于对可逆计算机的研究。量子计算机应用的是量子比特,可以同时处在多个状态,而不像传统计算机那样只能处于0或1的二进制状态。

2017年5月3日,中国科学技术大学潘建伟教授宣布,在光学体系,他带领的研究团队在2016年首次实现在光子纠缠操纵的基础上,利用高品质量子点单光子源构建了世界首台超越早期经典计算机的单光子量子计算机。同年12月,康斯坦茨大学、普林斯顿大学及马里兰大学的物理学家合作,开发出了一种基于硅双量子位系统的稳定的量子门。2018年12月6日,首款量子计算机控制系统OriginQ Quantum AIO在中国合肥诞生,该系统由本源量子开发。2019年1月10日,IBM宣布推出世界上第一台商用的集成量子计算系统:IBM Q System One。

1.1.7　计算机系统的组成

计算机技系统的组

一个完整的计算机系统包括硬件系统与软件系统,如图 1-13 所示。

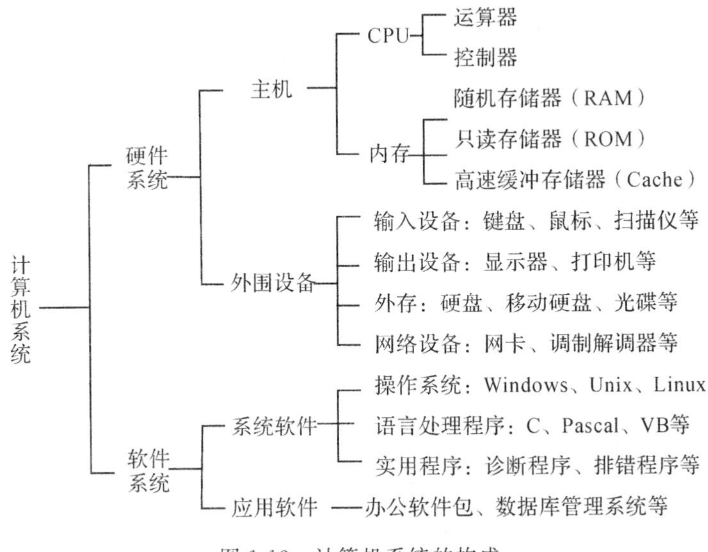

图 1-13　计算机系统的构成

由图 1-13 可知,一个完整的计算机系统由硬件系统和软件系统两部分组成。计算机的硬件系统与软件系统是相辅相成的,共同构成了完整的计算机系统。人们将没有安装任何软件的计算机称为“裸机”。计算机的硬件配置给软件提供良好的工作基础,而计算机软件则使计算机的硬件性能和价值得以体现。

(1)计算机的硬件系统。硬件是计算机工作的物质基础,是指组成计算机的各种物理装置,它包括计算机系统中的一切电子、机械、光电等设备。冯·诺依曼结构具体由五大功能部件组成,即运算器、控制器、存储器、输入设备和输出设备,如图 1-14 所示。图中的实线指示数据流,即计算机中各种原始数据、中间结果等;虚线指示控制流,即计算机中的各种控制指令。

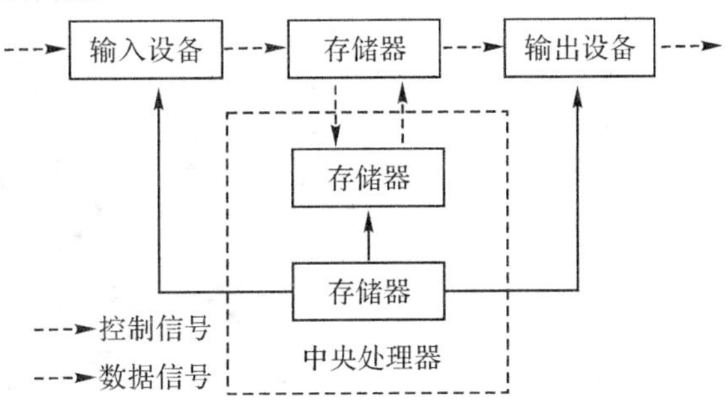

图 1-14　冯·诺依曼结构

①A 控制器:负责将存储器中的指令取出并进行分析判断,根据指令向计算机的其他部分发出控制信号,协调计算机各部件工作,使计算机系统有条不紊地运行。

②运算器:用于执行指定的运算,包括算术运算和逻辑运算。控制器和运算器合称 CPU,是计算机硬件系统的核心。

③存储器:这里的存储器指主存储器,又称“内存储器”“内存”“主存”,用于存储程序和数据。内存储器直接和运算器、控制器交换信息,分为随机存储器 RAM(Random Access Memory)和只读存储器ROM(Read-Only Memory)两种。随机存储器中的信息可随机地读出或写入，一旦关机(断电)，信息不再保存。而只读存储器中的信息只有在特定条件下才能写入，写入后通常只能读出而不能改写，断电后，只读存储器中的原有内容保持不变，它一般用来存放自检程序、配置信息等。(保存信息到存储单元的操作称为“写”，从存储单元中获取信息的操作称为“读”。)

④输入设备：将外界信息(数据、程序、命令及各种信号)送入计算机的设备。计算机常用输入设备有键盘、鼠标、扫描仪、触摸屏、数字化仪、摄像头、麦克风(传声器)、数码照相机、光笔、磁卡读入机、条形码阅读机等。

⑤输出设备：将计算结果或中间结果用人所能识别的形式输出，常用输出设备有显示器、打印机、绘图仪、影像输出系统和语音输出系统等。这些设备可根据计算机工作的需要以多种颜色和多种速度输出结果。

(2)计算机的软件系统。计算机软件系统是指为运行、维护、管理、应用计算机所编制的所有程序和数据的集合。计算机的软件系统可以分为系统软件和应用软件两大类。

系统软件是为计算机提供管理、控制、维护和服务等的软件，其主要功能是：调度、监控和维护计算机系统；管理计算机系统中各种独立的硬件，使它们可以协调工作。如操作系统、语言处理程序、数据库管理系统、实用程序与软件工具等。

应用软件是为解决某个应用领域中的具体任务而开发的软件，如各种科学计算程序、企业管理程序、生产过程自动控制程序、数据统计与处理程序、情报检索程序等。常用应用软件的形式有文字处理软件、表格处理软件、图形图像处理软件、网络通信软件、简报软件、统计软件、多媒体软件等。

计算机软件系统与硬件系统的关系如图1-15所示。

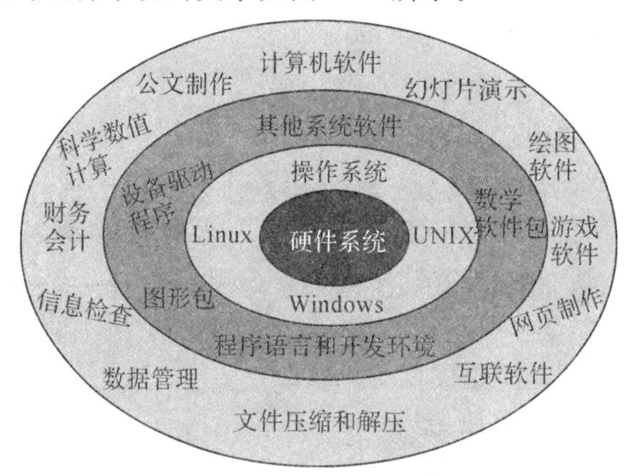

图1-15 计算机软件系统与硬件系统

1.1.8 计算机的工作原理

计算机的基本原理是存储程序和程序控制。预先要把指挥计算机如何进行操作的指令序列(称为程序)和原始数据通过输入设备输送到计算机内存储器中。每一条指令中明确规定了计算机从哪个地址取数，进行什么操作，然后送到什么地址去等步骤。

指令就是让计算机完成一个操作所发出的指示或命令。计算机采用二进制形式表示指令和数据。指令由操作码和操作数两个部分组成，分别指明要完成的操作和参加操作的数据或数据存放地址。指令通过输入设备进入计算机系统。一台计算机所拥有的指令集合称为计算机的指令系统。计算机执行指令一般分为两个阶段。第一阶段称为取指令周期，将要执行的指令从内存取到CPU内。第二阶段称为执行周期，CPU对取入的该条指令进行分析译码，判断该条指令要完成的操作，然后向各部件发出完成该操作的控制信号，完成该指令的功能。当一条指令执行完后就进入下一条指令的取指令操作。计算机工程原理如图1-16所示。

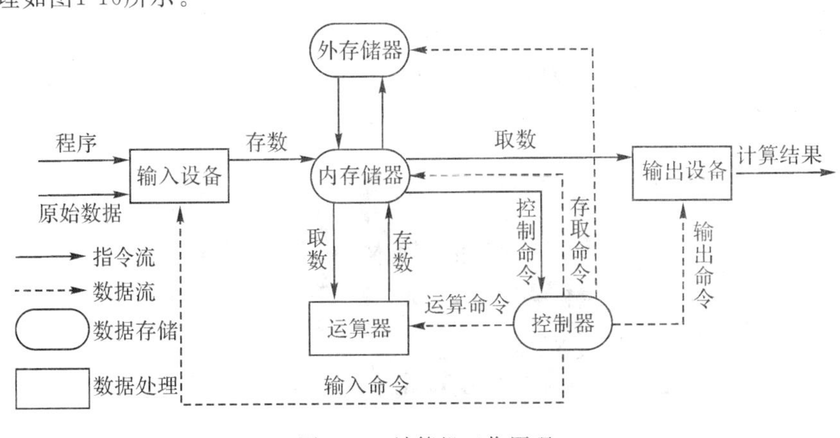

图 1-16　计算机工作原理

1.2　计算机硬件基础和选购

微型计算机也称微机、PC机、个人电脑。它属于第四代计算机，是与我们生活最密切的计算机。了解其性能和特点对我们正确认识计算机有很大帮助。从外部看，PC机通常包括主机、显示器、键盘、鼠标等基本设备，如图1-17所示。

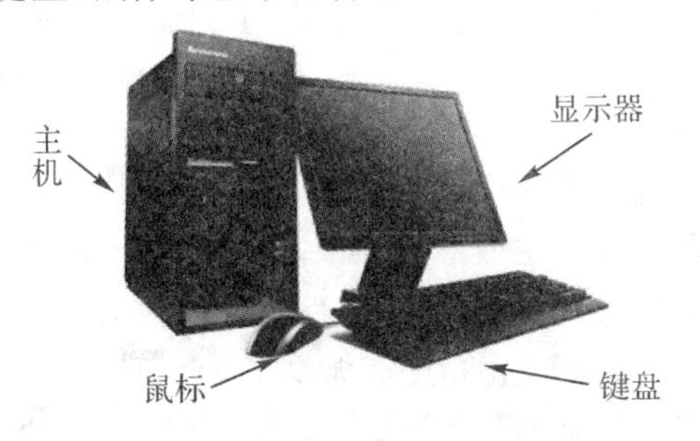

图 1-17　PC机硬件系统的基本组成

其中微型计算机的主机安装在机箱内，主机箱有立式和卧式两种，主机包括主板、CPU、内存储器、外存储器、显卡、电源、机箱等。

1.2.1 主板

主板

主板(Mainborad)也称为母板(Motherboard),它是机箱中最重要的一块电路板,是构成电子计算机的中心或主电路板。它的主要功能是为计算机中其他部件提供插槽和接口,如图 1-18 所示。计算机中的所有硬件通过主板,直接或间接地组成了一个工作平台。通过这个平台,用户才能进行计算机的相关操作。主板最重要的构成组件是芯片组,通常由南桥和北桥组成,也有些以单片机设计,增强其性能。主板上面分布着构成微机主系统电路的各种元器件和接插件。尽管它的面积不同,但基本布局和安装孔位都有严格的标准,使其能被方便地安装在任何标准机箱中。主板的性能不断提高而面积并不增大,主要原因是采用了集成度极高的专用外围芯片组和非常精细的布线工艺。

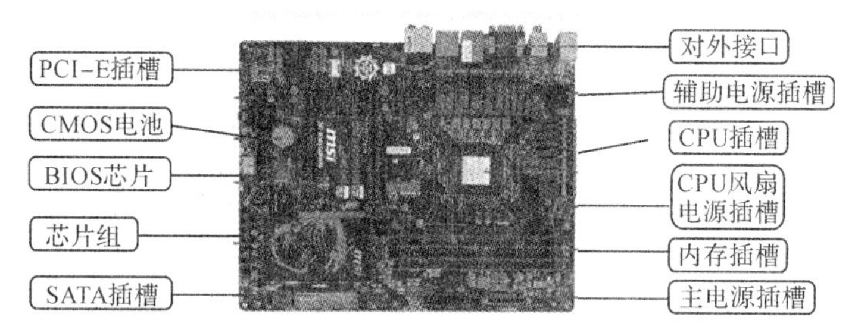

图 1-18 主板及其主要接口

主板的主要类型包括 ATX(标准型)、M-ATX(紧凑型)、E-ATX(加强型)和 Mini-ITX(迷你型)四类,如图 1-19 所示。

ATX(标准型)

M-ATX(紧凑型)

E-ATX(加强型)

Mini-ITX(迷你型)

图 1-19 主板的主要类型

其中标准型主板一般包含了 4 个内存插槽、7 个拓展插槽、集成显卡、集成声卡和集成网卡等。紧凑型主板和标准型主板最大的区别在于标准型主板一般为长方形,而紧凑型主板大多为正方形,相对插槽也略少于标准型。加强型主板的大小与紧凑型相同,但是插槽相对较多,有些型号的加强型主板甚至提供了 2 个 CPU 插槽以满足用户的不同需要。迷你型主板的大小只有标准型的一半,主要用于体积较小的主机。

主板的主要芯片包括了 BOIS 芯片、芯片组、CMOS 电池组、集成声卡芯片和集成网卡芯片。

(1)BOIS 芯片:BIOS 是 Basic Input/Output System 的缩写,意思是基本输入输出系

统,用于计算机开机过程中各种硬件设备的初始化和检测的芯片,如图1-20所示。在BIOS ROM芯片的容量方面,现在主板上常用的容量一般多为1MB或2M一直到8MB。

(2)芯片组:芯片组(Chipset)是主板中最核心的组件,包括了内存总线、拓展总线等,是CPU与周边设备沟通的桥梁,几乎决定了主板的所有功能,如图1-21所示。

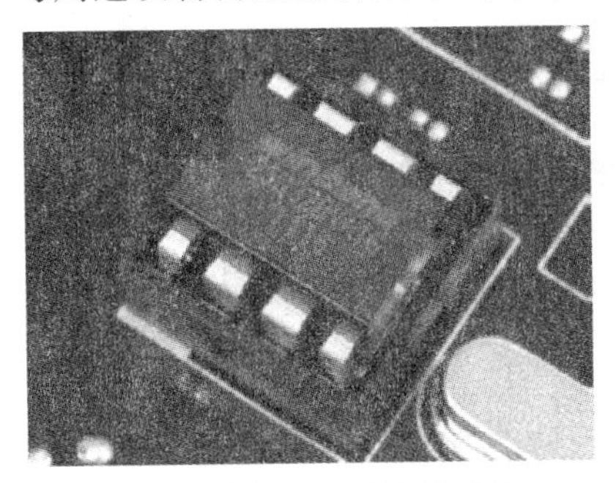

图1-20 BOIS芯片

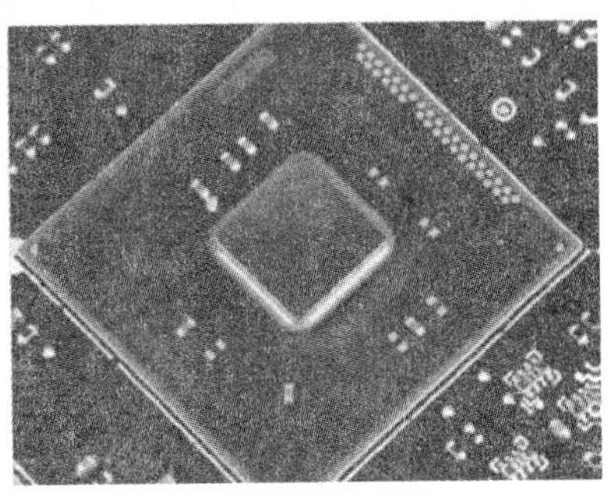

图1-21 芯片组

(3)CMOS电池:CMOS是Complementary Metal Oxide Semiconductor的缩写,中文名为互补金属氧化物半导体,是一种应用广泛的集成电路工艺技术。CMOS电池的主要作用是为BOIS设备提供持续电力,如图1-22所示。

图1-22 CMOS电池

(4)集成声卡、集成网卡:随着计算机技术的发展,目前计算机主板上的集成声卡和集成网卡已经能够满足用户的基本需要,因此不再需要独立配置,如图1-23所示。

图1-23 集成声卡与集成网卡

(5)主板的主要扩展槽包括:PCI-E扩展槽、SATA插槽、M.2插槽、CPU插槽、内存插槽、主电源插槽、辅助电源插槽、CPU风扇供电插槽、机箱风扇供电插槽、USB插槽、前置音频插槽等。

PCI-E 插槽:PCI-Express 是当前最新的总线和接口标准,它代表着下一代 I/O 接口标准。这个新标准将全面取代现行的 PCI 和 AGP,最终实现总线标准的统一。它的主要优势就是数据传输速率高,目前最高可达到 10GB/s 以上,而且还有相当大的发展潜力。目前主流的独立显卡都支持 PCI-E 插槽类型。PCI-E 插槽及背后引脚如图 1-24 所示。

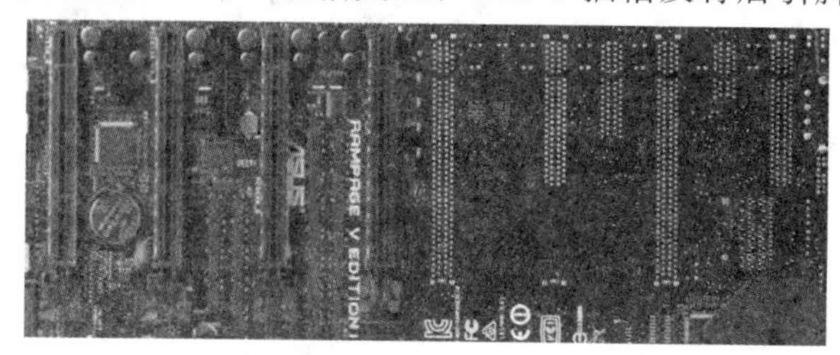

图 1-24　PCI-E 插槽及背后引脚

SATA 插槽:SATA 插槽主要支持机械硬盘和大部分固态硬盘,SATA 技术经过多年发展,目前为 SATA3.0 接口,数据传输带宽为 600MB/s。

M.2 插槽:M.2 接口又称为 NGFF 接口,作为英特尔(Intel)为固态硬盘量身定做的新一代接口标准,其主要优点在于与 SATA 相比尺寸更小,容量更大,传输速度更快。

SATA 插槽与 M.2 插槽如图 1-25 所示。

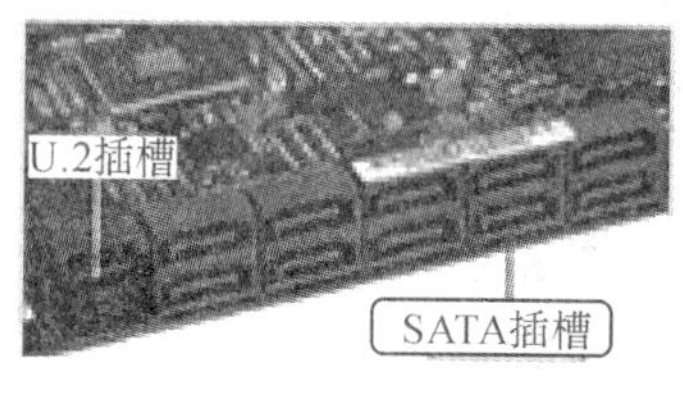

图 1-25　SATA 插槽与 M.2 插槽

CPU 插槽:CPU 需要通过某个接口与主板连接的才能进行工作。CPU 经过这么多年的发展,曾经采用的接口方式有引脚式、卡式、触点式、针脚式等,而目前 CPU 的接口基本上以封装式针脚式接为主,如 Intel coroi9 针脚达到 2066,AMD ThyeadRipper 针脚高达 4094,CPU 插槽由固定杆、固定罩和 CPU 插座组成,如图 1-26 所示。

图 1-26　CPU 插槽

(6)主板的对外接口:主板的对外接口也是主板上非常重要的组成部分,它通常位于主板的侧面,如图 1-27 所示。对外接口可以将计算机的外部设备和周边设备与主机连接起来。对外接口越多,可以连接的设备也越多,选配计算机硬件就越多。

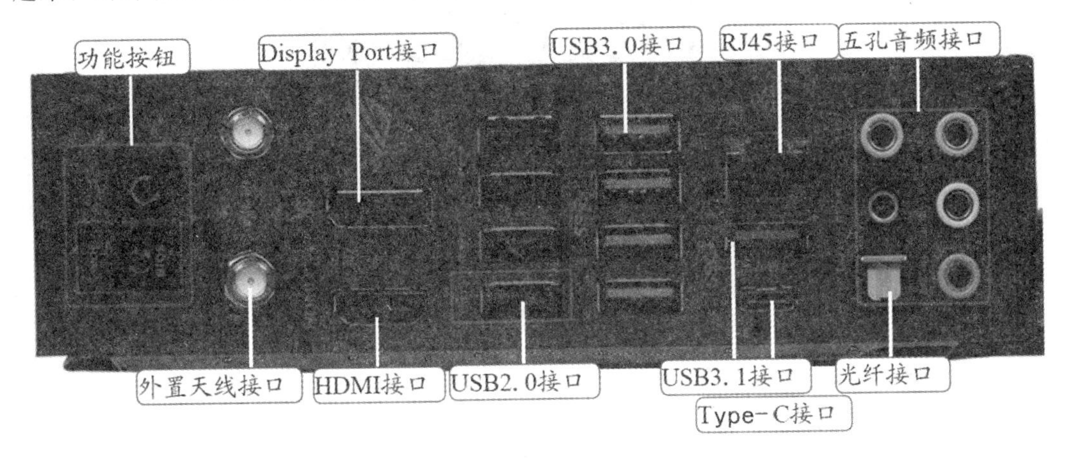

图 1-27　主板的对外接口

主板的性能参数是选购主板时需要认真查看的主要项目,主要包括芯片、CPU 规格、内存规格、扩展插槽和其他性能等五个方面。

我们在选购主板时需要注意以下几点:

(1)考虑用途:选购主板的第一步应该是根据计算机的用途进行选择,如游戏发烧友或图形图像设计人员,需要选择价格较高的高性能主板。

(2)注意扩展性:由于主板不需要升级,所以应把扩展性作为首要考虑的问题。

(3)对比性能指标:主板的性能指标非常容易获得,选购时,可以在同样的价位下对比不同主板的性能指标,或者在同样的性能指标下对比不同价位的主板,这样就能获得性价比较好的产品。

(4)鉴别真伪:不要贪图便宜选择山寨或假冒产品。

(5)尽量选购主流品牌:如华硕、技嘉、微星等。

CPU

1.2.2　中央处理器

中央处理器(Central Processing Unit,CPU),是利用大规模集成电路技术,把整个运算器、控制器集成在一块芯片上的集成电路。CPU 内部是由几十万个到几百万个晶体管元件组成的,可分为控制单元、逻辑单元和存储单元三大部分。这三大部分相互协调,进行分析、判断、运算并控制计算机各部分协调工作,是整个微机系统的核心。

CPU 在整个计算机系统中就像人的大脑一样,是整个计算机系统的指挥中心。它的主要功能是负责执行系统指令、数据存储、逻辑运算、传输并控制输入或输出操作指令。图 1-28 所示为 CPU 正、反面示意图。

图 1-28 CPU 正面和反面

CPU 的主要参数包括以下几个方面：

(1)生产厂商：CPU 的生产厂商主要有 Intel、AMD、威盛(VIA)、龙芯(Loongson)，市场上主要销售的是 Intel 和 AMD 的产品。

(2)频率：CPU 频率是指 CPU 的时钟频率，简单说是 CPU 运算时的工作频率(1 秒内发生的同步脉冲数)的简称。

(3)内核：CPU 的核心又称内核，是 CPU 最重要的组成部分。CPU 中心隆起部分的芯片就是核心，是由单晶硅以一定的生产工艺制造出来的，CPU 所有的计算、接受/存储命令和数据处理都由核心完成，所以，核心的产品规格会显示出 CPU 的性能高低。

(4)缓存：缓存是指可进行高速数据交换的存储器，它先于内存与 CPU 交换数据，速度极快，所以又被称为高速缓存。缓存容量越大，CPU 数据交换能力就越强。

(5)处理器显卡：处理器显卡(也被称为核心显卡)技术是新一代的智能图形核心技术，它把显示芯片整合在智能 CPU 当中，依托 CPU 强大的运算能力和智能能效调节设计，在更低功耗下实现同样出色的图形处理性能和流畅的应用体验。

(6)接口类型：CPU 需要通过某个接口与主板连接才能工作，经过多年的发展，不同品牌的 CPU 接口类型不同，目前主流 CPU 品牌有 Inter 和 AMD 等。

(7)内存控制器与虚拟化技术：内存控制器(Memory Controller)是计算机系统内部控制内存并且通过内存控制器使内存与 CPU 之间交换数据的重要组成部分。虚拟化技术(Virtualization Technolegy，简称 VT)是指将单台计算机软件环境分割为多个独立分区，每个分区均可以按照需要模拟计算机的一项技术。这两个因素都将影响 CPU 的工作性能。

我们在选购 CPU 时需要考虑以下几个方面：

(1)对于计算机性能要求不高的用户可以选择一些较低端的 CPU 产品，如 Intel 生产的赛扬或奔腾系列，AMD 生产的速龙系列。

(2)对计算机性能有一定要求的用户可以选择一些中低端的 CPU 产品，如 Intel 生产的酷睿 i3 系列，AMD 生产的锐龙 R3 系列等。

(3)对于游戏玩家、图形图像设计等对计算机有较高要求的用户应该选择高端的 CPU 产品，如 Intel 生产的酷睿 i5、i7 系列，AMD 生产的锐龙 R5、R7 系列等。

(4)对于发烧游戏玩家则应该选择最先进的 CPU 产品，如 Intel 公司生产的酷睿 i9 系列，AMD 公司生产的线程撕裂者系列。

1.2.3　内存储器

内存(Memory)又被称为主存或内存储器,其功能是用于暂时存放CPU的运算数据以及与硬盘等外部存储器交换的数据,内存的大小是决定计算机运行速度的重要因素之一。内存主要由内存芯片、金手指、卡槽和缺口等部分组成,如图1-29所示。常见的内存条容量有4GB、8GB、16GB或以上。当CPU要将数据写入磁盘时,先将数据存入内存中,内存再将数据写入磁盘。

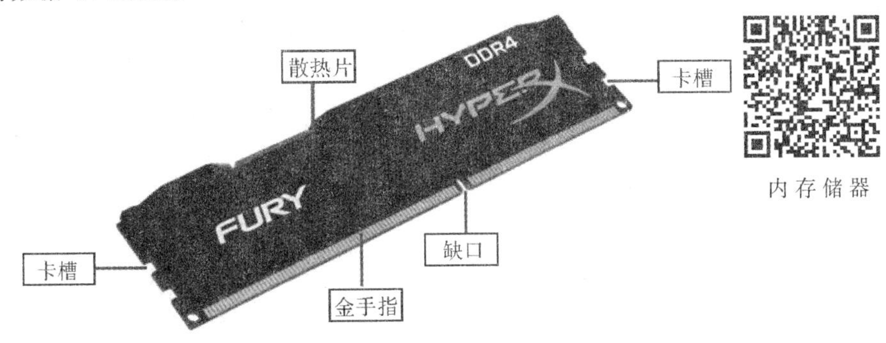

图1-29　内存条

目前市场上通行的内存技术为DDR内存,指双倍速率同步动态随机存储器。传统的DDR1、DDR2、DDR3已经逐渐被淘汰,目前广泛应用的是第四代DDR4产品。

内存的基本参数主要指内存的类型、容量和频率等。

我们在选购内存时需要考虑以下几方面问题:

(1)其他硬件支持:内存的类型很多,不同类型的主板支持不同类型的内存,因此在选购内存时需要考虑主板支持哪种类型的内存。

(2)识别真伪:用户在选购内存时,需要结合各种方法进行真伪辨别,避免购买到“水货”或者“返修货”。

图1-30为金士顿内存条的网上验证界面。

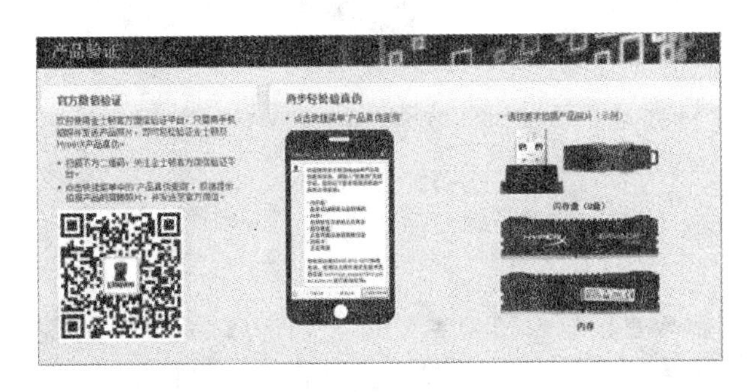

图1-30　金士顿内存条的网上验证

1.2.4 外部存储器

外部存储器

外部存储器是指计算机除了内存和 CPU 缓存以外的存储器,常用以存放系统文件、大型文件、数据库等数据信息,也是计算机的主要储存空间,简称外存。常用的外部存储器有硬盘、光存储器以及闪存盘(U 盘)。其中闪存盘(U 盘)、光盘和可移动硬盘是可移动的外部存储器。

(1)硬盘:硬盘驱动器(Hard Disk Drive,HDD)是计算机的主要外部存储媒介。它的磁盘片是固定在驱动器内部的,所以也可统称为硬盘。通常硬盘适配器即接口控制部分集成在主板上。其接口类型有多种,目前使用最多的是 SATA 接口。硬盘是计算机硬件系统中最重要的数据存储设备,具有存储空间大、数据传输速度较快、安全系数较高等优点,因此计算机运行所必需的操作系统、应用程序、大量的数据等都保存在硬盘中。现在的硬盘分为机械硬盘和固态硬盘两种类型,机械硬盘是传统的硬盘类型,平常所说的硬盘都是指机械硬盘。如图 1-31 所示。

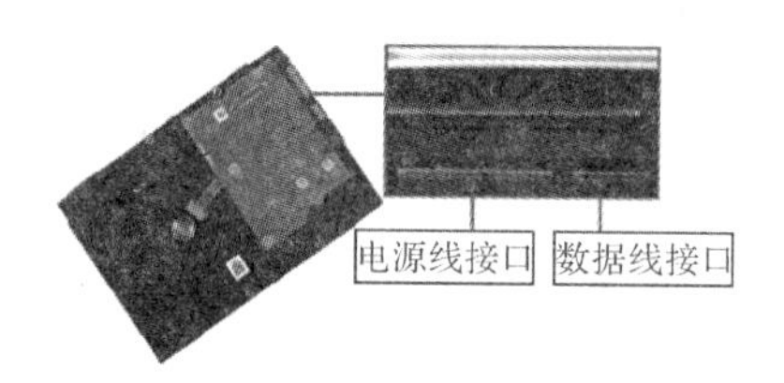

图 1-31 机械硬盘

硬盘内部结构主要由主轴电机、盘片、磁头和传动臂等部件组成,如图 1-32 所示。

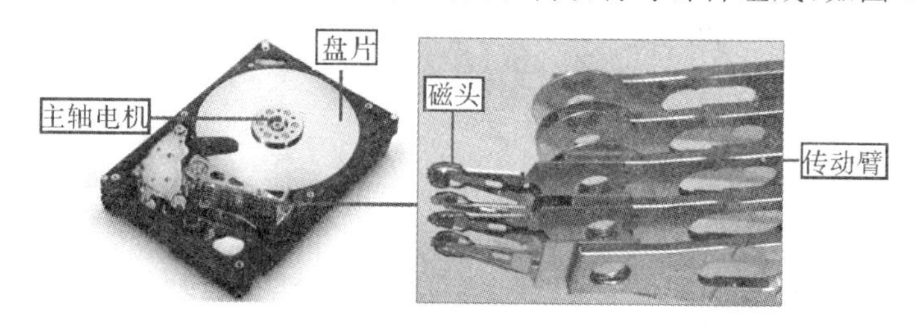

图 1-32 机械硬盘内部结构

硬盘的主要参数包括容量、传输速率和接口:

容量:硬盘容量是选购硬盘的主要性能指标之一,包括总容量、单碟容量、盘片数 3 项参数。

接口:目前机械硬盘的接口的类型主要是 SATA,它是 Serial ATA 的缩写,即串行 ATA。SATA 接口提高了数据传输的可靠性,还具有结构简单,支持热插拔的优点。目前主要使用的 SATA 包含 2.0 和 3.0 两种标准接口,SATA 2.0 标准接口的数据传输速率可达到 300MB/s,SATA 3.0 标准接口的数据传输速率可达到 600MB/s。

传输速率:传输速率是衡量硬盘性能的重要指标之一,包括缓存、转速和平均寻道时间3个参数。

我们在选购机械硬盘时，除了各项性能指标外，还需要了解硬盘是否符合用户的需求，如硬盘的性价比、品牌、售后服务等。目前主要的硬盘生产厂商有：希捷(Seagate)、西部数据(Western Digital)、日立(HITACHI)、东芝(TOSHIBA)、三星(Samsung)等。

(2)固态硬盘(Solid State Drives)在接口的规范和定义、功能及使用方法上与机械硬盘完全基本相同。由于其读写速度远远高于机械硬盘，且功耗比机械硬盘低，比机械硬盘轻便，防震抗摔等优点，被广泛应用于军事、车载、工控、视频监控、网络监控、网络终端、电力、医疗、航空、导航设备等领域。目前通常作为计算机的系统盘进行选购和安装。

固态硬盘结构包括缓存单元、主控芯片与闪存颗粒，如图1-33所示。

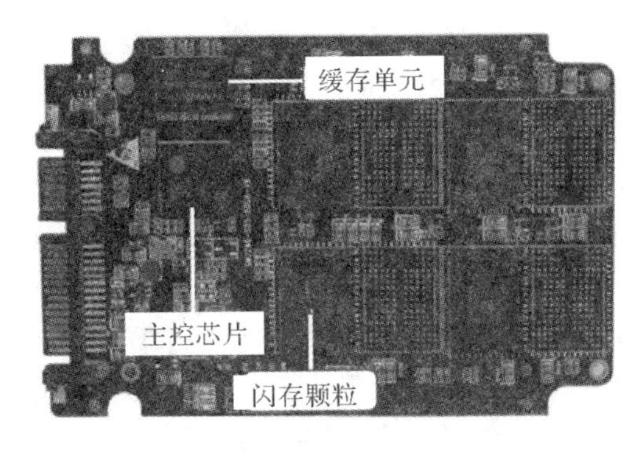

图1-33 固态硬盘内部结构

与机械硬盘相比固态硬盘有轻便、无噪音、低功耗、防震抗摔、读写速度快等功能。但也存在着使用寿命较短、容量较小、售价较高等缺点。

固态硬盘的主要性能指标包括闪存颗粒架构和接口类型。其中闪存颗粒是固态硬盘最主要的部分，固态硬盘成本的80%就集中在闪存颗粒上，它不仅决定了固态硬盘的使用寿命，而且对固态硬盘的性能影响也非常大，而决定闪存颗粒性能的就是闪存架构。现在已经出现的存储单元有SLC、MLC、TLC和QLC，其中：

SLC全称是单级单元(Single Level Cell)，因为结构简单，在写入数据时电压变化的区间小，所以寿命较长，传统的SLC NAND闪存可以经受10万次的读写。而且因为一组电压即可驱动，所以其速度表现更好，目前很多高端固态硬盘都采用该类型的闪存芯片。

MLC全称是多级单元(Multi Level Cell)，它采用较高的电压驱动，通过不同级别的电压在一个块中记录两组位信息，这样就可以将原本SLC的记录密度理论提升一倍。作为目前在固态硬盘中应用最为广泛的MLC NAND闪存，其最大的特点就是以更高的存储密度换取更低的存储成本，从而可以获得进入更多终端领域的契机。不过，MLC的缺点也很明显，其写入寿命较短，读写方面的能力也比SLC低，官方给出的可擦写次数仅为1万次。

TLC(Trinary-Level Cell)，即利用不同电位的电荷，一个浮动栅存储3个bit的信息，约500～1000次擦写寿命。也有Flash厂家叫8LC，速度慢，寿命短，价格便宜。

QLC(Quad-Level Cell)，相对于SLC来说，MLC的容量大了100%，寿命缩短为SLC

的 1/10。相对于 MLC 来说，TLC 的容量大了 50%，寿命缩短为 MLC 的 1/20。但基于 1.33Tb 核心的 QLC 闪存，一颗闪存的容量就有 2.66TB，现在在 QLC 闪存的帮助下单芯片封装实现了 2.66TB 的容量，是之前的 5 倍多。

其次对于固态硬盘来说对应的硬盘接口类型很多，目前市面上包括 SATA3、M.2(NGFF)、Type-C、mSATA、PCI-E、SATA2、USB3.0、SAS 和 PATA 等多种，但最常用的是 SATA3、M.2(NGFF)、mSATA 和 PCI-E4，需要结合自身主板接口类型进行选购。

(3)U 盘(USB flash disk)：U 盘全称"USB 闪存盘"，如图 1-34 所示。它是一个 USB 接口的无须物理驱动器的微型高容量移动存储产品，可以通过 USB 接口与电脑连接，实现即插即用。

移动硬盘：移动硬盘可以说是 U 盘等闪存产品的升级版，是以硬盘为存储介质，计算机之间交换大容量数据，强调便携性的存储产品。它的主要特点是容量大，体积小，速度高，使用方便。移动硬盘大多数是 USB 接口的，可以以较高的速度与系统进行数据传输。USB2.0 接口传输速率是 60MB/s，USB3.0 接口传输速率是 625MB/s。

(4)光碟：光碟以光信息作为存储载体，也称激光光碟。主要可分为不可擦写光碟(如 CD-ROM、DVD-ROM 等)和可擦写光碟(如 CD-RW、DVD-RW 等)两种。其中可擦写光碟还可分为一次性写入光碟(CD-R)和可重写光碟(CD-RW)。

(5)光碟驱动器：光碟驱动器是读取光碟信息的设备，简称光驱，如图 1-35 所示。光驱速度是以"倍速"来表示的，它是衡量光驱性能的重要指标。第一代光驱也就是单倍速的速度是 150KB/S，那么 50 倍速的光驱的数据传输速率为 50×150KB/s=7500KB/s。

图 1-34　U 盘

图 1-35　光碟驱动器

(6)光碟刻录机：光碟刻录机按照功能可以分为 CD-RW 和 DVD-RW 两种。在性能选购上，刻录机的首要指标是读写速度。其次还要考虑接口方式，SCSI 接口在 CPU 资源占用和数据传输的稳定性方面要好于 IDE 接口和并口，系统和软件对刻录过程的影响也低很多，因而它的刻录质量最好。IDE 接口的刻录机价格较低，兼容性较好，数据传输速度也不错，在实用性上要好于其他接口，但由于对系统和软件的依赖性较强，刻录质量要稍逊于 SCSI 接口的产品。此外，放置方式(内置、外置)和进盘方式(托盘式、卡匣式)，缓存容量，Firmware 更新，盘片兼容性等也都是选购刻录机时的重要参考因素。刻录机标准阵营主要有蓝光阵营和 HD-DVD 阵营，蓝光阵营由索尼(SONY)、松下、戴尔支持，HD-DVD 阵营有东芝、NEC、微软等。

1.2.5　显卡

显卡(Video Card)是计算机最基本配置、最重要的配件之一。一般是一块独立的电路板,插在主板上,接收由主机发出的控制显示系统工作的指令和显示内容的数字信号,然后通过输出模拟或数字信号控制显示器显示各种字符和图形,它和显示器构成了计算机系统的图像显示系统。

显卡一般由显示芯片、显存、风扇、数据接口等组成,如图 1-36 所示。

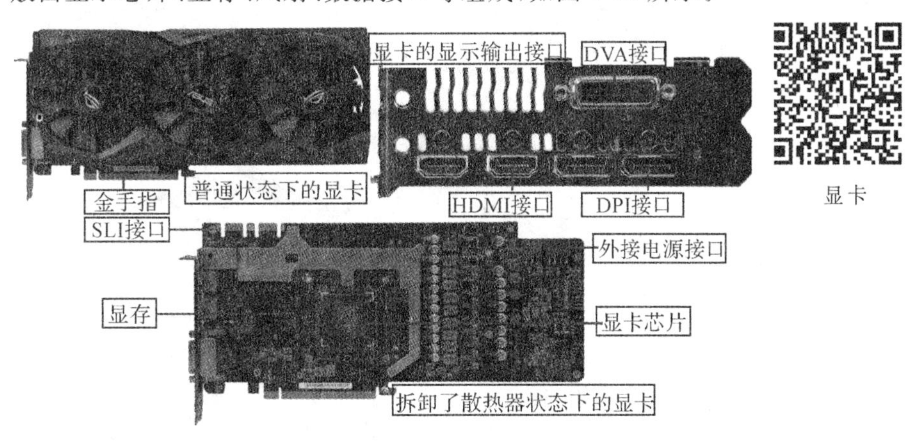

图 1-36　显卡结构

其中显示芯片又称 GPU(Graphics Processing Unit),中文是图形处理单元。它是显卡的“心脏”,与 CPU 类似,只不过 GPU 是专为执行复杂的数学和几何计算而设计的,这些计算是图形渲染所必需的。某些最快速的 GPU 集成的晶体管数甚至超过了普通 CPU。由于 GPU 在工作过程中会产生大量热量,所以它的上方通常安装有散热器或风扇。当前民用显卡图形芯片供应商主要包括 AMD(超微半导体)和 Nvidia(英伟达)2 家。显存也被叫作帧缓存,它的作用是用来存储显卡芯片处理过或者即将提取的渲染数据。如同计算机的内存一样,显存是用来存储要处理的图形信息的部件。

显卡的主要参数包括:显卡核心、显存规格、流处理器等。其中显卡核心主要包括芯片厂商、芯片型号、制造工艺、核心频率 4 种参数。此外显存是显卡的关键核心部件之一,它的优劣和容量大小会直接关系到显卡的最终性能,如果说显示芯片决定了显卡所能提供的功能和基本性能,那么,显卡性能的发挥则很大程度上取决于显存,因为无论显示芯片的性能如何出众,最终其性能都要通过配套的显存来发挥。显存规格主要包括显存的频率、类型、容量、位宽、速度等参数。除了显卡核心和显存规格外,流处理器是衡量显卡性能的另一个重要指标。流处理器(Stream Processor,SP)多少对显卡性能有决定性作用,可以说高中低端的显卡除了核心不同外最主要的差别就在于流处理器数量,流处理器个数越多则显卡的图形处理能力越强,一般成正比关系。

1.2.6 显示器

显示器

计算机的图像输出系统是由显卡和显示器组成的，显卡处理的各种图像数据最后都是通过显示器呈现在我们眼前，显示器的好坏有时候能直接反映计算机的性能。显示器主要有两种类型，如图 1-37 所示。

图 1-37 CRT 显示器(左)与液晶显示器(右)

一种是 CRT(Cathode-Ray Tube，阴极射线管)显示器，其技术成熟、性能稳定。按颜色分为单色显示器(又称单显)和彩色显示器(又称彩显)两种。单显一般使用黑白两色，分辨率比普通的电视机高得多。彩显既可以显示字符，又可以显示图形，五彩缤纷，赏心悦目，但显示精度却不如单显。

另一种是液晶显示(Liquid Crystal Display，LCD)器，与 CRT 显示器相比，具有工作电压低、低能耗、低辐射、无闪烁、体积小、厚度薄、重量轻，健康、环保、时尚等优点，随着价格下降，使用日益增加。目前 LCD 显示器还存在着色彩表现力远逊于 CRT、屏幕亮度不均匀、视角之外观看出现图像失真、动态画面有时间延迟(响应时间不能满足用户要求)、液晶单元易出现瑕疵(坏点)等问题。随着这些问题的解决，液晶显示器已经成为目前的主流显示器。

显示器的主要部件由电源按钮、调节按钮、数据接口组成，如图 1-38 所示。

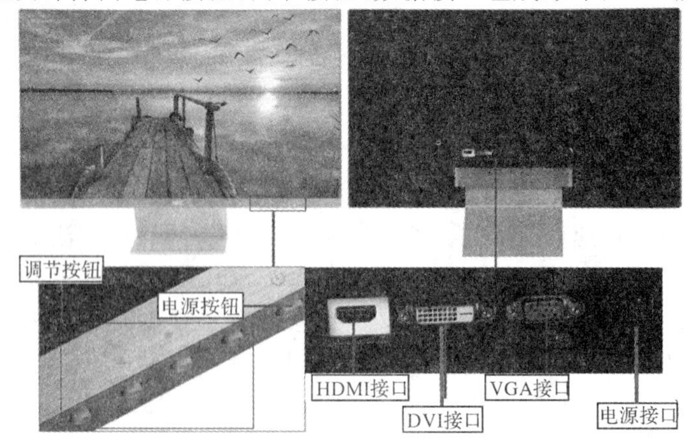

图 1-38 显示器结构

显示器主要性能指标是显示分辨率，指显示屏上能够显示出的像素数目。例如，显示分辨率为 640×480 表示显示屏分成 480 行，每行显示 640 个像素，整个显示屏就含有 307200 个显像点。屏幕能够显示的像素越多，说明显示设备的分辨率越高，显示的图像质量也就越高。计算机的 CRT 显示器类似于彩色电视机中的 CRT。显示屏上的每个彩色像点由代表 R、G、B 三种模拟信号的相对强度决定，这些彩色像点就构成一幅彩色图像。

1.2.7　机箱和电源

机箱及电源

机箱和电源通常都是安装在一起出售，但也可根据用户需要单独购买，所以在选购时需要问清楚两者是否是捆绑销售。

（1）机箱：机箱从外观上看一般为矩形框架结构，主要用于为主板、各种输入卡或输出卡、硬盘驱动器、光盘驱动器、电源等部件提供安装支架，如图 1-39 所示。

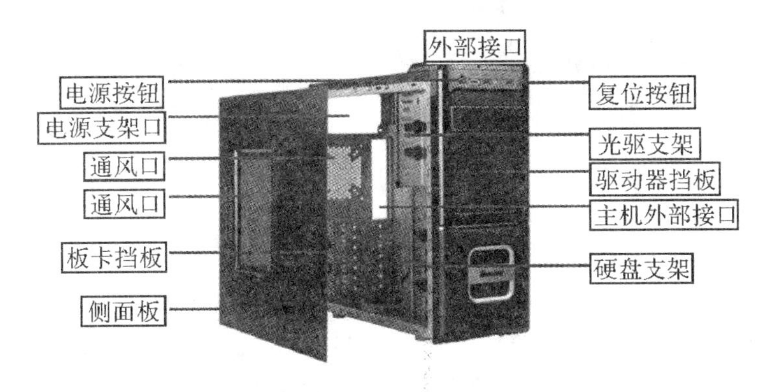

图 1-39　机箱结构

机箱的主要功能是为计算机的核心部件提供保护。如果没有机箱，CPU、主板、内存和显卡等部件就会裸露在空气中，不仅不安全，而且空气中的灰尘会影响其正常工作，这些部件甚至会氧化和损坏。

除了常见立式机箱外还有卧式机箱和立卧两用式机箱等，如图 1-40 所示。

图 1-40　机箱的类型

按需要安装对应不同结构类型的主板需要，机箱的结构类型有可以分为 ATX、MAT、ITX、RTX 等，如图 1-41 所示。

ATX机箱　　MATX机箱　　ITX机箱　　RTX机箱

图 1-41　不同类型机箱

(2)电源:电源是计算机的心脏,它为计算机工作提供动力,电源的优劣不仅直接影响着计算机的工作稳定程度,还与计算机使用寿命息息相关。

计算机电源由电源按钮、电源插槽、散热风扇、电源接口组成,如图 1-42 所示。

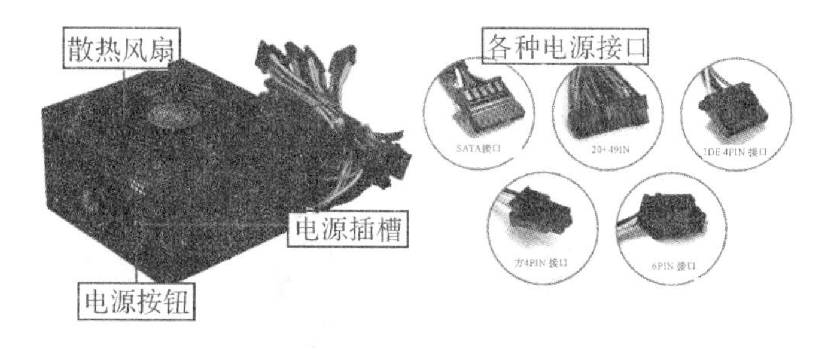

图 1-42　计算机电源结构

影响电源性能指标的基本参数包括额定功率、风扇大小和保护功能。需要注意的是电源的安规认证基本包含了产品安全认证、电磁兼容认证、环保认证、能源认证等各方面,是基于保护使用者和环境安全和质量的一种产品认证。能够反映电源产品质量的安规认证包括 80PLUS、3C、CE 和 RoHS 等,对应的标志通常在电源铭牌上标注,如图 1-43 所示。

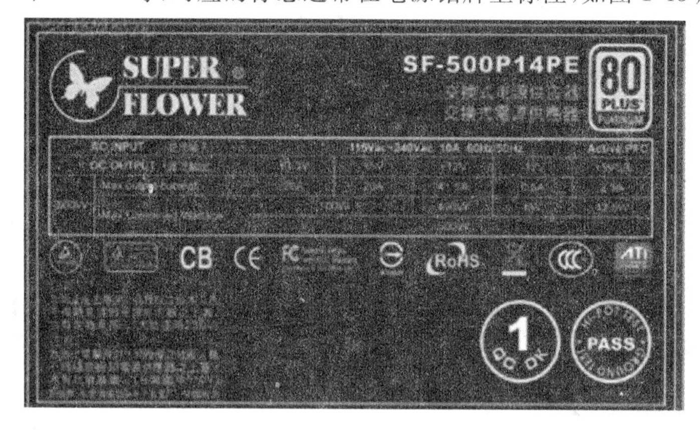

图 1-43　电源铭牌

我们在选购计算机电源时应该从电源的做工和品牌两方面进行考虑,首先在电源的做工方面,要判断一款电源做工的好坏,可先从重量开始,一般高档电源重量比次等电源重;其次优质电源使用的电源输出线一般较粗;且从电源上的散热孔观察其内部,可看到体积和厚度都较大的金属散热片和各种电子元件,优质的电源用料较多,这些部件排列得也较为紧密。此外，尽量选择一些主流品牌的产品，品质更有保障。目前主流的电源品牌有游戏悍将、航嘉、鑫谷、爱国者、金河田、先马、至睿、长城机电、超频三、海盗船、全汉、安钛克、振华、酷冷至尊、大水牛、Tt、GAMEMAX、台达科技、影驰、昂达、海韵、九州风神和多彩等。

1.2.8　键盘和鼠标

键盘和鼠标

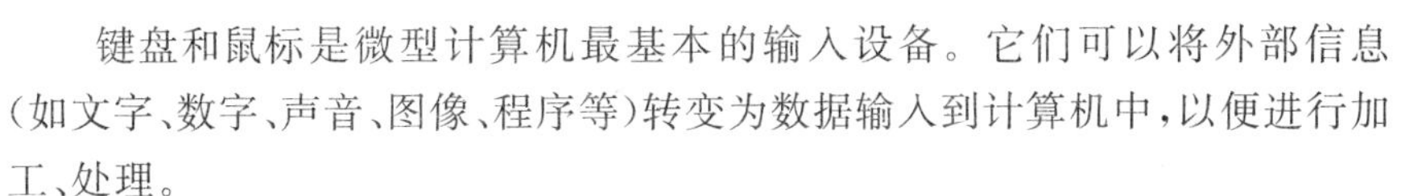

键盘和鼠标是微型计算机最基本的输入设备。它们可以将外部信息（如文字、数字、声音、图像、程序等）转变为数据输入到计算机中，以便进行加工、处理。

(1)键盘：键盘是人们向计算机输入信息的最主要设备，各种程序和数据都可以通过键盘输入到计算机中。键盘通过键盘连线插入主板上的键盘接口与主机相连。目前，计算机上常用的键盘有 101 键和 104 键。如图 1-44 所示。

图 1-44　键盘

(2)鼠标：鼠标是计算机不可缺少的标准输入设备。随着 Windows 图形操作界面的流行，很多命令和要求已基本上不需要再用键盘输入，只要操作鼠标的左键或右键即可。鼠标移动方便、定位准确，这使人们操作电脑变得更加轻松自如。鼠标的主要功能是对光标进行快速移动，选中图像或文字的对象，执行命令等。

鼠标按工作方式可分为机械鼠标和光电式鼠标，如图 1-45 所示。目前，光电式鼠标使用率最高，光电式鼠标的内部结构比较简单，其中没有橡胶球、传动轴和光栅轮，精度为机械式鼠标的两倍，所以被广泛使用。

图 1-45　机械式鼠标(左)和光电鼠标(右)内部构造

1.2.9 其他常见外部设备

其他常用外设

通常所说的计算机外部设备是指对计算机的正常工作起到辅助作用的硬件设备，如打印机、扫描仪等，即使计算机不连接或不安装这些硬件，也能正常运行。常用的计算机外部设备，包括打印机、扫描仪、音箱、数码摄像头等。

(1)音箱：是一个简化后的日常词语，是音箱系统的简称。即代指一整套可以还原播放音频信号的设备。普通的计算机音箱由功放和两个音箱组成。如图 1-46 所示。

音箱的性能指标包括声道系统、有源无源、控制方式、频响范围、扬声器材质、扬声器尺寸、信噪比、阻抗等。

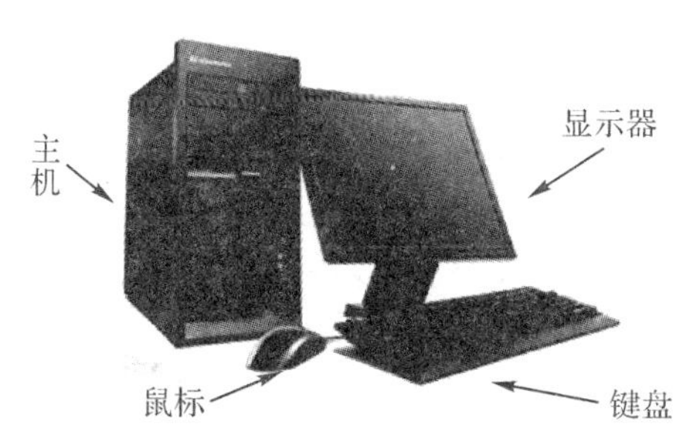

图 1-46　计算机音箱示意图

(2)打印机：是计算机的输出设备之一，用于将计算机处理结果打印在相关介质上。打印机分类方式非常简单，按照打印技术的不同，分为针式打印机、喷墨打印机、激光打印机、热升华打印机和 3D 打印机 5 种类型，对于普通计算机用户来说，市场产品最多，使用频率最高的只有喷墨打印机和激光打印机两种，如图 1-47 所示。

图 1-47　喷墨打印机(左)与激光打印机(右)

(3)扫描仪(Scanner)：是一种图形、图像专用输入设备。一般通过 PS-232 或 USB 接口与主机相连。这是一种纸面输入设备，利用它可以迅速地将图形、图像、照片、文本从外部环境输入到计算机中，然后再做编辑加工。扫描仪的种类繁多，根据扫描仪扫描介质和用途的不同，可将扫描仪分为平版式扫描仪、书刊扫描仪、胶片扫描仪、馈纸式扫描仪和文本仪，除此之外还有便携式扫描仪、扫描笔、高拍仪和 3D 扫描仪，目前使用最多的是平版式扫描仪和馈纸式扫描仪，如图 1-48 所示。

(4)数码相机(Digital Camera，DC)：具有即时拍摄、图片数字化存储(即照即得)、简便浏览等功能，即将“照片”进行数字化存储，使用户能够直接利用电脑对图像进行浏览、编辑和处理，如图 1-49 所示。

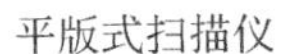

平版式扫描仪

馈纸式扫描仪

图 1-48　常用扫描仪

图 1-49　数码相机

(5)摄像头：摄像头作为一种视频输入设备，广泛运用于视频会议、远程医疗、实时监控等方面。普通人也可以通过摄像头在网络上进行有影像或有声音的交谈和沟通。摄像头在计算机的相关应用中，九成以上的用途是进行视频聊天、环境(家庭、学校和办公室)监控、幼儿和老人看护。

常见的其他输入设备还有光笔、条形码读入器、麦克风、触摸屏等。

大数据与云计算

1.3　大数据与云计算概述

1.3.1　大数据的概念

图灵奖获得者杰姆·格雷(Jim Gray)曾提出著名的“新摩尔定律”，每 18 个月全球新增信息量是计算机有史以来全部信息量的总和。时至今日，所累积的数据之大，已经无法用传统方法处理，因而使“大数据”这个词备受万众瞩目。大数据时代为何会到来？一方面是由于数据产生方式的改变。历史上，数据基本上是通过手工产生的。随着人类步入信息社会，数据产生越来越自动化。比如在精细农业中，需要采集植物生长环境的温度、湿度、病虫害信息，对植物的生长进行精细的控制。因此我们在植物的生长环境中安装各种各样的传感器，自动地收集我们需要的信息。对环境的感知，是一种抽样的手段，抽样密度越高，越逼近真实情形。如今，人类不再满足于得到部分信息，而是倾向于收集对象的全部信息，即将我们周围的一切数据化。因为有些数据如果丢失了哪怕很小一部分，都有可能得出错误的结论。比如通过分析人的基因组判断某人可能患有某种疾病，即使丢失一小块基因片段，都有可能导致错误的结论。为了达到这个目的，传感器的使用量暴增。全球传感器到 2020 年将达到 1000 亿个之多。这些传感器 24 小时都在产生数据，这就导致了信息爆炸。

另一方面，人类的活动越来越依赖数据。一是人类的日常生活已经与数据密不可分。全球已经有大约 30 亿人连入互联网。在 Web 2.0 时代，每个人不仅是信息的接受者，同时也是信息的产生者，每个人都成为数据源，每个人都在用智能终端拍照、拍视频、发微博、发微信等。全球每天会有总时长约为 2.88 万小时的视频上传到 Youtube，会有近 5000 万条信息上传到 Twitter，会在亚马逊产生 630 万笔订单。二是科学研究进入了“数据科学”时代。例如，在物理学领域，欧洲粒子物理研究所的大型强子对撞机，每秒产生的原始数据量高达 40TB。在天文领域，2000 年斯隆数字巡天项目启动时，位于新墨西哥州的望远镜在短短几周内收集到的数据比天文学历史上的总和还要多。三是各行各业越来越依赖大数据手段来开展工作。例如，石油部门用地震勘探的方法来探测地质构造、找石油，使用了大量传感器来采集地震波数据。高铁的运行要保障安全，需要在每一段铁轨周边部署大量传感器，从而感知异物、滑坡、水淹、变形、地震等异常。在智慧城市建设中，包括平安城市、智能交通、智慧环保和智能家居等，都会产生大量的数据。目前一个普通城市的摄像头往往就有几十万个之多，每分每秒都在产生极其海量的数据。因此，所谓大数据，就是海量数据或巨量数据，其规模巨大到无法通过目前主流的计算机系统在合理时间内获取、存储、管理、处理并提炼以帮助使用者决策。

目前工业界普遍认为大数据具有 4V+1C 的特征。

(1)数据量大(Volume)：存储的数据量巨大，PB 级别是常态，因而对其分析的计算量也大。

(2)多样(Variety)：数据的来源及格式多样，数据格式除了传统的结构化数据外，还包括半结构化或非结构化数据，比如用户上传的音频和视频内容。而随着人类活动的进一步拓宽，数据的来源将更加多样。

(3)快速(Velocity)：数据增长速度快，而且越新的数据价值越大，这就要求对数据的处理速度也要快，以便能够从数据中及时地提取知识，发现价值。

(4)价值密度低(Value)：需要对大量的数据进行处理，挖掘其潜在的价值，因而，大数据对我们提出的明确要求是在成本可接受的条件下，通过快速采集、发现和分析，从大量、多种类别的数据中提取价值的体系架构。

(5)复杂度(Complexity)：对数据的处理和分析的难度大。

1.3.2 云计算的概念

处理大数据的技术被称为云计算。当 2007 年末云计算最初走进人们的视野时，许多人对其不屑一顾，认为这仅是纸上谈兵，并不具备实际意义。但短短几年时间里，云技术的应用取得了飞速发展，成为诸多企业 IT 战略的核心组成部分。尽管云计算的应用是种新兴概念，但其背后的基本概念却早为人熟知。云计算借鉴了传统主机计算的诸多原则，即允许用户分享计算能力。但两者最主要的区别在于，云计算通常依托于网络与开放标准，而非传统的专有系统。

云计算是一种商业计算模型，它将计算任务分布在由大量计算机构成的资源池上，使用户能够按需要获取计算力、存储空间和信息服务。这样的资源池被称为“云”，包括一些大型服务器集群、计算服务器、存储服务器和宽带资源等。云计算将这些计算资源集中起来，并通过专门软件实现自动管理，无须人为参与。同时用户可以动态申请使用资源，从而提高效率、降低成本。云计算集合了过去十多年来推动企业数据中心与服务供应发展的诸多主流技术，包括网格计算、效用计算、聚类、可视化、服务共享与大规模管理自动化等。云应用发展迅速，出现了功能各异、不同种类的“云”。

当下，云部署模型主要分为三类：

公有云：提到云计算，人们立马联想到的便是公有云。在公有云模型中，服务商通过网络向消费组织提供服务，如应用程序、平台与基础设施搭建。用户无须安装、管理、备份或更新软件、硬件与数据中心，便能够享用服务。但代价是，用户通常不得不在安全性能、用户自定义上做出妥协，出让部分控制权与灵活性。

私有云：与备受争议的公有云相比，私有云更受各大企业欢迎。私有云是为某机构专门制订的服务，运作于公司防火墙内，由公司的 IT 部门或云服务提供商管理。私有云具备公有云的诸多优势与特点，除此之外，它还允许公司 IT 部门进行数据控制，防止恶意共享并遵循公司内部规定与政策。通常，企业的云战略皆从私有云开始。

混合云：许多机构最终都青睐混合云，一种公有云与私有云的结合体。混合云让应用程序能够同时在公有云与私有云上运行，这意味着云必须遵从应用的一致性与互用性标准。

云计算的主要模型如图 1-50 所示。

图 1-50　云计算主要模型

毋庸置疑，与传统计算机信息处理相比，云计算具有诸多重要优势。通常云应用的最初驱动成本较低。通过巩固与分享计算资源，云应用能帮助节约超额生产能力及硬件、电力、冷却设备与管理成本。通过标准化共享数据库与各个应用平台，云应用还能节省更多的成本。此外，云计算更引人注意的优势在于其速度与敏捷性。及时服务供应与先进的自助服务能力显著提高了新服务发布的速度，让企业更加迅速地对动态市场环境做出反应，增强其市场竞争力。云的扩展性十足，还能对计算资源进行适时适度的分配。

云的真正价值在于其所提供的服务，这些服务主要分为三类：软件即服务（SaaS）、平台即服务（PaaS）与基础设施即服务（IaaS）。

软件即服务（SaaS）：在SaaS帮助下，企业用户能够迅速享受新功能，且预付成本远比传统内部系统低。基于SaaS的应用程序皆通过网络使用，该类应用可能要求与内部系统或其他云集成。

平台即服务（PaaS）：PaaS提供云服务应用开发与部署平台。开发人员利用平台开发、部署并管理应用程序。PaaS通常包括数据库、中间设备、开发工具、开发语言与应用程序接口。PaaS的价值在于其通过利用标准化、共享与可重复使用的平台服务加速应用的开发能力。

基础设施即服务（IaaS）：IaaS是最基础的云服务，它由计算服务器、存储与网络构成，还包括相关服务软件（如操作系统、可视化与存储软件）。IaaS是各云层次中最基础的，因为几乎任何平台与应用软件都能在IaaS上运行。但这确实是把双刃剑，因为这意味着基础设施层的一切工作皆由用户自身负责。

1.3.3 云计算的特点

因此从研究现状上看，云计算具有以下特点。

（1）大规模。“云”具有相当的规模，谷歌云计算已经拥有上百万台服务器，亚马逊、IBM、微软、雅虎（Yahoo）、阿里、百度和腾讯等公司的“云”均拥有几十万台服务器。“云”能赋予用户前所未有的计算能力。

（2）虚拟化。云计算支持用户在任意位置、使用各种终端获取服务。所请求的资源来自“云”，而不是固定的有形的实体。应用在“云”中某处运行，但实际上用户无须了解应用运行的具体位置，只需要一台计算机、PAD或手机，就可以通过网络服务来获取各种能力超强的服务。

（3）可靠性。“云”使用了数据多副本容错、计算节点同构可互换等措施来保障服务的高可靠性，使用云计算比使用本地计算机更加可靠。

（4）通用性。云计算不针对特定的应用，在“云”的支持下可以构造出千变万化的应用，同一片“云”可以同时支持不同的应用运行。

（5）高可伸缩性。“云”的规模可以动态伸缩，满足应用和用户规模增长的需要。

（6）按需服务。“云”是个庞大的资源池，用户按需购买，像自来水、电和燃气那样按用量计费。

（7）极其廉价。“云”的特殊容错措施使得可以采用极其廉价的节点来构成云；“云”的自动化管理使数据中心管理成本大幅降低；“云”的公用性和通用性使资源的利用率大幅提升；“云”设施可以建在电力资源丰富的地区，从而大幅降低能源成本。因此，“云”具有前所未有的性能价格比。

1.3.4 云计算的发展现状

随着云计算技术的不断发展，云计算的商业化应用已经日趋成熟。目前市面上比较成熟而且实用的云计算实例和产品有许多，已呈百家争鸣之势，其中以 IBM 蓝云、亚马逊 Amazon EC2、谷歌 Google App Engine、微软 Windows Azure 最为著名。四者各有千秋，下面我们来看看它们各自的特点。

(1)IBM 云计算：蓝云(Blue Cloud)。IBM 蓝云是由 IBM 开发的企业级云计算解决方案，针对企业对硬件资源和软件资源需要进行统一的管理、分配、部署、监控和备份的需求，整合企业的现有资源，通过虚拟化和自动化，建立企业自己的云计算中心，实现软、硬件资源的动态共享和充分利用。蓝云基于 IBM Almaden 研究中心(Almaden Research Center)的云基础架构，包括 Xen 和 PowerVM 虚拟化、Linux 操作系统映像以及 Hadoop 软件(Google File System 以及 MapReduce 的开源实现)与并行构建。"蓝云"充分发挥了 IBM 在大规模计算领域的先进技术，通过分布式架构，可全球部署云资源，使得用户不仅能访问本地终端或者服务器集群，还可以在类 Internet 环境下享受服务。同时，蓝云支持开放标准和开源软件，大大提高了其灵活性和兼容性，使蓝云的功能具有了无限扩展的可能。

(2)亚马逊云计算：Amazon EC2。亚马逊的 Amazon EC2 是 Amazon Elastic Compute Cloud 的简称。Amazon 是全球最大的互联网零售商，拥有大量的服务器，以满足交易高峰时间的超大负荷，但同时却造成了大量服务器在大多数时间的空闲，造成了资源的巨大浪费。Amazon 建立了 EC2(Elastic Compute Cloud，又名弹性计算云)，将这些空闲服务器的资源作为服务出售，是全球首家从事此类业务的公司。EC2 建立在 Amazon 大规模集群计算的平台上，其特色是灵活性和可配置，用户通过它可以根据自身需要，请求和使用其中的计算资源，并可进行个性化配置。同时 Amazon EC2 的自动配置资源容量功能允许用户自动调整 Amazon EC2 的资源容量。例如，某用户的流量达到容量上限，该功能可以自动提高容量上限至该用户的虚拟主机上，以保证该用户流畅使用。

为了公平和高效，Amazon 采用了按使用量收费(pay-only-for-what-you-use)，即按照用户使用的计算资源收取费用。

(3)谷歌云计算：Google App Engine。Google 的 App Engine 和 Amazon EC2 是竞争关系，但两者在技术方面是类似的，同时又有区别。

首先，最明显的是收费模式不同，Google AppEngine 对大多数用户是免费的(每个免费用户都可使用多达 500MB 的持久存储空间，以及可支持每月约 500 万页面浏览量的足够 CPU 和宽带)，只对占用资源较多，通信量较大的用户收取费用。其次，Google App Engine 初期只支持 Python，Python 是一把双刃剑，一方面 Google App Engine 继承了 Python 的诸多优点，如简单、易学、开源、可扩展性等，同时也规范了 App Engine 的代码标准；另一方面仅仅支持 Python，为 Google App Engine 的推广和使用造成了极大的局限。显然，Google 意识到了双刃剑的负面影响，现在 Google App Engine 已经能支持 Python语言和 Java 语言，相信未来能支持更多的语言。

(4)微软云计算:Windows Azure。Windows Azure 既是微软推出的一款基于云计算的操作系统,更是一个运行于微软数据中心系统上的云计算服务平台。Windows Azure 主要针对的是开发人员,为他们提供了开发的软件环境,如 Visual Studio、可视化工具和可视化环境;同时也为他们提供了强大的微软全球数据中心网络托管的服务,比如存储、计算和网络基础设施服务。这种软件和服务的模式令身为开发人员的用户倍感亲切和舒服,Azure 采用的用户所熟悉的开发平台,无须学习新的开发语言,降低了使用门槛和成本;并且用户通过 Azure 提供的各种服务,可跨越自身终端的局限,在任意类型终端(如手机、PC、网页等)中实现客户端效果,还能借助 Azure 完成客户、开发人员和企业间的资源共享。

1.3.5 云计算的应用领域

(1)云交通。随着科技的发展,智能化的推进,交通信息化也在国家布局之中。通过初步搭建起来的云资源,统一指挥,高效调度平台里的资源,处理交通堵塞,应对突发的事件处理等其他事件效力都能有显著提升。

云交通是指在云计算之中整合现有资源,并能够针对未来的交通行业发展整合将来所需求的各种硬件、软件、数据。动态满足 ITS 中各应用系统,针对交通行业的需求如基础建设、交通信息发布、交通企业增值服务、交通指挥提供决策支持及交通仿真模拟等,交通云要能够全面提供开发系统资源平需求,能够快速满足突发系统需求。

云交通的贡献主要在:将借鉴全球先进的交通管理经验,打造立体交通,彻底解决城市发展中的交通问题。

具体而言,将包括地下新型窄幅多轨地铁系统、电动步道系统,地面新型窄幅轨道交通,半空天桥人行交通、悬挂轨道交通,空中短程太阳能飞行器交通等。

云交通中心,将全面负责各种交通工具的管制,并利用云计算中心,向个体的云终端提供全面的交通指引和指示标识等服务。

(2)云通信。从现在各大企业的云平台,从我们身边接触的最多的例子来说,用得最多的其实就是各种备份。配置信息备份,聊天记录备份,照片等的云存储与分享,方便大家在重置或者更换手机的时候,一键同步,一键还原,省去不少麻烦。但是事实上对处于信息技术快速变革时代的我们来说,我们接触到的云通信远不止这些。

云通信是云计算(cloud computing)概念的一个分支,指用户利用 SaaS 形式的瘦客户端(Thin Client)或智能客户端(Smart Client),通过现有局域网或互联网线路进行通信交流,而无须经由传统 PSTN 线路的一种新型通信方式。在现今 ADSL 宽带、光纤、3G、4G、5G 等高速数据网络日新月异的年代,云通信给传统电信运营商带来了新的发展契机。

(3)云医疗。如今云计算在医疗领域的贡献让广大医院和医生均赞不绝口。从挂号到病例管理,从传统的询问病情到借助云系统会诊。这一切的创新技术,改变了传统医疗上的很多漏洞,同时也方便了患者和医生。

云医疗(Cloud Medical Treatment,CMT)是在云计算等 IT 技术不断完善的今天,像云教育、云搜索等言必语云的“云端时代”，一般的 IT 环境可能已经不适合许多医疗应用，医疗行业必须更进一步，建立专门满足医疗行业安全性和可用性要求的医疗环境——“云医疗”应运而生。它是 IT 信息技术不断发展的必然产物，也是今后医疗技术发展的必然方向。

医疗云主要包括医疗健康信息平台、云医疗远程诊断及会诊系统，云医疗远程监护系统以及云医疗教育系统等。

(4)云教育。针对现在的我国的教育情况来看，由于中国疆域辽阔，教育资源分配不均。很多中小城市的教育资源长期处于一种较为尴尬的地带。面对这种状况，部分国家已制订了相应的信息技术促进教育变革。目前，我国在这方面也在利用云计算进行教育模式改革，促进教育资源均衡化发展。

云计算在教育领域中的迁移称为“教育云”，是未来教育信息化的基础架构，包括了教育信息化所必需的一切硬件计算资源，这些资源经虚拟化之后，向教育机构、教育从业人员和学员提供一个良好的平台，该平台的作用就是为教育领域提供云服务。

教育云包括：成绩系统、综合素质评价系统、选修课系统、数字图书馆系统等。

1.3.6　云计算应用的实际案例

(1)杭州拥抱阿里云平台：城市大脑优化交通。2018 杭州 · 云栖大会上，杭州城市大脑 2.0 正式发布，过去的一年里，杭州城市大脑已经接管了 1300 个路口的信号灯，4500 条路的视频，将杭州城市里散落在交通管理、公共服务等领域的百亿级的数据汇聚起来，搭建完整的城市交通动态网，准确应对复杂的交通状况，最终实现对交通的优化。

(2)云上贵州公安交警云：“最强大脑”一眼识别套牌车。作为国内首个运行在公安内网上的省级交通大数据云平台，贵州公安交警云平台由省公安厅交警总队采用以阿里云为主的云计算技术搭建，可为公共服务、交通管理、警务实战提供云计算和大数据支持，有交通管理“最强大脑”之称。

现在，云平台的建立使机器智能识别成为可能，通过对车辆图片进行结构化处理并与原有真实车辆图片进行对比，车辆分析智能云平台能瞬间判别路面上的一辆车是假牌还是套牌车。

(3)重庆亚马逊 AWS 联合孵化器基地助力中国创客。2015 年 12 月，重庆亚马逊 AWS 联合孵化器基地开园，入驻的创客团队可获得最高十万元无偿提供的启动资金，这也是亚马逊 AWS 在中国设立的第三个孵化器，是其在中西部地区设立的首个孵化器。

亚马逊 AWS 中国执行董事容永康介绍，将充分利用亚马逊 AWS 云计算平台和亚马逊 AWS 合作伙伴等资源，积极打造创业、融资、市场、技术等四大平台，为新创企业提供云服务、技术培训、业务技术辅导等孵化服务，并搭建新创企业与天使、VC 投资企业或个人的交流接触平台。

(4)阿里云分担 12306 流量压力。2015 年春运火车票售卖量创下历年新高，而铁路系统运营网站 12306 却并没有出现明显的卡滞，同阿里云的合作是关键之一。

12306 把余票查询系统从自身后台分离出来，在“云上”独立部署了一套余票查询系统。余票查询环节的访问量近乎占 12306 网站的九成流量，这也是往年造成网站拥堵的最主要原因之一。把高频次、高消耗、低转化的余票查询环节放到云端，而将下单、支付这种"小而轻"的核心业务留在 12306 自己的后台系统上，这样的思路为 12306 减负不少。

(5)玉溪华为教育云：基础教育教学的一场革命。2015 年 5 月 11 日，华为云服务玉溪基地开通运行暨玉溪教育云上线仪式举行，这是华为云服务携手玉溪民生领域的首次成功运用。

"玉溪教育云"是云南首个完全按照云计算技术框架搭建和设计开发的专业教育教学平台，平台依托华为云计算中心，以应用为导向，积极探索现代信息技术与教育的深度融合，以教育信息化促进教育理念和教育模式创新，充分发挥其在教育改革和发展中的支撑与领域作用。

1.4 知识与内容梳理

本章中主要介绍了计算机技术的概念、发展和应用领域，分析了计算机技术的发展趋势；介绍了计算机系统的组成和工作原理；对计算机硬件系统的各组成部分的功能和性能指标进行了介绍；最后讲解了云计算和大数据的概念、发展及日常生活中的实际应用案例。

计算机是一种能按照事先存储的程序，自动、高速地进行大量数值计算和各种信息处理的现代化智能电子设备。

计算机最重要的特点是：高速的信息处理能力，强大的记忆能力，善于进行逻辑判断的能力和人机交互能力。

计算机技术的应用范围包括：科学计算、多媒体信息处理、人工智能、虚拟现实、增强现实、混合现实、物联网、计算机辅助系统等。

计算机的发展分为四个阶段，第一代是电子管计算机，第二代是晶体管计算机，第三代是集成电路计算机，第四代为大规模集成电路计算机。

计算机发展趋势包括多极化、智能化、网络化和多媒体化。

计算机系统由硬件系统和软件系统构成。

计算机的基本原理是存储程序和程序控制。

计算机硬件系统由控制器、存储器、运算器、输入设备和输出设备等构成。

计算机硬件包括主板、CPU、内存、外存、显卡、显示器、机箱电源以及键盘和鼠标等。

大数据就是海量数据或巨量数据，其规模巨大到无法通过目前主流的计算机系统在合理时间内获取、存储、管理、处理并提炼以帮助使用者决策。

大数据的主要特点是数据量大、多样性、增长快速、价值密度低和复杂度高。

云计算技术就是处理大数据的技术。

1.5　课后习题

1.5.1　单选题

1. 以微处理器为核心的微型计算机属于第(　　)代计算机。

A. 1　　B. 2　　C. 3　　D. 4

2. 第 3 代计算机时期出现了(　　)。

A. 管理程序　　B. 操作系统　　C. 高级语言　　D. 汇编语言

3. 信息技术的核心是(　　)。

A. 计算机技术　　B. 多媒体技术　　C. 网络技术　　D. 控制技术

4. 许多企、事业单位现在都使用计算机计算、管理职工工资,这属于计算机技术在(　　)领域的应用。

A. 科学计算　　B. 数据处理　　C. 过程控制　　D. 辅助工程

5. 用计算机进行语言翻译和语音识别,按计算机应用的分类,它应属于(　　)。

A. 科学计算　　B. 辅助设计　　C. 人工智能　　D. 实时控制

6. 下列设备中属于输入设备的是(　　)。

A. 显示器　　B. 打印机　　C. 键盘　　D. 绘图仪

7. 利用计算机技术对船舶、飞机、汽车、机械、服装进行设计、绘图属于(　　)应用范畴。

A. 计算机科学计算　　B. 计算机辅助制造

C. 计算机辅助设计　　D. 实时控制

8. 微型计算机中,控制器的基本功能是(　　)。

A. 存储各种控制信息　　B. 传输各种控制信号

C. 产生各种控制信息　　D. 控制系统各部件正确地执行程序

9. 计算机软件一般可分为系统软件和应用软件两大类,其中系统软件的核心是(　　)。

A. 软件工具　　B. 操作系统　　C. 语言处理程序　　D. 诊断程序

10. 科学家(　　)奠定了现代计算机的结构理论。

A. 诺贝尔　　B. 爱因斯坦　　C. 冯・诺依曼　　D. 香农

11. 云计算主要分布为公有云、私有云和(　　)。

A. 个人云　　B. 企业云　　C. 政府云　　D. 混合云

12. 运算器的主要功能是(　　)。

A. 算术运算　　B. 逻辑运算

C. 算术和逻辑运算　　D. 函数运算

13. 一个完整的计算机系统应包括(　　)。

A. 系统硬件和系统软件　　B. 硬件系统和软件系统

C. 主机和 I/O 设备　　D. 主键、键盘、显示器和辅助存储器

14. 计算机中用来表示内在容量大小的基本单位是(　　)。

A. 位　　B. 字节　　C. 字　　D. 双字

15. 计算机的内存储器的最大特点是(　　)。

A. 价格便宜　　B. 存储容量更大　　C. 存取速度快　　D. 价格较贵

1.5.2 思考题

1. 什么是信息与信息技术?

2. 计算机的发展经历了哪几代,各有什么特点?

3. 操作系统的作用是什么?

4. 什么是计算机硬件系统,主要由哪几部分构成?

5. 存储器为什么分为内存储器和外存储器? 两者各有什么特点?

6. 什么是软件? 系统软件和应用软件的区别是什么?

模块 2

信息技术及网络安全

本章重点

信息是组成信息时代的基本单位，也是计算机对客观事物描述、计算、存储和处理的重要载体。本章将着重讨论计算机中信息的基本知识和表示形式，包括常见的数制、数制转换以及信息编码；同时介绍信息检索与搜索引擎的使用，并结合网络黑客、计算机病毒、计算机防火墙设置等方面对信息安全进行重点讲解。

章节要点

- 信息与信息技术的概念
- 数制的概念和各数制间的相互转换
- 计算机中数据的存储范围和常见编码
- 常见搜索引擎的使用
- 信息安全的概念
- 网络黑客的主要攻击手段和防范
- 计算机病毒的类型和防范
- 计算机防火墙的分类与发展
- 计算机职业道德

2.1 信息与信息表示

信息是客观事物状态和运行特征的一种普遍表现形式，也是人类社会经济活动中的重要资源。随着计算机技术、通信技术、网络技术为代表的 3C 技术的不断发展，人类社会完成了从工业时代到信息时代的转变。信息技术极大地改变了人们的生产与生活方式。

2.1.1 信息概述

信息是对客观事物运动状态的描述，世界是运动和变化的。客观变化的事物不断地呈现出各种不同的信息。人们通过对获得的信息进行加工处理并加以利用，完成对事物的感知。信息具备很多特征，如下所示：

(1)普遍性与客观性。在自然界和人类社会中，事物都是在不断发展和变化的。事物所表达出来的信息也是无时无刻，无所不在。因此，信息也是普遍存在的。由于事物的发展和变化是不以人的主观意识为转移的，所以信息也是客观的。

(2)依附性。信息总是依附于移动的物质载体而存在，这些载体可以是语言、文字、图片、声音等。

(3)可传递性。信息通过传输媒体的传播，可以实现其在空间上的传递。如：我们外出旅游时通过照片和短视频等方式分享美景，实现了信息在空间上的传递。

(4)共享性。信息是一种资源，具有使用价值。信息传播的面越广，使用信息的人越多，信息的价值和作用会越大。信息在复制、传递、共享的过程中，可以不断地重复产生副本。但是，信息本身并不会减少，也不会被消耗掉。

(5)时效性。随着事物的发展与变化，信息的可利用价值也会相应地发生变化。信息随着时间的推移，可能会失去其使用价值，可能就是无效的信息了。这就要求人们必须及时获取信息、利用信息，这样才能体现信息的价值。

(6)保密性。由于信息具备传播、共享和价值等特性，所以需要对向信息的共享范围加以限定，人们可以根据信息的价值来确定保密的级别和程度。

2.1.2 信息技术概述

信息在人类生活中起到了重要作用，人们需要对信息进行加工和处理，因此产生了信息技术。信息技术(Information Technology，IT)是指获取、存储、处理、传输信息的技术，主要包括传感技术、通信技术和计算机技术。在远古时代，人们只是通过感官来收集信息，利用大脑存储和处理信息。19世纪，随着电报和电话技术的产生，人们传输和处理信息的能力得到了极大的提高。如今，人们可以通过电视收看新闻视频，通过传真机传送图文资料，通过网络检索科技知识，通过电商进行网上购物，等等。随着信息时代的发展，信息技术的应用范围越来越广泛，人们必将更加方便、快捷地获取信息，交流信息。

2.2 计算机的信息表示

人们能够使用的各种信息资源需要经过对数据的收集、整理、组织，再进行人工处理等过程。如今大部分的工作都可以由计算机来完成，它既能处理数字和文字信息，也能够处理图形、图像和声音等信息。由于在计算机内部电子电路具有开和关两种物理特性，可以分别用数字1和0来表示，因此人们一般在计算机内部采用二进制来表示信息。

2.2.1 数制的概念

按进位的原则进行计数，称为进位计数制，简称“数制”。在日常生活中我们经常会用到数制，如计数时采用十进制，计时时采用六十进制，一星期采用七进制，一年采用十二进制等。计算机中通常采用的数制如表 2-1 所示。

表 2-1 计算机中常用进制

数制	规则	基本数码	权	标识
二进制	逢二进一	0,1	2^n	B
八进制	逢八进一	0,1,…,7	8^n	O
十进制	逢十进一	0,1,…,9	10^n	D
十六进制	逢十六进一	0,1,…,9,A,B,C,D,E,F	10^n	H

数码：一种进位计数制中用来计数的符号称为数符或数码，如二进制是 0 和 1，十进制是0～9，十六进制是 0～9 加上 A～F。

基数：具体使用多少个数字来表示一个数值的大小，就称为该数制的基数。例如，十进制数的基数是 10，二进制数的基数为 2。

权：或称位权，是指数位上的 1 所表示的数值的大小，可以将其理解为所处位置的价值。例如，十进制的权为 10^n，二进制的权为 2^n。

位权与基数的关系是各进位制中位权的值是基数的若干次幂。因此，用任何一种数制表示的数都可以写成按位权展开的多项式之和。

例如十进制数“12345.67”可以表示为

$(12345.67)_{10}=1\times10^4+2\times10^3+3\times10^2+4\times10^1+5\times10^0+6\times10^{-1}+7\times10^{-2}$

例如二进制数 100101，可表示为

$(100101)_2=1\times2^5+0\times2^4+0\times2^3+1\times2^2+0\times2^1+1\times2^0$

2.2.2 各数制间的相互转换

(1)数制的对应关系。不同的数制之间可以相互转换。常用十进制、二进制、八进制、十六进制数的基数对照如表 2-2 所示。

表 2-2 常用数制的基数对照

十进制	二进制	八进制	十六进制	十进制	二进制	八进制	十六进制
0	0000	0	0	9	1001	11	9
1	0011	1	1	10	1010	12	A
2	0010	2	2	11	1011	13	B

续 表

十进制	二进制	八进制	十六进制	十进制	二进制	八进制	十六进制
3	0011	3	3	12	1100	14	C
4	0100	4	4	13	1101	15	D
5	0101	5	5	14	1110	16	E
6	0110	6	6	15	1111	17	F
7	0111	7	7	16	10000	20	10
8	1000	10	8	17	10001	21	11

(2)二进制数转换成十进制数。利用按权展开的方法,可以把任意数制的一个数转换成十进制数。下面将以二进制数 11010.011 转换成十进制数为例进行说明。

$$(11010.011)_2 = 1\times2^4+1\times2^3+0\times2^2+1\times2^1+0\times2^0+0\times2^{-1}+1\times2^{-2}+1\times2^{-3}$$
$$=16+8+0+2+0+0+0.25+0.125=(26.375)_{10}$$

(3)十进制数转换成二进制数。

①整数转换。十进制整数转换为二进制通常要区分数的整数部分和小数部分,并分别按照除 2 取余数部分和乘 2 取整数部分两种不同的方式来完成。例如将十进制数 57 转换为二进制的过程如 2-1 所示。

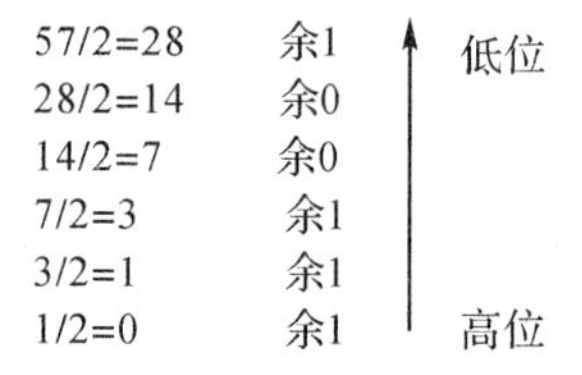

图 2-1 除 2 取余法示例

因此$(57)_{10}$转换为二进制数为$(111001)_2$。

②小数转换。例如将十进制数 0.3125 转换为二进制数的过程如图 2-2 所示。

图 2-2 乘 2 取整法示例

因此$(0.3125)_{10}$转换为二进制为$(0.0101)_2$。

(4)二进制数转换为八进制数和十六进制数。由于 $8=2^3$,$16=2^4$,所以二进制数与八进制数和十六进制数的对应关系分别是 3 位和 4 位。因此二进制数转换为八进制和十六进制数,只需要将二进制数以小数点为中心分组,每 3(或 4)位为一组,不够位数的在两边补 0,并将每组的二进制数转换成相应的八进制数(或十六进制)数即可。

例如将二进制数 1101101101.11001 分别转换成八进制数、十六进制数。

$(\underline{001\ 101\ 101\ 101}.\underline{110\ 010})_2=(1555.62)_8$

$(\underline{0011\ 0110\ 1101}.\underline{11001000})_2=(36D.C8)_{16}$

2.2.3　计算机中数据的存储单位

计算机的存储器好比一座拥有许多房间的巨型大厦。我们把组成这座大厦的房间看成计算机中的一个个"单元"。在每个房间中，又有若干个床位，这些床位就像计算机中的"位"。每个位可存放一个二进制数0或1，就像每个床位可以入住一个客人。

(1)位(bit)。位用于存放一个二进制数0或1，它是存储信息的最小计量单位，通常用小写字母"b"表示。

(2)字节(Byte)。字节是比"位"更大的存储单位，人们把八个二进制位称为一个"字节"，用大写字母"B"表示。也就是说，8bit＝1Byte。字节是度量存储器容量的常用单位。有时人们还用更大的度量单位千字节(KB)、兆字节(MB)、吉字节(GB)和太字节(TB)等。

1 KB＝1024 B ($2^{10}=1024$)

1 MB＝1024 KB

1 GB＝1024 MB

1 TB＝1024 GB

(3)字(Word)。字由一个或者多个字节组成，字与字长有关。字长是指CPU能同时处理二进制数据的位数，分为8位、16位、32位、64位等，如我们日常听到的32位和64位操作系统。

2.2.4　常见的信息编码

信息常以文字、图像、声音等形式表现出来。为了使计算机能处理这些信息，就需要将这些信息数字化，而实现这一设想最简单的方法就是对信息进行编码。

字符编码就是用来表示这些字符的二进制编码。字符编码是一个涉及世界范围内有关信息的表示、交换、处理、存储的基本规则，因此，它都是以国家标准或国际标准的形式颁布施行的，包括位数不等的二进制码、BCD码、ASCII码、汉字编码。

在输入过程中，系统自动将用户输入的各种数据按编码的类型转换成相应的二进制形式存入计算机存储单元中；在输出过程中，再由系统自动将二进制编码数据转换成用户可以识别的数据格式输出给用户。

(1)ASCII码。ASCII码全称为美国信息交换标准代码(American Standard Code for Information Interchange)。它被国际标准化组织(ISO)定为国际标准，是计算机系统使用最广泛的字符编码。

ASCII码由7位二进制数编码组成，有128种不同的组合，128个不同的字符或功能符号，表示包括字母、数字、标点符号、控制符号和其他符号，如表2-3所示。

表 2-3 ASCII 码

<table>
<tr><th>高四位
低四位</th><th>0000</th><th>0001</th><th>0010</th><th>0011</th><th>0100</th><th>0101</th><th>0110</th><th>0111</th></tr>
<tr><td>0000</td><td>NUL(空字符)</td><td>DLE (数据链接转义)</td><td>SP
(空格)</td><td>0</td><td>@</td><td>P</td><td>、</td><td>p</td></tr>
<tr><td>0001</td><td>SOH(标题开始)</td><td>DC1(设备控制 1)</td><td>!</td><td>1</td><td>A</td><td>Q</td><td>a</td><td>q</td></tr>
<tr><td>0010</td><td>STX(正文开始)</td><td>DC2(设备控制 2)</td><td>"</td><td>2</td><td>B</td><td>R</td><td>b</td><td>r</td></tr>
<tr><td>0011</td><td>ETX(正文结束)</td><td>DC3(设备控制 3)</td><td>#</td><td>3</td><td>C</td><td>S</td><td>c</td><td>s</td></tr>
<tr><td>0100</td><td>EOT(传输借宿)</td><td>DC4(设备控制 4)</td><td>$</td><td>4</td><td>D</td><td>T</td><td>d</td><td>t</td></tr>
<tr><td>0101</td><td>ENQ(请求)</td><td>NAK(拒绝接收)</td><td>%</td><td>5</td><td>E</td><td>U</td><td>e</td><td>u</td></tr>
<tr><td>0110</td><td>ACK(收到通知)</td><td>SYN(同步空闲)</td><td>&</td><td>6</td><td>F</td><td>V</td><td>f</td><td>v</td></tr>
<tr><td>0111</td><td>BEL(响铃)</td><td>ETB(传输块结束)</td><td>'</td><td>7</td><td>G</td><td>W</td><td>g</td><td>w</td></tr>
<tr><td>1000</td><td>BS(退格)</td><td>CAN(取消)</td><td>)</td><td>8</td><td>H</td><td>X</td><td>h</td><td>x</td></tr>
<tr><td>1001</td><td>HT(水平制表符)</td><td>EM (介质中断)</td><td>(</td><td>9</td><td>I</td><td>Y</td><td>i</td><td>y</td></tr>
<tr><td>1010</td><td>LF(换行键)</td><td>SUB(替补)</td><td>*</td><td>:</td><td>J</td><td>Z</td><td>j</td><td>z</td></tr>
<tr><td>1011</td><td>VT(垂直制表符)</td><td>ESC (换码(溢出))</td><td>+</td><td>;</td><td>K</td><td>[</td><td>k</td><td>{</td></tr>
<tr><td>1100</td><td>FF(换页键)</td><td>FS(文件分隔符)</td><td>,</td><td><</td><td>L</td><td>\</td><td>l</td><td>|</td></tr>
<tr><td>1101</td><td>CR(回车键)</td><td>GS(分组符)</td><td>-</td><td>=</td><td>M</td><td>]</td><td>m</td><td>}</td></tr>
<tr><td>1110</td><td>SO(不用切换)</td><td>RS(记录分隔符)</td><td>.</td><td>></td><td>N</td><td>^</td><td>n</td><td>~</td></tr>
<tr><td>1111</td><td>SI(启用切换)</td><td>US(单元分隔符)</td><td>/</td><td>?</td><td>O</td><td>_</td><td>o</td><td>DEL</td></tr>
</table>

从表 2-3 我们可以看到，大写字母 E 在数码表中表示为$(01000101)_2=(69)_{10}$，删除键 DEL 的 ASCII 码为$(01111111)_2=(127)_{10}$。

(2)汉字编码。汉字编码比西文困难，主要原因在于汉字数量庞大，字型复杂并且存在大量一音多字和一字多音的现象，因此，汉字在不同场合有不同的编码。通常有四种类型，即输入码、国标码、机内码、字形码。

①输入码。输入码是用来将汉字输入到计算机中的一组键盘符号。常用的输入码主要可以分为四类：顺序码、音码、形码和音形码。

●顺序码，是用数字串代表一个汉字，常用的是国标区位码。它将国家标准化管理委员会公布的 6763 个汉字分为两级，其中一级在 1 区 6 至 55 区，二级在 56 区至 87 区。实际上是把汉字表示成二维数组，区码、位码各用两位十进制数表示，输入一个汉字需要按 4 次键。以十六进制表示的区位码不是用来输入汉字的。顺序码的最大特点是无重码，无规律，难记忆。

●音码，是以汉字读音为基础的输入方法。由于汉字同音字太多，因此音码的重码率高，但易学易用。

●形码，是以汉字的形状确定的编码，即按汉字的笔画部件用字母或数字进行编码。

如五笔字型、表形码便属此类编码，其难点在于如何拆分一个汉字。

●音形码，是结合音码和形码的优点，同时考虑汉字的读音和字形确定的编码。

②国标码。国际码又称为交换码。国家标准化管理委员会 1981 年制订了中华人民共和国国家标准 GB/T 2312-1980《信息交换用汉字编码字符集——基本集》。国标码本身也是一种汉字输入码，由区号和位号共 4 位十进制数组成，通常称为区位码输入法。区位码用 2 字节来表示，每字节的最高位均为 0，因此可以表示的汉字数为 $2^{14}=16384$ 个。将汉字区位码的高位字节、低位字节各加十进制数 32（即十六进制数的 20），便得到国标码。

③机内码。汉字内码是在设备和信息处理系统内部存储、处理、传输汉字用的代码。无论使用何种输入码，进入计算机后就立即被转换为机内码。转换规则是将国标码的高位字节、低位字节各自加上 128（十进制）或 80（十六进制）。这样做的目的是使汉字机内码区别于西文的 ASCII 码，因为每个西文字母的 ASCII 码的高位均为 0，而汉字机内码的每个字节的高位均为 1。

④字形码。字形码是表示汉字字形的字模数据，因此也称为字模码，是汉字的输出形式，通常用点阵、矢量函数等表示。用点阵表示时，字形码指的就是这个汉字字形点阵的代码。根据输出汉字的要求不同，点阵的多少也不同。简易型汉字为 16×16 点阵，提高型汉字为 24×24 点阵、48×48 点阵等。下面以 24×24 点阵为例来说明一个汉字字形码所要占用的内存空间。因为每行 24 个点就是 24 个二进制位，存储一行代码需要 3 字节。那么，24 行共占用 3×24＝72 字节。计算公式：每行点数/8×行数。对于 48×48 的点阵，一个汉字字形需要占用的存储空间为 48/8×48＝6×48＝288 字节。

从汉字代码转换的角度，一般可以把汉字信息处理系统抽象为一个结构模型，如下所示：汉字输入→输入码→国标码→机内码→字形码→汉字输出。

（3）图形图像的编码。图形图像都是由一个个像素点组成的。图像的数字化就是用数字将每个像素点的颜色属性表示出来。如果用 1 位字长的数字来表示颜色，则只能表示黑、白两种；用 8 位字长的数字就可以表示 $2^{8}=256$ 种不同色彩；如果用 24 位来表示就可以表示 $2^{24}=16777216$ 种颜色（也称为真彩色）。当然位数越高，代表的图形图像文件就越大，清晰度也越高。

根据图片压缩率的不同，常见的图形图像文件格式有 GIF、TIFF、BMP、JPEG 等。

2.3　信息的检索与判别

信息检索

2.3.1　信息检索

（1）信息检索的概念。信息检索（Information Retrieval）是用户进行信息查询和获取的主要方式，是查找信息的方法和手段。即用户根据需要，采用一定的方法，借助检索工具，从信息集合中找出所需信息的查找过程。

(2)搜索引擎概述。搜索引擎指自动从因特网搜集信息，经过一定整理以后，提供给用户进行查询的系统，是用户查询和获取信息的重要工具。因特网上的信息浩瀚万千，而且毫无秩序，所有的信息像汪洋上的一个个小岛，网页链接是这些小岛之间纵横交错的桥梁，而搜索引擎，则为用户绘制了一幅一目了然的信息地图，供用户随时查阅。它们从互联网提取各个网站的信息(以网页文字为主)，建立起数据库，并能检索与用户查询条件相匹配的记录，按一定的排列顺序返回结果。

(3)常见搜索引擎。常见的搜索引擎有谷歌(Google)、百度、360、必应、搜狗等。此外还有一些专业搜索引擎，如学术论文搜索引擎中国知网(http://www.cnki.net/)，图片搜索引擎百度识图(http://image.baidu.com /? fr=shitu)，价格检索搜索引擎比一比价(http://www.b1bj.com/)，网盘资源搜索引擎胖次检索(http://www.panc.cc/)等。

(4)搜索引擎的分类。搜索引擎按信息收集方式的不同主要分为全文索引、目录索引、元搜索引擎三类。

①全文索引。全文索引是目前广泛应用的主流搜索引擎，国外代表是Google，国内则有最大的中文搜索引擎百度。它们从互联网提取各个网站的信息(以网页文字为主)，建立起数据库，并能检索与用户查询条件相匹配的记录，按一定的排列顺序返回结果。

根据搜索结果来源的不同，全文索引可分为两类，一类拥有自己的检索程序(Indexer)，俗称"蜘蛛"(Spider)程序或"机器人"(Robot)程序，能自建网页数据库，搜索结果直接从自身的数据库中调用，上面提到的Google和360搜索就属于此类；另一类则是租用其他搜索引擎的数据库，并按自定的格式排列搜索结果，如Lycos搜索引擎。

②目录索引。目录索引也称为分类检索，是因特网上最早提供的资源查询服务，主要通过搜集和整理因特网的资源，根据搜索到的网页的内容，将其网址分配到相关分类主题目录的不同层次的类目之下，形成像图书馆目录一样的分类树形结构索引。目录索引无须输入任何文字，只要根据网站提供的主题分类目录，层层点击进入，便可查到所需的网络信息资源。目录索引中最具代表性的莫过于大名鼎鼎的Yahoo、搜狐、新浪等分类目录搜索引擎。

③元搜索引擎。元搜索引擎接受用户查询请求时，同时在多个搜索引擎上搜索，并将结果返回给用户。因此它不是一种有自己独立的结构或者特殊技术的搜索引擎。元搜索引擎解决了用户在检索时频繁更换搜索引擎以期达到最相关的搜索结果的问题，让用户不用来回用相同的检索词在不同的搜索引擎之间查找信息，其可以对各个搜索引擎进行检索，并将结果提供给用户。元搜索引擎可以根据用户的检索提问，可以指定检索的顺序，控制检索时间，合理规范和整合检索结果；同时，其也会自动处理检索过程中的重复、相同、雷同的结果，以统一界面人性化地显示检索结果。元搜索引擎没有建立独立的索引数据库，它只是一个对多个搜索引擎进行综合提问的检索接口。

2.3.2 搜索引擎的使用

(1)关键词查询。以百度为例,关键字查询就是在搜索引擎向用户提供的文本框中输入待查询的关键字、词组或句子,然后单击紧靠文本框的“百度一下”按钮(见图 2-3),搜索引擎便会查找相关的 Web 页,并把所查的结果反馈给用户。

图 2-3 百度搜索首页

在查询过程中如需对查找范围进一步加以限定,也可以单击右上角的“设置”按钮,选择“高级搜索”选项进行查找,如图 2-4 所示。

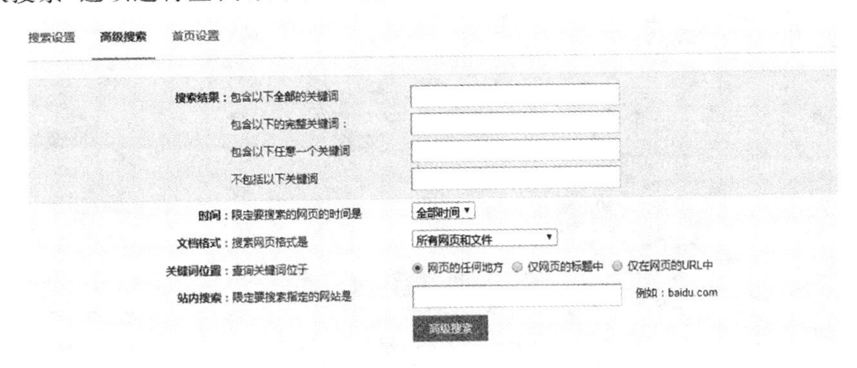

图 2-4 百度高级搜索

(2)分类查询。搜索引擎是建立在根据内容分类的 Web 地址数据库上的。分类查询是将数据库中存储的 Web 页面的内容分门别类地编排成树状目录结构,在搜索时按主题类别进行浏览,类似于翻阅书的目录,先找到有关目录,再查找与目录有关的章节信息,如图 2-5 所示。用户可以根据所需要查询的类别点击进入,以查找需要的信息。

图 2-5 分类检索网站

2.3.3 信息判别

(1)竞价推广。竞价推广是把企业的产品、服务等通过关键词的形式在搜索引擎平台上推广。它是一种按效果付费的新型而成熟的搜索引擎广告,用少量的投入就可以给企业带来大量潜在客户,有效提升企业销售额。竞价排名是一种按效果付费的网络推广方式。企业在购买该项服务后,注册一定数量的关键词,其推广信息就会率先出现在网民相应的搜索结果中。

(2)信息判别。由于竞价推广现象的存在,不少用户在使用搜索引擎进行信息检索时由于轻信网络信息排名而蒙受损失。因此用户在检索信息时需要对信息真伪进行基本判别。

①广告标志:在对某些信息进行检索时,排名靠前的检索结果右下角如果有“广告”字样,一般都为竞价排名网站,如图 2-6 所示。

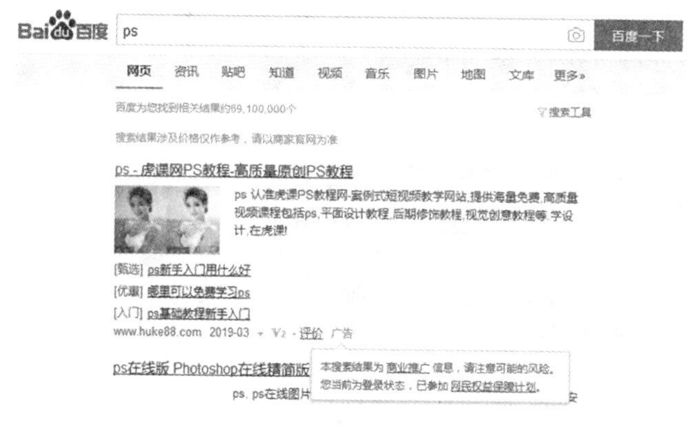

图 2-6 竞价标识

②企业认证标记:如果检索结果右下角有“保”字样,代表该网站为企业实名认证网站,如图 2-7 所示。用户也可以点击“查看企业档案”检查企业的认证信息。

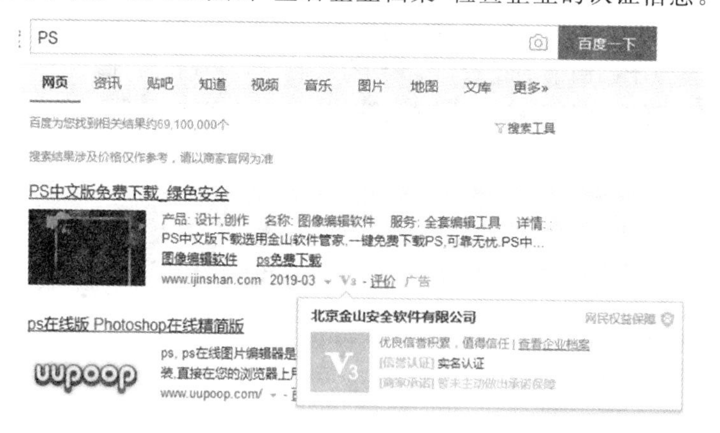

图 2-7 企业认证标识

③官网标识：如果检索结果右边有“官网”字样，代表该网站为官方网址，能够基本保证数据的真实性和文件下载的安全性，如图 2-8 所示。

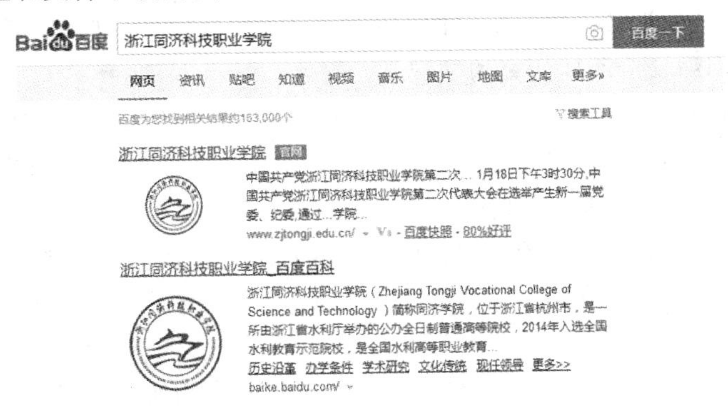

图 2-8　官网标识

网络安全

2.4　计算机信息安全

2.4.1　计算机信息安全概述

(1)计算机信息安全简介。截至 2019 年 6 月底，中国网民规模突破 8.54 亿，中国手机网民规模达到 8.47 亿。互联网普及率为 61.2%，较 2018 年年底提升 1.6 个百分点。网络应用已渗透到现代社会生活的各个方面，如电子商务、电子政务、电子银行等，大量的网络信息带来了巨大的网络安全风险。如 2013 年 12 月 29 日下午，继 CSDN、天涯社区用户数据泄露后，用户数据最为重要的电商领域也不断传出存在漏洞、用户数据泄露的消息，支付宝用户信息大量泄露，被用于网络营销，泄露总量达 1500 万～2500 万条之多，因此各领域无不关注网络安全。

(2)计算机网络安全的重要性。在网络上有这样一句话“Internet 的美妙之处在于你和每个人都能互相连接，Internet 的可怕之处在于每个人都能和你互相连接”。网络是非常脆弱的。首先，由于开放的网络环境，任何人都可以进入互联网。其次，基于 TCP/IP 的网络本身存在脆弱性。此外，计算机操作系统存在系统漏洞。最后，个别受利益驱使的人为因素等也是导致网络安全问题的重要原因。因此，我们在使用网络资源的同时需要不断学习和提高自身的安全保护意识和知识，才能最大限度地保护自身权益不受侵害。

(3)计算机网络安全保护的定义。计算机信息系统的安全保护，应当保障计算机及其相关的和配套的设备、设施(含网络)的安全，运行环境的安全，保障信息的安全，保障计算机功能的正常发挥，以维护计算机信息系统的安全运行。

从本质上讲，网络安全就是网络上的信息安全，是指网络系统的硬件、软件和系统中的数据受到保护，不受偶然的或者恶意的攻击而遭到破坏、更改、泄露，系统连续可靠正常地运行，网络服务不中断。

从广义上讲，凡是涉及网络上信息的保密性、完整性、可用性、真实性和可控性的相关技术和理论都是网络安全所要研究的领域。

(4)计算机网络安全的要素。计算机网络安全的要素包括保密性、完整性、可用性、可控性和不可否认性。其中保密性(Confidentiality)与完整性(Integrity)和可用性(Availability)并称为信息安全的 CIA 三要素。

①保密性：确保信息不暴露给未授权的实体或进程。使用加密机制(防泄密)。

②完整性：只有得到允许的人才能修改实体或进程，并且能够判别出实体或进程是否已被修改。使用完整性鉴别机制，保证只有得到允许的人才能修改数据(防篡改)。

③可用性：得到授权的实体可获得服务，攻击者不能占用所有的资源而阻碍授权者的工作。用访问控制机制，阻止非授权用户进入网络，使静态信息可见，动态信息可操作(防中断)。

④可控性：主要指对危害国家信息(包括利用加密的非法通信活动)的监视审计；控制授权范围内的信息流向及行为方式。使用授权机制，控制信息传播范围、内容，必要时能恢复密钥，实现对网络资源及信息的可控性。

⑤不可否认性：对出现的安全问题提供调查的依据和手段。使用审计、监控、防抵赖等安全机制，使得攻击者、破坏者、抵赖者“逃不脱”，并进一步对网络出现的安全问题提供调查依据和手段，实现信息安全的可审查性。

2.4.2 网络黑客

网络黑客 1

(1)黑客发展的历史。黑客来源于 Hacker 一词，最初曾指热心于计算机技术、水平高超的电脑专家，尤其是程序设计人员，逐渐区分为白帽、灰帽、黑帽等，其中黑帽(Black Hat)实际就是 Hacker，主要指因为个人利益恶意窃取和破坏他人计算机信息的人，如罗伯特·莫里斯(莫里斯蠕虫病毒发明人)、凯文·米特尼克(盗走价值 4 亿美金的各种程序和数据)。而与黑客(黑帽)相对的则是白帽，指在计算机领域勇于创新的人，如理查德·史托曼(自由软件创始人)，林纳斯·托瓦兹(Linux 系统发明人)。

(2)常用黑客攻击原理。黑客攻击一般需要经过踩点、扫描、查点、获取访问、权限升级、偷盗窃取、掩踪灭迹、创建后门、拒绝服务等流程，如图 2-9 所示。

(3)黑客常用攻击工具。

网络黑客 2

①域名相关信息查询 Whois：Whois(读作“Who is”)是用来查询域名的 IP 以及所有者等信息的传输协议。简单地说，Whois 就是一个用来查询域名是否已经被注册，以及注册域名的详细信息的数据库(如域名所有人、域名注册商)。通过域名 Whois 信息查询，可以了解到该域名的所属注册商、注册时间、过期时间等公共信息。如果域名没有进行 Whois 信息保护，一般还可以查询到域名的注册所有人、管理联系人、缴费联系人。技术联系人的姓

名、电子邮件、地址等域名所有者信息。由于 Whois 信息取自全世界统一分配的 Whois 服务器，保证了信息及时和准确，也成为黑客了解攻击目标的主要途径。

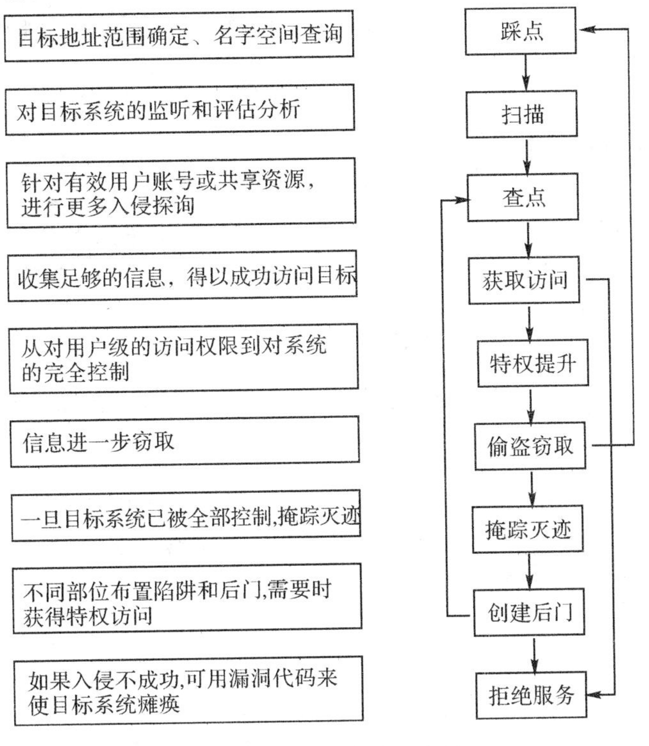

图 2-9 黑客攻击主要流程

②网络扫描工具：用来探测系统开放端口，操作系统类型，所运行的网络服务，以及是否存在可利用的安全漏洞等。它是系统管理员掌握系统安全情况和软件工程师修复系统安全漏洞的重要工具，也是黑客查找服务器端口，选取最快的攻击点的必备工具。常用网络扫描工具如：Nmap（端口扫描器）、X-scan（综合扫描器）等。

③口令破解：为了计算机信息安全，现在几乎所有的系统都通过访问控制来保护数据。访问控制最常用的方法就是口令保护。如果口令被破解了，那么信息很容易被窃取。因此口令破解是黑客入侵一个系统比较常用的方法。口令破解常用的方法例如通过猜测或获取口令文件等方式获得系统认证口令，从而进入系统。比如用户常用的用户名、用户名变形、生日、常用英文单词、5 位及以下长度的口令等密码形式都是容易被破解的对象。对于复杂密码还可以通过暴力破解的方式，如穷举法、字典法、木马程序或键盘记录程序等。

④网络监听：是网络管理员经常使用的一个工具，主要用来监视网络的流量、状态、数据等信息。比如 Sniffer Pro 就是许多系统管理员的必备工具。同时网络监听也是黑客在局域网中常用的一种技术，在网络中监听其他人的数据包，分析数据包，从而获得一些敏感信息，如账号和密码等。

(4)黑客攻击的防范。虽然黑客的攻击手段各异，但是本质上还是利用系统漏洞和人们平时疏于防范的心理，因为对于黑客攻击除了需要对机房、网络服务器、线路和主机安全进行检查外,作为用户也必须建立一些必要的防范措施,如设置账户锁定策略,administrator 账户重命名,设置较为复杂的系统密码,建立防火墙等。虽然这些方案措施并不能彻底阻止网络攻击,但至少能够使黑客的攻击被延缓或被发现,以避免造成损失。

网络黑客 3

2.4.3 计算机病毒

(1)计算机病毒的定义。依据我国正式颁布实施的《中华人民共和国计算机信息系统安全保护条例》中第二十八条明确指出:“计算机病毒,是指编制或者在计算机程序中插入的破坏计算机功能或者毁坏数据,影响计算机使用,并能自我复制的一组计算机指令或者程序代码。”据统计随着信息技术的不断发展,截至 2015 年我国已报告的各类新增计算机病毒达 1.45 亿种,如图 2-10 所示。

计算机病毒 1

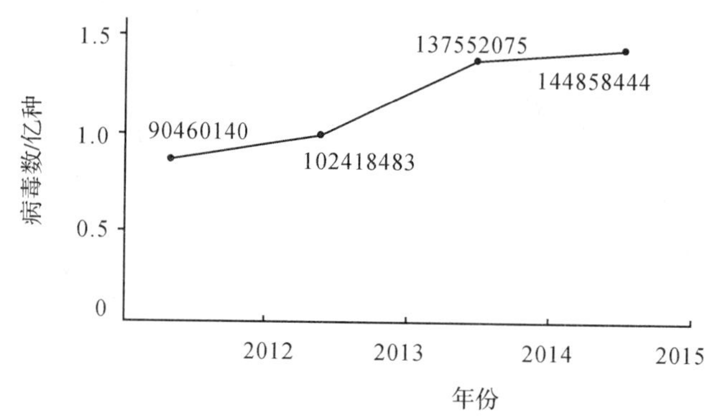

图 2-10 新发现电脑病毒数量

(2)计算机病毒的发展史:

①计算机病毒的产生的理论基础(1949 年):约翰·冯纽曼在他的论文《复杂自动装置的理论及组织的行为》中提出了一种会自我繁殖的程序。

②病毒雏形的产生(1959 年):1959 年美国电话电报公司的贝尔实验室中,3 个年轻的工程师完成了一个奇怪的电子游戏——磁芯大战。该游戏进行过程是:双方各编写一套程序,输入同一台计算机中。两套程序在内存中运行,相互追杀。有时会放下一些关卡,有时会停下来修复被对方破坏的指令。被困时,可以自我复制,逃离险境。因为这些程序都在计算机的内存(以前是用磁芯 Core 做内存的)中游走,因此称为磁芯大战(Core War),也是计算机病毒的最初形式。

③计算机病毒的出现(1983 年):1983 年,杰出计算机奖得奖人科恩·汤普逊在颁奖典礼上公开证实了计算机病毒的存在,还告诉了听众怎样去写自己的病毒程序。1983 年 11 月 3 日,弗雷德·科恩制造了第一个病毒,并在公众面前展示了有效的样本。之后专家们在 VAX11/750 计算机系统上运行该病毒,实验成功。一周后又进行了 5 个实验的演示,验证了计算机病毒的存在。

④我国计算机病毒的出现(1989 年):1989 年,来自西南铝加工厂的病毒报告——小

球病毒报告。此后国内各地陆续报告发现该病毒。1989年7月，公安部计算机管理监察局监察处病毒研究小组针对国内出现的病毒，编写了反病毒软件KILL 6.0，这是国内第一个反病毒软件。

⑤计算机病毒的发展：随着计算机技术的不断发展，计算机病毒的形式也发生了多样性转变，各类新病毒不断出现，如图2-11所示。计算机病毒不但影响政府等职能部门正常运行，还造成巨大的社会经济损失，因此计算机病毒的防治是信息时代各国重要的研究课题之一。

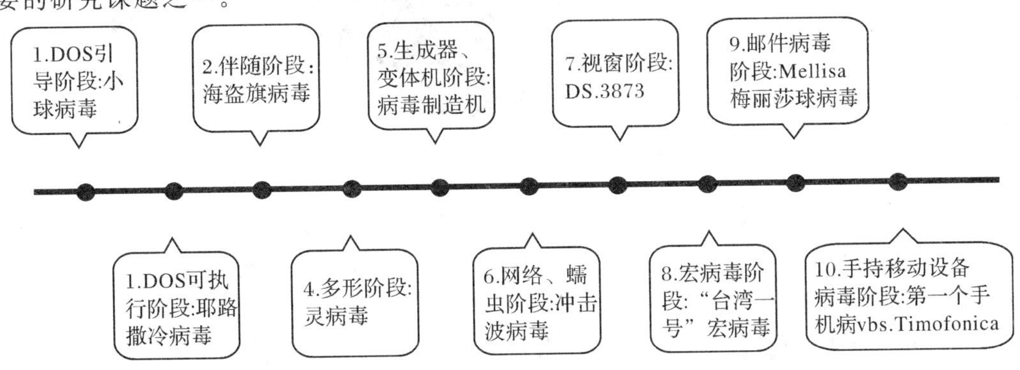

图2-11 计算机病毒的发展

(3)计算机病毒的特点：计算机病毒具有破坏性、传染性、潜伏性和可触发性、非授权性、隐藏性和不可预知性等特征。

①破坏性：破坏是计算机病毒的最主要目的。当病毒程序运行时，它会按照病毒设计者的要求对计算机数据和网络资源进行破坏。计算机病毒的种类不同，破坏方式也不同，一般有：占用计算机资源，降低运行速度；获取计算机数据和密码；自动发送恶意邮件等。

②传染性：是计算机病毒的一个最主要特征。当具备条件时，病毒程序就会自动运行，并通过网络、磁盘等途径将病毒程序复制、扩散，从而使更多的计算机不能正常工作。

③潜伏性和可触发性：计算机病毒一般隐藏在操作系统、可执行文件、数据文件、文本文件、图片文件中，不易发现。只有当满足一定条件时才开始运行。例如某个日期、某个特定的操作或特定环境等。

④非授权性：计算机病毒往往是在用户不知情的情况下被下载和安装在计算机系统中的。

⑤隐藏性：计算机病毒往往是一段精心编制的可执行代码，一般不能独立存在，通常隐藏在计算机系统文件中。

⑥不可预见性：计算机病毒的爆发经常是不可预见的，用户无法精准预知计算机病毒的情况。

(4)计算机病毒的分类：计算机病毒可以根据其依附的操作系统、传播媒介、传染途径进行分类，如图2-12所示。

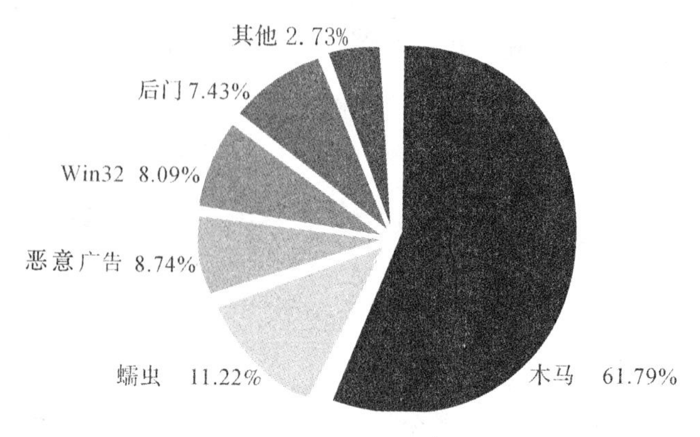

计算机病毒 2

图 2-12　计算机病毒类型统计

①病毒依附的操作系统：根据计算机病毒所感染的操作系统，可以分为 DOS、Windows、嵌入式系统、UNIX/Linux。其中因为 Windows 系统的广泛使用，使其成为计算机病毒的主要依附对象。

②病毒的传播渠道：根据病毒的传播渠道，可以分为存储介质传播和网络传播。其中存储介质包括 U 盘、移动硬盘等。网络传播包括网上下载、网页挂马（见图 2-13）、局域网、远程攻击、电子邮件等。计算机病毒的主要传播渠道如图 2-14 所示。

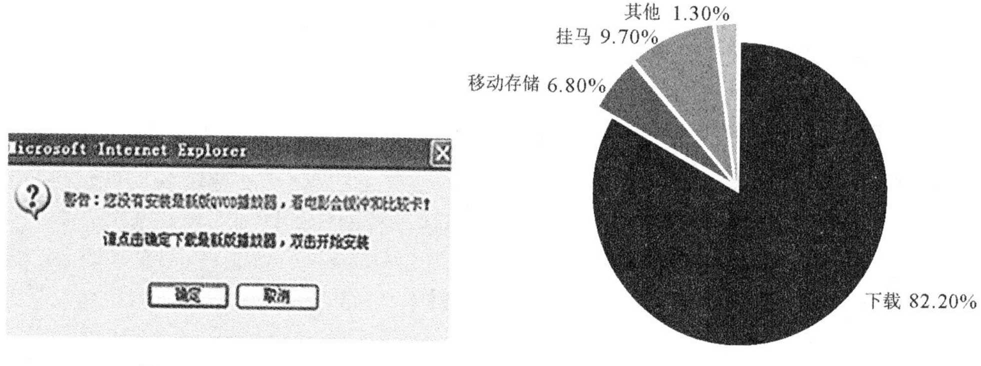

图 2-13　网页挂马

图 2-14　计算机病毒主要传播渠道

③病毒的传染途径：根据计算机病毒的传染途径可以分为直接传染和间接传染。直接传染是由病毒源程序直接传播给程序 $p_1, p_2, \cdots, p_n$。间接传染是指病毒源程序先传播给程序 p_1，由 p_1 再传播到程序 p_2。在实际情况中，病毒在计算机内部的传播以直接和间接两种方式混合进行，因而提高了阻断病毒传播的难度。

④计算机病毒的发展趋势：随着网络在人们工作生活中的不断深入，计算机病毒也发生了巨大变化，如网络化、人性化、多样化、平民化和智能化等。

●网络化。利用基于 Internet 的编程语言与编程技术实现，易于修改以产生新的变种，从而逃避反计算机病毒软件的搜索。如利用 Java、ActiveX 和 VBScrip 等技术，使病毒潜伏在 HTML 页面中。

●人性化。充分利用了心理学知识，针对人类的心理制造计算机病毒，其主题、文件名更具人性化和极具诱惑性。

●多样化。计算机病毒已经不再只针对个人电脑，还衍生出针对智能手机、智能设备、智能制作等不同平台和不同语言的计算机系统病毒。

●平民化。由于脚本语言的广泛使用，专用计算机病毒生成工具的流行，计算机毒的制造门槛越来越低。病毒已经不再是计算机专家表现自己的高超技术的手段。

●智能化。随着物联网和智能设备的使用，计算机病毒不但可以破坏程序和数据，还可以对外设、硬件设施进行物理性破坏，甚至对用户本身造成伤害。

(5)计算机病毒的防护：避免计算机感染病毒的关键是以预防为主，用户应在思想上高度重视病毒防治。对个人计算机而言，杜绝病毒的感染几乎是不可能的，因此，平时应养成良好的计算机使用习惯，降低感染病毒的概率。

在具体的操作措施上，应注意的方面包括：

①安装杀毒软件并定期对计算机进行病毒检测。

②设置防火墙并对重要的数据做好备份工作。

③定期升级杀毒软件的病毒库。

④不用盗版软件和来历不明的存储设备。将外来程序或数据拷入计算机之前，一定要用多种杀毒软件交叉查杀。

⑤谨慎使用网上下载。不要随意直接运行或打开QQ、微信和电子邮件中夹带的附件文件，尤其是一些可执行文件和Office文档；即使下载了，也要先用最新的防病毒软件检查。

⑥在单机系统或服务器中去掉不必要的协议，如去掉系统中的远程登录Telnet、NetBIOS等服务协议。

⑦使用聊天软件时，不要轻易打开陌生人发来的链接。

⑧对重要的文件采用加密的方式传输。

⑨所有计算机、服务器都要设置用户账号、口令，口令密码由大写字符、小写字母、数字符号组成，并时常更换。

(6)杀毒软件的标准及选择：由于杀毒软件对于计算机系统和信息防护的重要性，目前市面上各类杀毒软件层出不穷，用户在选择时应该注意哪些方面呢？

首先，杀毒软件对于计算机病毒要具有高侦测率，如未知病毒检测能力，未知病毒清除能力，压缩和打包文件的查毒和清毒能力，对内存和运行文件的查毒和清毒能力。其次，杀毒软件对系统运行的影响要尽可能小，软件界面人性化，系统易于管理；以及支持对未知病毒或高风险程序进行自动隔离政策。

因此杀毒软件的标准具体表现在以下几个方面：病毒查杀能力，对新病毒的反应能力，病毒实时监测能力，快速、方便的升级能力，智能安装、远程识别的能力，管理和操作的难易程度，对资源的占用情况，系统兼容性与可融合性。

目前主流杀毒软件品牌有360、瑞星、卡巴斯基、金山、迈克菲等，如图2-15所示。用户可以根据自身需要进行选择并到软件生产商的官网进行下载和安装。

图 2-15　主流杀毒软件品牌

2.4.4　计算机防火墙

计算机防火墙

(1)防火墙的概述。防火墙(Fire Wall)是设置在被保护网络和外部网络之间的一道屏障,实现网络的安全保护,以防止发生不可预测的、潜在破坏性的侵入。它是不同网络或网络安全域之间信息的唯一出入口,如图2-16所示。

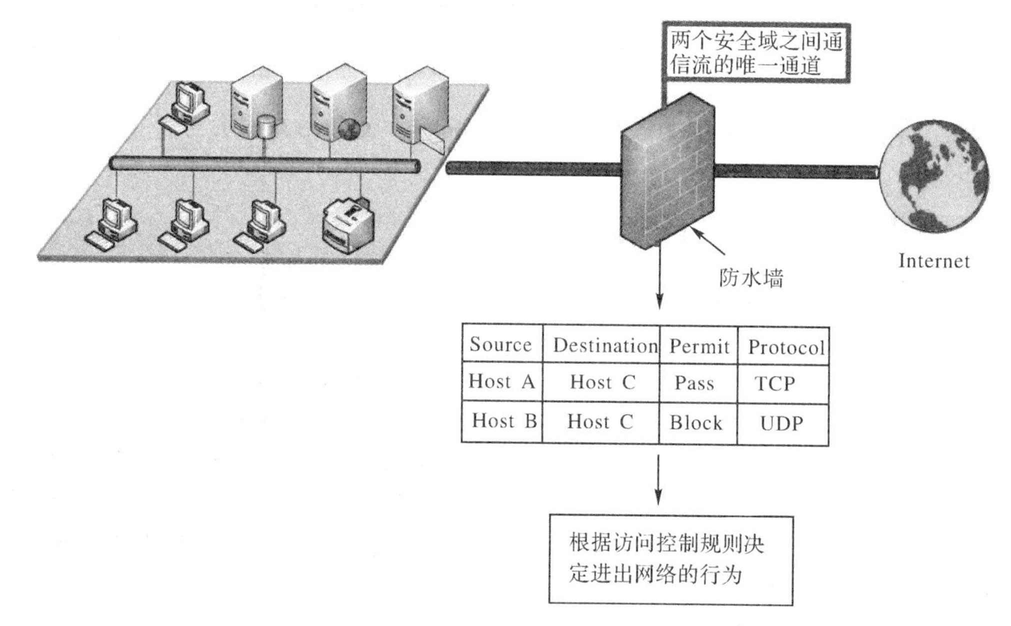

图 2-16　防火墙的作用

防火墙之所以能起到计算机安全保护的作用,首先因为防火墙自身具有非常强的抗攻击能力;同时无论内部还是外部网络之间的所有网络数据流都必须经过防火墙,防火墙依据一定的策略对数据流进行判别,只有符合安全策略的数据流才能通过。

计算机防火墙可以有效地针对用户制订各种访问控制，支持对用户身份进行认证并对网络存取和访问进行监控审计，还支持 VPN（虚拟专用网络）及网络地址转换等。但防火墙也具有局限性。例如：防火墙不能防范不经过防火墙的攻击，如拨号访问、内部攻击等。防火墙不能解决来自内部网络的攻击和安全问题，以及不能防止策略配置不当或错误配置引起的安全威胁。

（2）防火墙的分类。由于防范对象、功能和作用范围的不同，防火墙也有不同的分类。

①按性能分类：百兆级、千兆级和万兆级防火墙。

②按形式分类：软件防火墙和硬件防火墙（见图 2-17）。

③按保护对象分类：单机防火墙和网络防火墙。

图 2-17　硬件防火墙（嵌入式设备）

④按体系结构分类：双宿主主机、被屏蔽主机、被屏蔽子网体系结构。

⑤按技术分类：包过滤防火墙、应用代理型防火墙、状态检测防火墙、复合型防火墙和下一代防火墙。

⑥按 CPU 架构分类：通用 CPU、网络处理机（Network Processor，NP）、专用集成电路（Application Specific Integrated Circuit，ASIC）、多核处理器的防火墙。

（3）防火墙的实现技术原理。

①静态包过滤防火墙。静态包过滤防火墙在网络层实现数据的转发，包过滤模块一般检查网络层、传输层内容，包括：源和目的地 IP 地址、端口号，协议类型和 TCP 报头的标志位信息是否正确。包过滤防火墙的工作原理如图 2-18 所示。

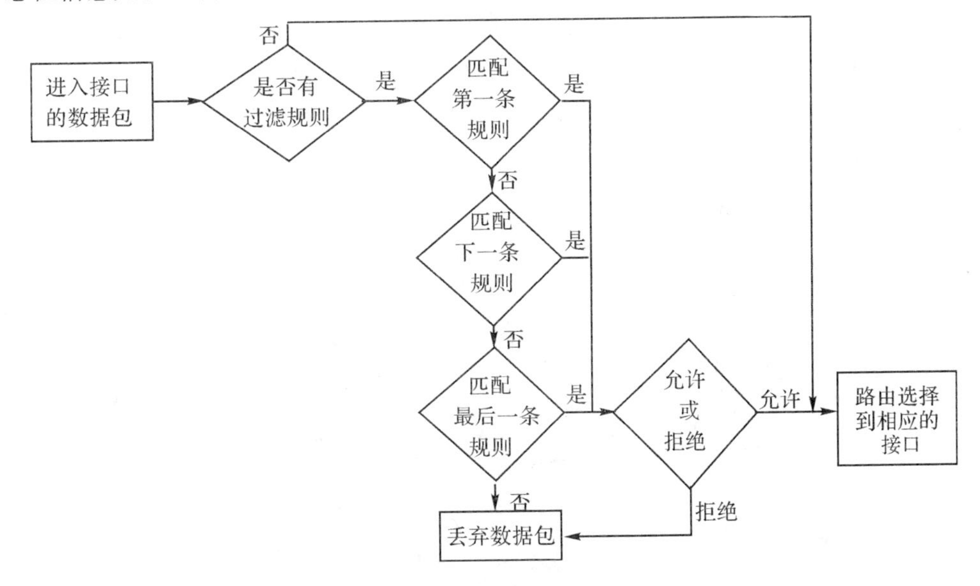

图 2-18　包过滤防火墙工作原理

②动态包过滤防火墙。动态包过滤防火墙可以按照TCP基于状态的特点，在防火墙上记录各个连接的状态，这可以弥补静态包过滤防火墙有人恶意更改IP地址导致无法防护的缺点。动态包过滤防火墙工作原理如图2-19所示。

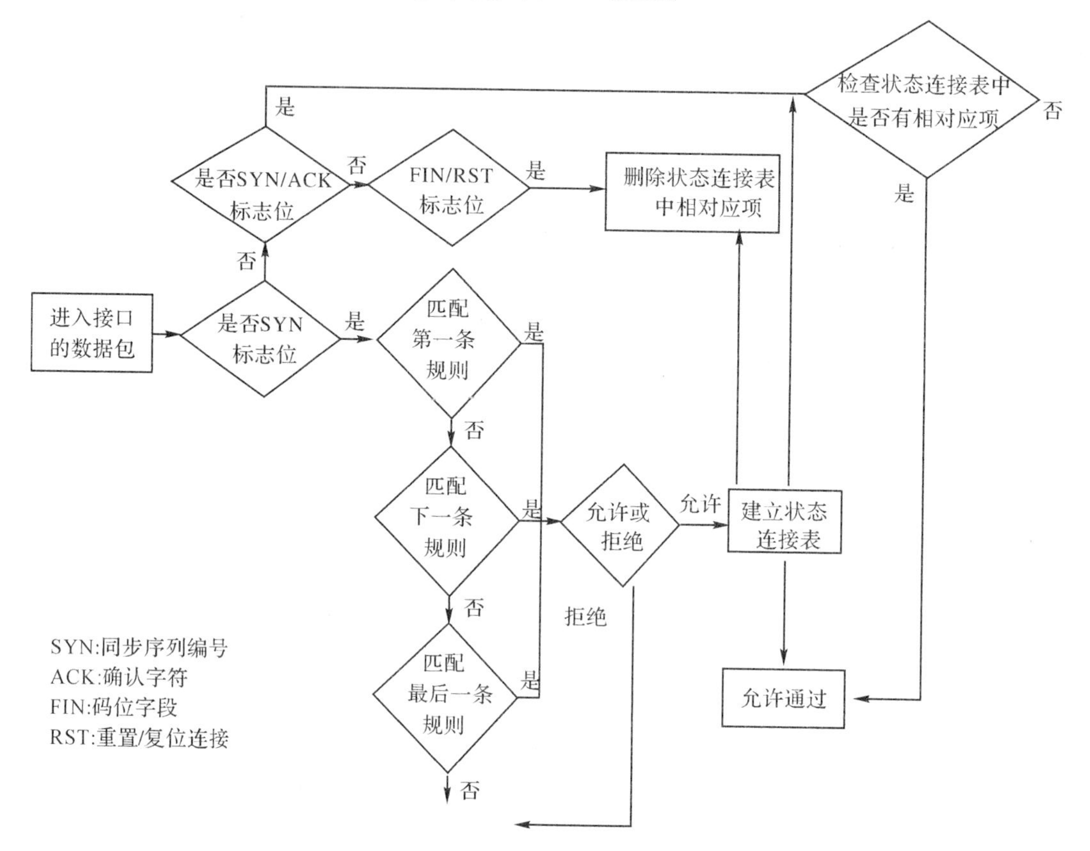

图2-19　动态包过滤防火墙工作原理

③代理防火墙。代理防火墙彻底隔断内网与外网的直接通信，内网用户对外网的访问变成防火墙对外网的访问，然后再由防火墙转发给内网用户，如图2-20所示。因此所有通信都必须经应用层代理软件转发，访问者在任何时候都不能与服务器建立直接的TCP连接。应用代理网关的优点是可以检查应用层、传输层和网络层的协议特征，对数据包的检测能力比较强。

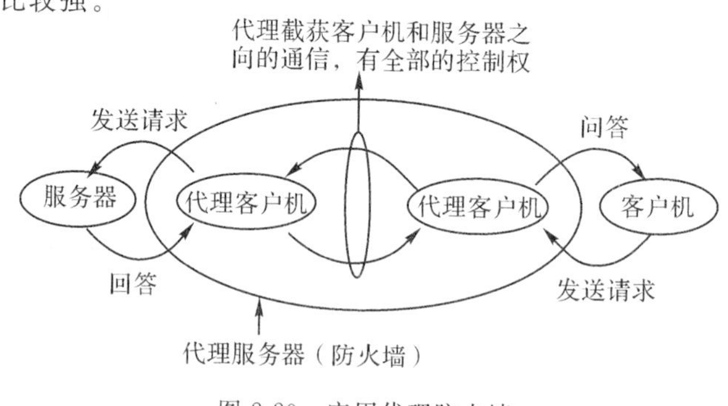

图2-20　应用代理防火墙

④新一代防火墙。新一代防火墙是可以全面应对应用层威胁的高性能防火墙。通过深入洞察网络流量中的用户、应用和内容，并借助全新的高性能单路径异构并行处理引擎，它能够为用户提供有效的应用层一体化安全防护，帮助用户安全地开展业务并简化用户的网络安全架构。新一代防火墙的主要特点是对互联网应用的高精度识别，目前应用特征库已经收录了超过 3000 种互联网应用，还包括 700 余种移动互联网应用。如图2-21所示为深信服下一代防火墙。

图 2-21　深信服下一代防火墙 NGAF-1000-A400

(4)防火墙的功能、性能指标。防火墙的主要性能指标有吞吐量、最大并发连接数、丢包率、最大并发连接速率、延时等。

①吞吐量，是在不丢包的情况下能够达到的最大速率。吞吐量作为衡量防火墙性能的重要指标之一，吞吐量小就会造成网络新的瓶颈，以至影响到整个网络的性能。

②最大并发连接数，指穿越防火墙的主机之间或主机与防火墙之间能同时建立的最大连接数，如图 2-22 所示。并发连接数主要用来测试被测防火墙建立和维持 TCP 连接的性能，同时也能通过并发连接数的大小体现被测防火墙对来自于客户端的 TCP 连接请求的响应能力。

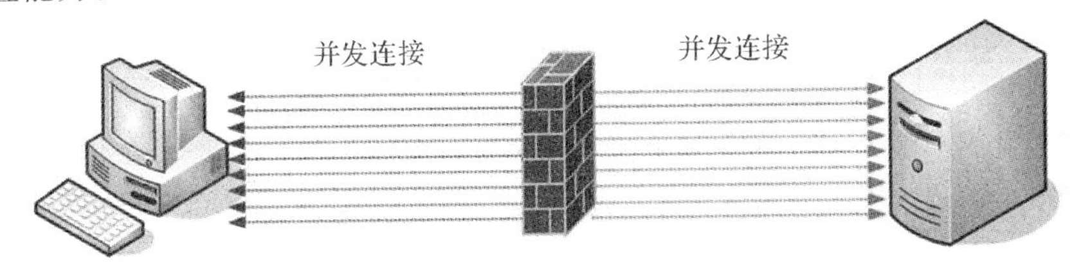

图 2-22　最大并发连接数

③丢包率，指在连续负载的情况下，防火墙设备由于资源不足应转发但却未转发的帧百分比。防火墙的丢包率对其稳定性、可靠性有很大的影响。丢包率的计算公式为：丢包率=(发包数－输出包数)÷发包数。如防火墙接收了 1000 包数据，输出了 800 包，则丢包率为(1000－800)÷1000=20%。

④最大并发连接速率，指穿越防火墙的主机之间或主机与防火墙之间单位时间内建立的最大连接数。其主要用来衡量防火墙单位时间内建立和维持 TCP 连接的能力。

⑤延时，指入口处输入帧最后一个比特到达至出口处输出帧的第一个比特输出所用的时间间隔，能够体现防火墙处理数据的速度，如图 2-23 所示。

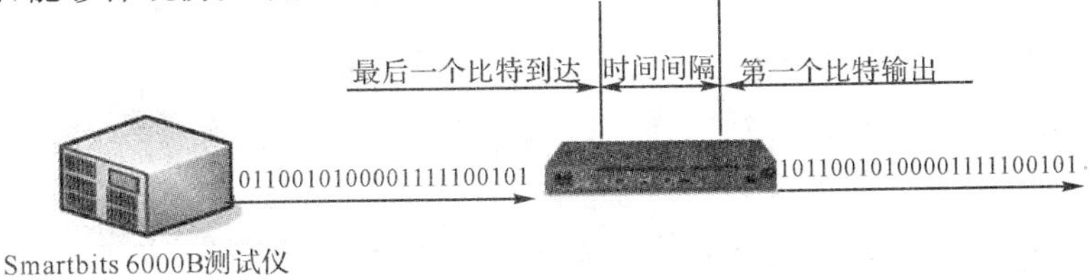

图 2-23　防火墙延时

2.4.5 计算机职业道德

(1)计算机职业道德的基本要求。在使用计算机的过程中,每一个人都应该遵循国家相关的法律规范,法律是道德的底线,计算机从业人员职业道德的最基本要求就是国家关于计算机管理方面的法律法规。我国的计算机信息法规制订较晚,目前还没有一部统一的“计算机信息法”,但是全国人大、国务院和国务院的各部委等具有立法权的政府机关还是制订了一批管理计算机行业的法律法规,如《全国人民代表大会常务委员会关于维护互联网安全的决定》《计算机软件保护条例》《互联网信息服务管理办法》《互联网电子公告服务管理办法》等,严格遵守这些法律法规正是计算机专业人员职业道德的最基本要求。

(2)计算机行业从业人员职业道德的核心原则。任何一个行业的职业道德,都有其最基础、最具行业特点的核心原则,计算机行业也不例外。世界知名的计算机道德规范组织IEEE-CS和ACM软件工程师职业道德规范和职业实践联合工作组曾就此专门制订过一个规范。根据此项规范,计算机从业人员职业道德的核心原则主要有以下两项:

原则一:计算机从业人员应当以公众利益为最高目标。

原则二:客户和雇主在保持与公众利益一致的原则下,计算机从业人员应注意满足客户和雇主的最高利益。

(3)计算机行业从业人员职业道德的其他要求。除了以上基础要求和核心原则外,作为一名计算机行业从业人员还有一些其他的职业道德规范应当遵守,比如:

①按照有关法律法规和有关机关的内部规定建立计算机信息系统。

②以合法的用户身份进入计算机信息系统。

③在工作中尊重各类著作权人的合法权利。

④在收集、发布信息时尊重相关人员的名誉、隐私等合法权益。

2.4.6 软件版权与自由软件

(1)软件著作权。计算机软件著作权是指软件的开发者或者其他权利人依据有关著作权法律的规定,对软件作品所享有的各项专有权利。就权利的性质而言,它属于一种民事权利,具备民事权利的共同特征。在软件经过登记后,软件著作权人享有“发表权、署名权、修改权、复制权、发行权、出租权、信息网络传播权、翻译权”等。

根据《计算机软件保护条例》第十四条规定“软件著作权自软件开发完成之日起产生。自然人的软件著作权,保护期为自然人终生及其死亡后50年,截止于自然人死亡后第50年的12月31日;软件是合作开发的,截止于最后死亡的自然人死亡后第50年的12月31日。

“法人或者其他组织的软件著作权,保护期为50年,截止于软件首次发表后第50年的12月31日,但软件自开发完成之日起50年内未发表的,本条例不再保护。”

(2)自由软件。并不是所有的软件使用都需要付费,针对各大计算机公司将软件当作商品经营的行为,一大批大学研究者组成了一个松散的联盟开始开发“免费软件”

(Freeware)。其中最著名的自由软件要数Linux。MIT计算机实验室的斯托尔曼是自由软件最坚定的支持者,也是美国自由软件基金会的主席。他在倡导自由软件联盟GNU计划时,针对商业软件的"一般商业许可"(Gencral Business License,GBL)创设了"通用公共许可协议"(General Public License,GPL)。凡加入GUN的软件著作人都要接受这份许可协议,其宗旨就是保证用户有无限复制和修改的权利。时至今日,自由软件的发展获得了巨大的成功,在许多国家得到认可和发展。仅在自由软件联盟GNU中的自由软件种类已达数千种,较为突出的代表有操作系统Linux,语言系统GNU C++,数据库管理系统Ingress、MySQL等。以Linux来说,虽然1990年才在芬兰诞生,但到1998年它的增长率已高达212%,目前在全球因特网服务器领域它已占有30%以上的市场份额。

(3)共享软件。除了授权软件和自由软件外,共享软件(Shareware)也称为试用软件。共享软件的概念源于美国微软公司,在严格意义上它是介于商业软件与自由软件之间的形式。软件产业界采用"试用"这种方式允许潜在用户对软件进行使用,一般有时间或功能上的限制,从而帮助用户决定是否购买该软件的使用许可。用户通过试用对该软件有了一定了解,如果希望以后继续使用该软件,就必须通知该软件的开发方并按规定支付相关费用。试用软件从实质上来说依然属于商业软件,通常不提供源代码。

2.5 知识与内容梳理

本章主要介绍了信息与信息技术的概念,计算机数制与各数制间的相互转换,信息在计算机中的存储单位和编码方式;信息检索和常用搜索引擎的使用;计算机信息安全与网络黑客的概念,黑客的主要攻击手段和防范;计算机病毒的发展、类型和防范措施;计算机防火墙的作用和分类;软件版权和自由软件的概念等。

信息是对客观事物运动状态的描述。人们通过对获得的信息进行加工处理并加以利用,完成对事物的感知。

信息技术是指获取、存储、处理、传输信息的技术。主要包括传感技术、通信技术和计算机技术。

计算机系统中常用的数制有二进制、十进制、八进制、十六进制,不同进制之间可以相互转换。

计算机常用的存储单位有位、字节和字等,其中位是存储信息的最小单位。

信息检索是用户进行信息查询和获取的主要方式,是查找信息的方法和手段。

搜索引擎指自动从因特网搜集信息,经过一定整理以后,提供给用户进行查询的系统。分为全文索引、目录索引和元搜索引擎三类。

信息搜索的方式有分类搜素、关键词搜索和高级搜索等。

计算机网络安全的要素包括保密性、完整性、可用性、可控性和不可否认性。其中保密性、完整性和可用性并称为信息安全的CIA三要素。

网络黑客常用工具包括域名相关信息查询Whois、网络扫描工具、口令破解和网络监听等。

计算机病毒指编制或者在计算机程序中插入的破坏计算机功能或者破坏数据，影响计算机使用并且能够自我复制的一组计算机指令或者程序代码。

计算机病毒具有破坏性、传染性、潜伏性和可触发性、非授权性、隐藏性和不可预知性等特征。

防火墙是设置在被保护网络和外部网络之间的一道屏障，实现网络的安全保护，以防止发生不可预测的、潜在破坏性的侵入。

2.6　课后练习

2.6.1　单选题

1. 下列文件格式中，(　　)表示图像文件。

A. *.docx　　B. *.xlsx　　C. *.pptx　　D. *.jpg

2. 十进制 267 转化为八进制是(　　)。

A. 326　　B. 410　　C. 314　　D. 413

3. (　　)是计算机感染病毒的可能途径。

A. 从键盘输入统计数据　　B. 运用外来程序

C. 机房电源不稳定　　D. 播放本机视频

4. 在计算机内部，大写字母“G”的 ASCII 码为“1000111”，大写字母“K”的 ASCII 码为(　　)。

A. 1001001　　B. 1001100　　C. 1001010　　D. 1001011

5. 搜索引擎按信息收集方式可以分为三类，下列分类正确的是(　　)

A 全文索引、目录索引、元搜索索引　　B 全文索引、目录索引、数据索引

C 全文索引、数据索引、搜索索引　　D 数据索引、目录索引、源搜索索引

6. 在计算机中存储数据的最小单位是(　　)。

A. 字节　　B. 位　　C. 字　　D. 记录

7. Internet 为联网的每个网络和每台主机都分配了唯一的地址，该地址由纯数字组成并用小数点分割，它被称为(　　)。

A. 服务器地址　　B. 客户机地址　　C. IP 地址　　D. 域名

8. 下面几个不同进制的数中，最小的数是(　　)。

A. 二进制数 1001001　　B. 十进制数 75

C. 八进制数 37　　D. 十六进制数 A7

9. TCP/IP 是一种(　　)。

A. 网络操作系统　　B. 网桥

C. 网络协议　　D. 路由器

10. 计算机病毒一般是(　　)

A 一段程序　　B 一个命令

C 一个文件　　D 一个标记

11. 计算机内部采用(　　)数制进行运算。

A. 二进制　　B. 十进制　　C. 八进制　　D. 十六进制

12. 计算机病毒主要是造成(　　)的破坏。

A. 磁盘　　B. 磁盘驱动器

C. 磁盘和其中的程序与数据　　D. 程序和数据

13. 计算机软件著作的自然人保护期为(　　)年。

A. 10　　B. 20　　C. 25　　D. 50

14. 杀毒软件能够(　　)。

A. 消除已感染的所有病毒

B. 发现并阻止任何病毒的入侵

C. 杜绝对计算机的入侵

D. 发现病毒入侵的某些迹象并及时清除或提醒操作者

15. 计算机病毒的特点包括(　　)。

A. 传染性、潜伏性、破坏性　　B. 传染性、潜伏性、易读性

C. 潜伏性、破坏性、易读性　　D. 传染性、潜伏性、安全性

16. 共享软件是指(　　)。

A. 不需要付费的自由软件

B. 需要大量的购买费用,不过在购买之前可以先访问

C. 先使用,如果需要得到授权,只需要支付少量的费用

D. 软件销售的一种商业模式

17. 根据我国有关法律的规定,篡改或者变更计算机数据的行为(　　)。

A. 属于计算机违法行为　　B. 不属于计算机犯罪行为

C. 后果严重的,是计算机犯罪行为　　D. 无论有无后果,都是计算机犯罪行为

18. 计算机职业道德是指(　　)的行为准则规范。

A. 计算机用户　　B. 计算机从业人员

C. 计算机编程人员　　D. 计算机管理人员

2.6.2　思考题

1. 什么是黑客? 如何防止计算机被非法入侵?

2. 防火墙主要有 3 种类型。目前大多数个人计算机上安装有反病毒和控制非法访问的个人防火墙,了解和掌握防火墙技术的发展和应用情况。

3. 数据备份是数据安全的一个重要方法。那么进行数据备份需要哪些特殊的工具软件?了解数据备份的类型,完全备份、差别备份和增量备份的区别,制订自己的数据备份计划。

模块 3

计算机操作系统

本章重点

计算机操作系统是计算机系统中最重要、最基本的系统软件，也是其他一切应用软件使用的前提，是计算机软件系统的重要组成部分。如果将计算机硬件比作一个人的躯干，那么操作系统就是他的灵魂。

本章将从计算机操作系统原理、系统组成、主流操作系统等方面对计算机操作系统进行介绍，并以当前普及程度最高的 Windows 操作系统为例，演示如何通过操作系统实现对计算机的设置。

章节要点

- 操作系统原理
- 操作系统的组成
- 主流操作系统介绍
- 桌面设置
- 控制面板及环境
- 常用软件的使用

操作系统原理

3.1　操作系统原理

3.1.1　操作系统的概念

操作系统是一组程序，主要用于管理计算机的所有活动以及驱动系统中的所有硬件。通过操作系统可以使 CPU 开始判断逻辑与运算数值，让内存可以加载和读取数据与程序，让硬盘可以被访问，让网卡可以开始传输数据。所有的硬件都需要通过操作系统才能执行运转。操作系统在计算机系统中的角色如图 3-1 所示。

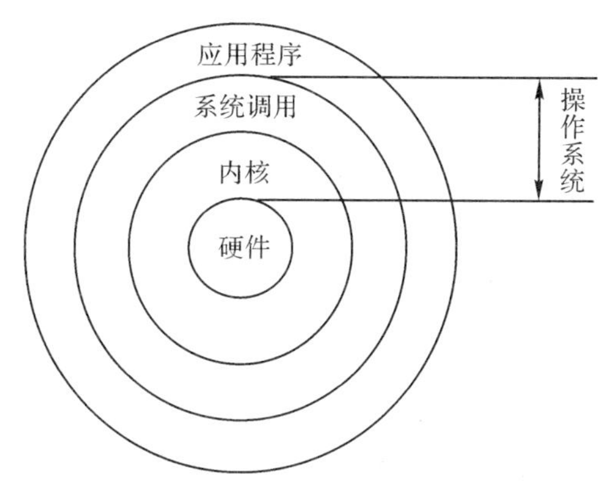

图 3-1　操作系统结构

（1）内核。内核主要用于管理硬件与提供相关的能力，它决定了用户的计算机能执行哪些功能。内核程序受损将直接导致系统的崩溃，因此内核程序在开机后就一直被放置到内存中保护。

（2）系统调用。系统调用是操作系统提供的一整组开发接口，工程师只要遵循公认的系统调用参数就可以很容易地开发软件，而不用去考虑与硬件的交互。

3.1.2　操作系统的种类

由于操作系统是直接与计算机硬件相关的程序，因此只要硬件不同，操作系统就必须经过修改才能使用。例如 Windows 系统的 32 位与 64 位版本，就是由于 32 位和 64 位的 CPU 的指令集不同而设计的不同操作系统版本。目前主流的操作系统包括苹果的 mac OS 系统、微软的 Windows 系统、UNIX 系统、Linux 系统以及移动端的 iOS 系统和安卓系统等。

（1）Microsoft Windows。Windows 系统，是微软公司推出的一系列操作系统。它问世于 1985 年，起初仅是 MS-DOS 之下的桌面环境，其后续版本逐渐发展为为个人电脑和服务器用户设计的操作系统，并最终获得了个人电脑操作系统软件的领先地位。Windows 采用了 GUI（图形用户界面）图形化操作模式，比起从前的指令操作系统 DOS 更为人性化。Windows 操作系统是目前世界上使用最广泛的操作系统。

（2）UNIX。UNIX 操作系统是一个强大的多用户、多任务的分时操作系统，支持多种处理器架构，按照操作系统的分类，属于分时操作系统，最早由 Ken Thompson、Dennis。Ritchie 和 Douglas Mcllroy 于 1969 年在 AT&T 的贝尔实验室开发。目前它的商标权由国际开放标准组织所拥有，只有符合单一 UNIX 规范的 UNIX 系统才能使用 UNIX 这个名称，否则只能称为类 UNIX（UNIX-like）。

（3）Linux。Linux 是一套免费使用和自由传播的类 UNIX 操作系统。它是一个基于可移植操作系统接口 POSIX 和 UNIX 的多用户、多任务、多线程操作系统。它能运行主要的 UNIX 工具软件、应用程序和网络协议。Linux 继承了 UNIX 以网络为核心的设计思想，是一个性能稳定的多用户网络操作系统。Linux 可以运行在多种硬件平台上，如具有 x86、680x0、可扩充处理器架构 SPARC、阿尔法 Alpha 等处理器的平台。此外，Linux

还是一种嵌入式操作系统，可以运行在掌上电脑、机顶盒或游戏机上。

(4)mac OS。mac OS 是一套运行于苹果 Mac 系列电脑上的操作系统。mac OS 是首个在商用领域获得成功的图形用户界面。现行的最新系统版本是 mac OS 10.15 bate 4，它由苹果公司自行开发并为 Mac 电脑特别打造，一般情况下在普通 PC 机上无法安装。由于 mac OS 的架构与 Windows 不同，所以很少受到病毒的袭击。通过采用软硬件协同设计，能帮助用户得心应手地处理各种事情。同时 mac OS 拥有一整套设计精美的 app。它能与 iCloud 紧密配合，让用户的照片、文稿，以及其他资料在用户的各个设备上同步保持更新。

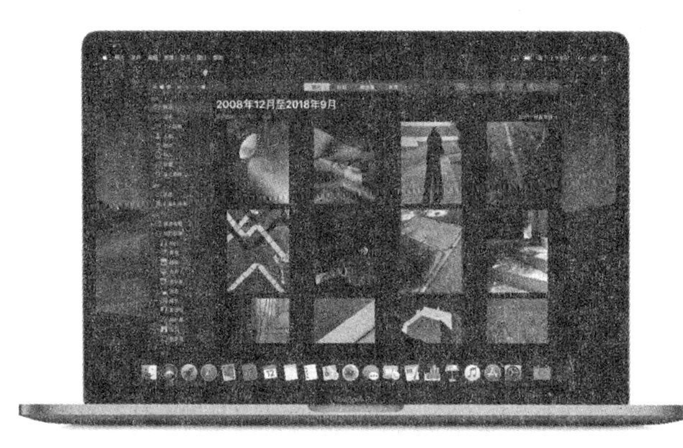

图 3-2　mac OS 操作系统界面

(5)Android 安卓系统。Android 是一种基于 Linux 的自由及开放源代码的操作系统，主要用于移动设备，如智能手机和平板电脑，由 Google 公司和开放手机联盟领导及开发。开放性和方便开发是安卓系统的最大优点，它继承了 Linux 开源免费的特点，开发的平台允许任何移动终端厂商加入到 Android 联盟中来。显著的开放性可以使其拥有更多的开发者。同时 Android 平台提供给第三方开发商一个十分宽泛、自由的环境，不会受到各种条条框框的阻挠，也使得安卓平台的软件数量远超其他系统。

(6)iOS 系统。iOS 是由苹果公司开发的移动操作系统。苹果公司最早于 2007 年 1 月 9 日的 Macworld 大会上公布这个系统，最初是设计给 iPhone 使用的，后来陆续套用到 iPod touch、iPad 以及 AppleTV 等产品上。iOS 与苹果的 mac OS 操作系统一样，属于类 UNIX 的商业操作系统。安全性是 iOS 系统的最大特点，iOS 专门设计了低层级的硬件和固件功能，用以防止恶意软件和病毒攻击；同时还设计有高层级的 OS 功能，有助于在访问个人信息和企业数据时确保其安全性。

3.2　操作系统桌面设置

桌面显示

Windows 7 桌面被外界普遍认为是微软史上最完美的操作系统，Windows 7 的桌面效果不仅仅是为了美观，而且是为用户带来了更好的操作体验。我们将从最简单的桌面设置出发，带领大家充分领略 Windows 7 的魅力。

Windows 7 桌面是用户在登录 Windows 7 后，展现在用户面前的整个画面，也是用户进行操作的平台。Windows 桌面主要由三部分构成，分别是图标、任务栏和背景。本节将介绍图标的显示，如何使用跳转列表进行桌面窗口操作，桌面背景及主题的修改等方面内容。

下面先介绍相关知识：

(1)桌面图标。桌面图标主要由图片和说明文字组成。其中图片代表程序标识，文字代表其名称及功能。桌面图标常常是一种快捷方式，双击图标可以快速打开其对应的某个程序或相关文档及图片。

(2)任务栏。任务栏是桌面最下方的小长条，主要由开始菜单、快速启动栏、应用程序区、语言选项区、通知区和显示桌面按钮构成。

(3)桌面背景。桌面背景又称桌面壁纸，是计算机桌面所使用的背景图片，Windows 7 中用户可以通过幻灯片方式自由更换桌面背景。

(4)跳转列表。跳转列表是记录用户的操作文件。跳转列表一般可以长期记录项目或者也可以将项目锁定在跳转列表内，除非用户在跳转列表项目上右击选择删除项目才会消失。

3.2.1　桌面图标的修改

步骤 1：右击桌面，选择“个性化(R)”|“更改桌面图标”，弹出如图 3-3 所示的“桌面图标设置”窗口。

步骤 2：单击任意图标|“更改图标(H)”，弹出如图 3-4 所示的“更改图标”窗口。

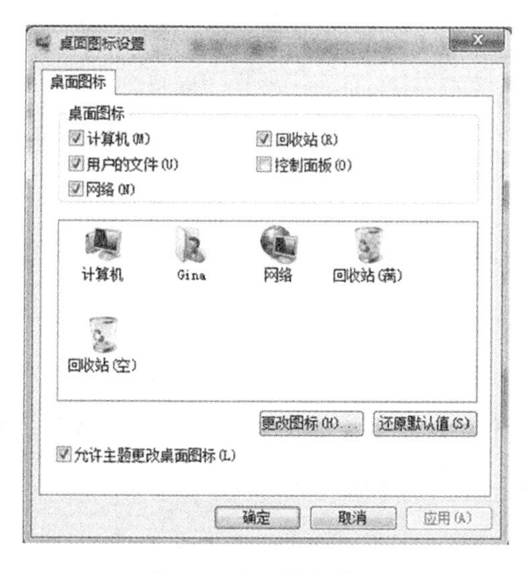

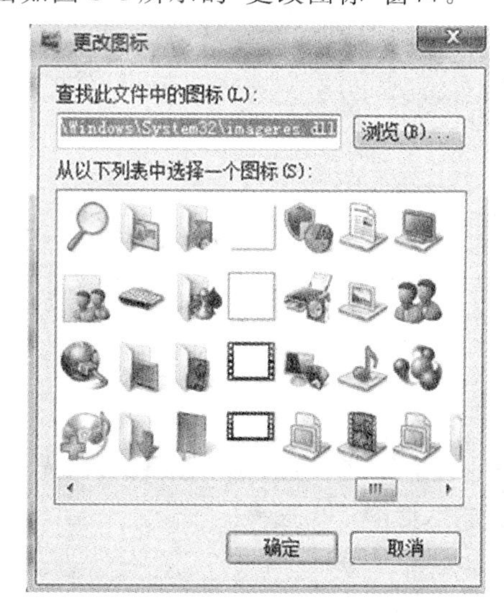

图 3-3　桌面图标设置

图 3-4　更改图标

选择任意图标或单击“浏览(B)”，进行自定义图标修改。

步骤 3:右击桌面,选择“查看(V)”|“大图标(R)”“中等图标(M)”“小图标(N)”进行图标缩放,或按住 Ctrl 键,随意滚动鼠标滚轮进行桌面图标的大小缩放。

步骤 4:右击桌面,选择“排序方式(O)”|“名称”“大小”“项目类型”“修改时间”,对桌面图标进行分类排序。

3.2.2 任务栏锁定及跳转列表的使用

步骤 1:单击“开始”|右击选择任意程序|“锁定到任务栏(K)”。

步骤 2:在任务栏找到相应程序图标,单击运行。

步骤 3:在任务栏图标上单击并鼠标左键不放,随意拖动改变图标在任务栏中的位置。

步骤 4:在任务栏图标上右击“将此程序从任务栏解锁”,如图 3-5 所示。

步骤 5:打开跳转列表,显示最近的文档,如图 3-6 所示。

步骤 6:单击文档右侧的图钉图标,将文档锁定在跳转列表的最上方,如图 3-7 所示。

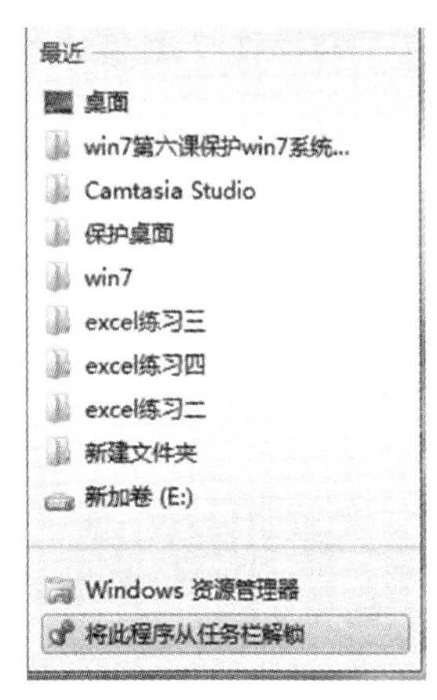

图 3-5 将程序从任务栏解锁

图 3-6 跳转列表

图 3-7 锁定跳转列表中的文档

步骤 7:单击图钉按钮将文档解除锁定。

步骤 8:右击跳转列表中任意文档,选择“从列表中删除(F)”,从列表中删除该文档。

3.2.3 文件窗口操作

步骤 1:在多窗口情况下将鼠标光标移动到任务栏相关程序可以显示对应程序文件的预览,如图 3-8 所示。

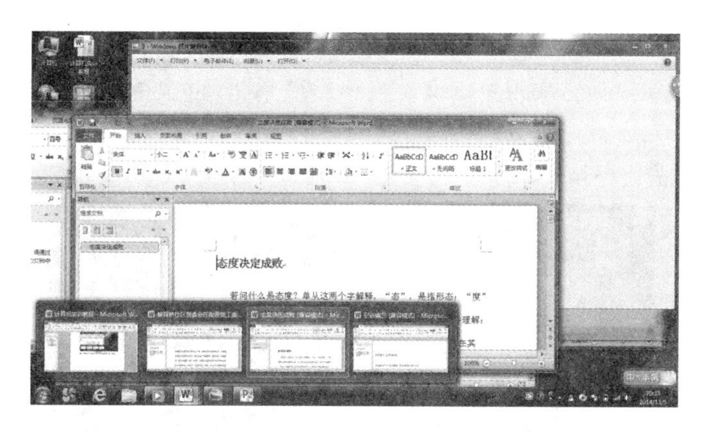

图 3-8 显示窗口预览

步骤 2：单击文件预览，相关文件或程序突出显示，其他文件或程序则会变成透明显示，如图 3-9 所示。

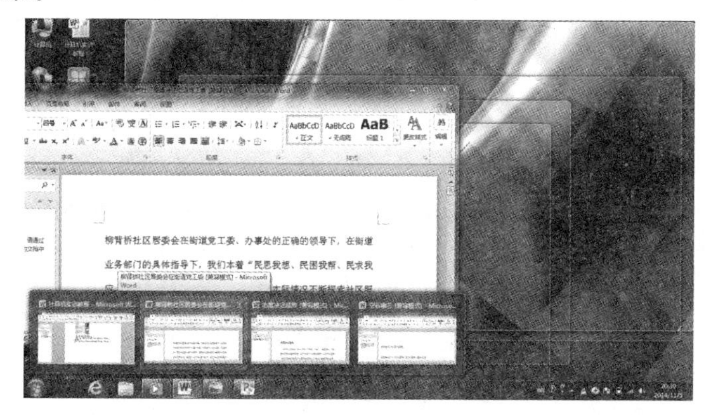

图 3-9 窗口突出显示

步骤 3：单击任一文件移动至左侧，当鼠标光标接触到屏幕左边缘时，该文件或程序将在左半屏显示，单击另一文件移至右侧，当鼠标光标接触到屏幕右边缘时，该文件或程序将右半屏显示，如图 3-10 所示。这一功能方便用户在两个文件中对比信息，或在两个文件夹之间传输文件。

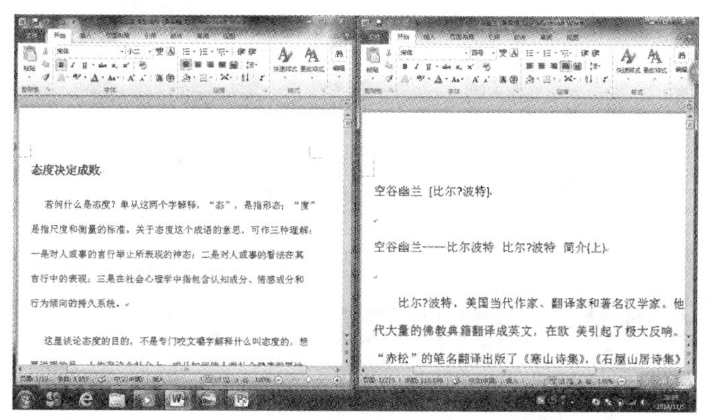

图 3-10 文件窗口的分屏显示

步骤 4:将鼠标光标移动到桌面右下角的“显示桌面”按钮,可以实现全部窗口的透明化处理。单击“显示桌面”,实现桌面文件或程序最小化,再次单击“显示桌面”,恢复窗口显示。

步骤 5:同时按住 Win+Tab 键,将实现 Window 7 桌面 3D 切换效果,如图 3-11 所示。

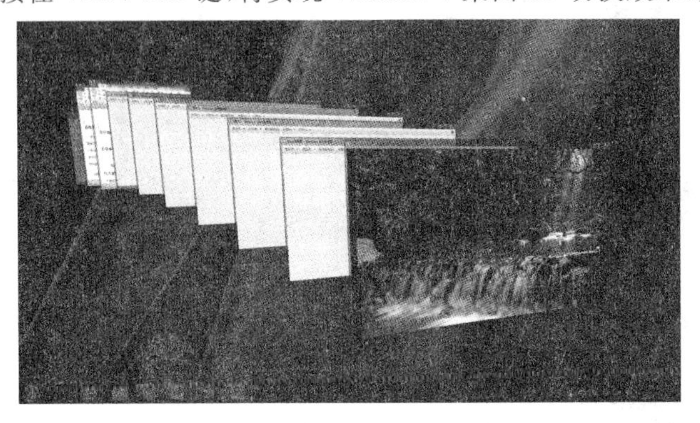

图 3-11 Windows 7 桌面 3D 切换效果

3.2.4 桌面背景更改

步骤 1:在桌面右击|“个性化(R)”|“桌面背景”,选择想要更改的图片。

步骤 2:在图片前的小方格中打钩,选择图片位置(如“填充”),时间间隔为 20 分钟,如图 3-12 所示。单击“保存修改”,启动桌面幻灯片放映模式。

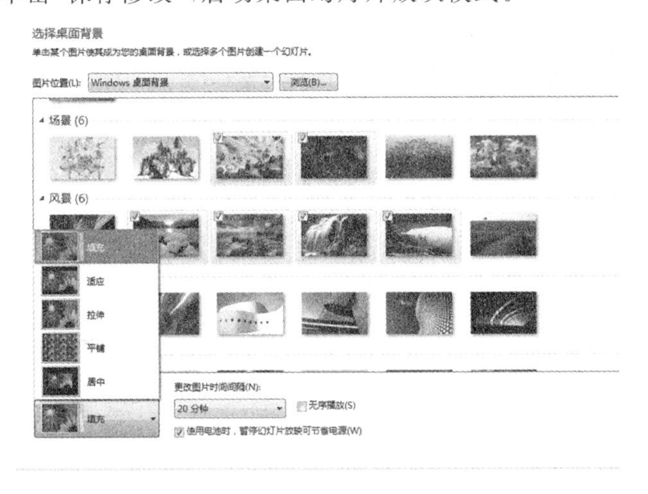

图 3-12 Windows 桌面背景设置

3.3 控制面板及系统环境设置

控制面板

控制面板是用户更改 Windows 设置,对计算机的外观、工作方式、系统和配置进行管理和更改的平台。本节着重介绍控制面板的基本配置和使用。

本节将介绍如何对“控制面板”进行设置，以达到下列效果：

(1)创建管理员账号，账号名为 admin。

(2)使用屏幕保护程序为“气泡”，保护时间为“10 分钟”。

(3)声音主题是应用于 Windows 和程序时间中的一组声音，将声音方案设置为“传统”。

(4)添加桌面小工具“日历”和“时钟”。

(5)设置数字分组符号为“,”，设置下午符号位“PM”，设置日期格式为“yyyy-MM-dd”，设置货币正数格式为“1.1＄”。

(6)进行磁盘碎片清理，制订碎片整理计划。

3.3.1　用户账户设置

步骤 1：单击“开始”|“控制面板”|“用户账户和家庭安全”，单击“用户账户”下的“添加或删除用户账户”，如图 3-13 所示。

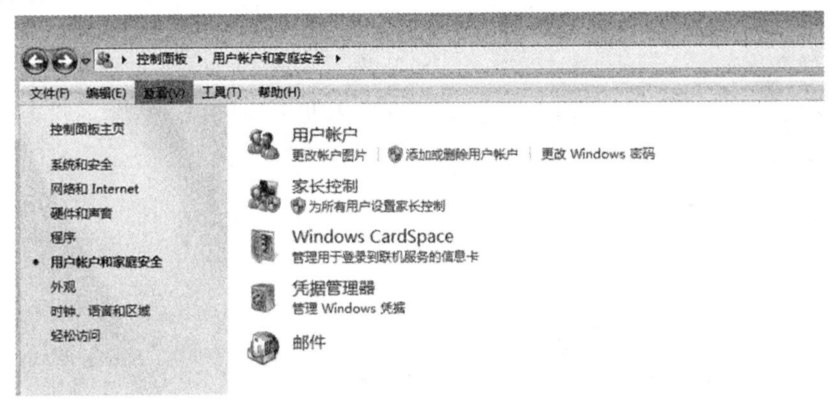

图 3-13　添加或删除用户账户

步骤 2：单击“创建新账户”，在“命名账户并选择账户类型”下的文本框中输入“admin”，并在用户账户类型选项中选择“管理员”，单击“创建账户”，如图 3-14 所示。

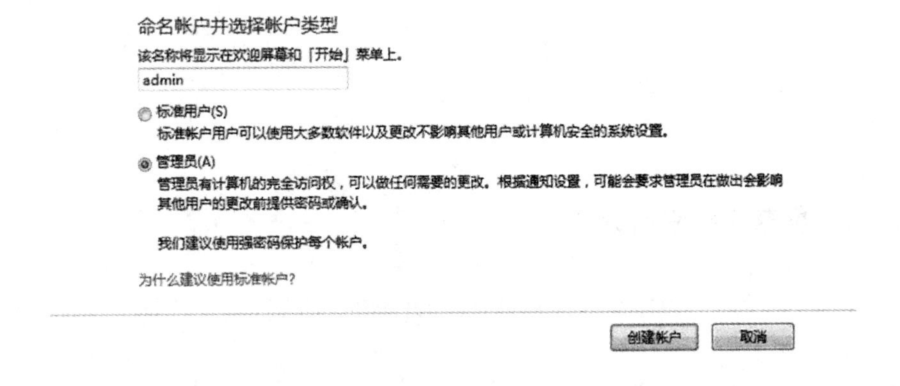

图 3-14　创建用户账户

步骤 3:单击 admin 账户,选择“更改图片”,选择合适的账户图片后单击“更改图片”,如图 3-15 所示。

为 admin 的帐户选择一个新图片
admin
管理员
您选择的图片将显示在欢迎屏幕和「开始」菜单上。
浏览更多图片...
更改图片
取消

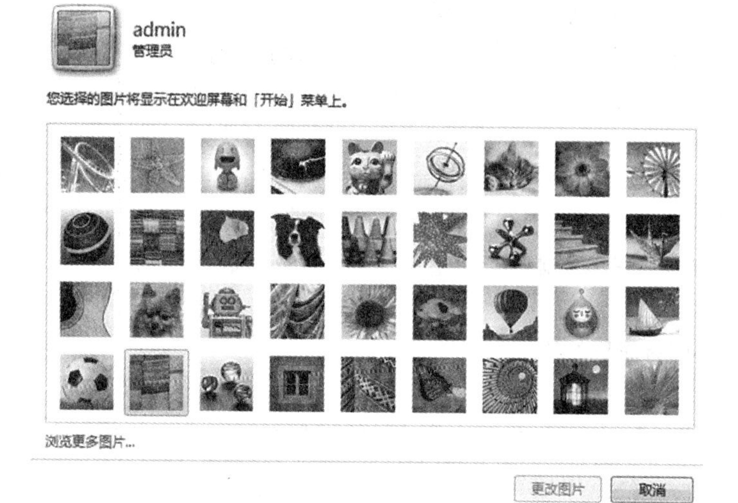

图 3-15　账户图片修改

步骤 4:单击“创建密码”,为 admin 添加新密码和提示问题,并单击“创建密码”确认,如图 3-16 所示。

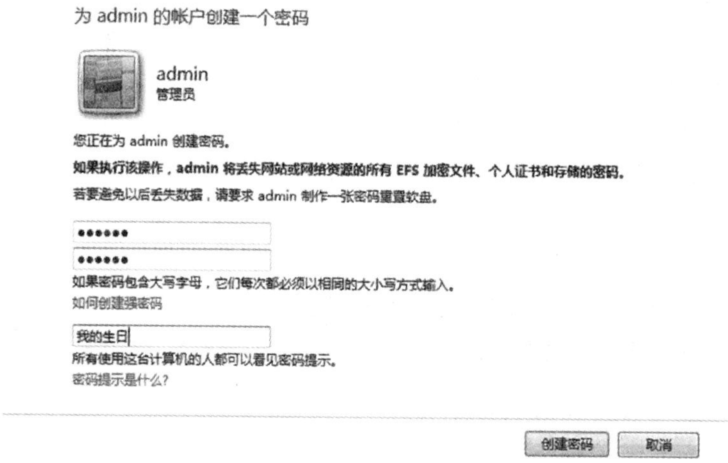
为 admin 的帐户创建一个密码
admin
管理员
您正在为 admin 创建密码。
如果执行该操作，admin 将丢失网站或网络资源的所有 EFS 加密文件、个人证书和存储的密码。
若要避免以后丢失数据，请要求 admin 制作一张密码重置软盘。
如果密码包含大写字母，它们每次都必须以相同的大小写方式输入。
如何创建强密码
我的生日
所有使用这台计算机的人都可以看见密码提示。
密码提示是什么?
创建密码
取消

图 3-16　创建账户密码

3.3.2　屏幕保护程序设置

步骤 1:单击“控制面板”,选择“外观”选项,并单击“更改屏幕保护程序”,如图 3-17 所示。

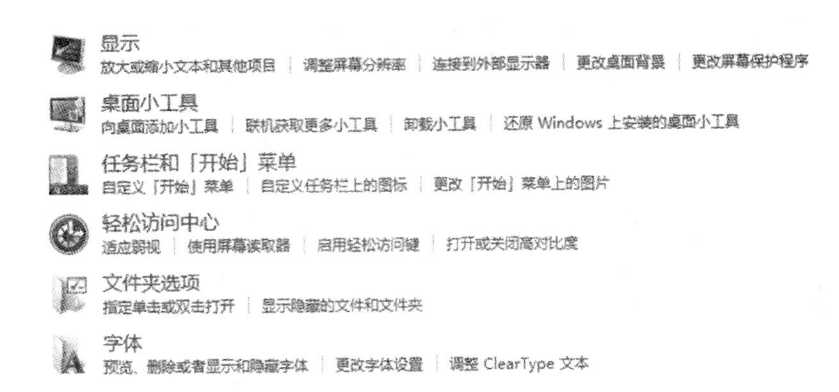

图 3-17　“外观”选项

步骤 2:选择屏幕保护程序为“气泡”,设置等待时间为“10 分钟”,单击“确定”,如图3-18 所示。

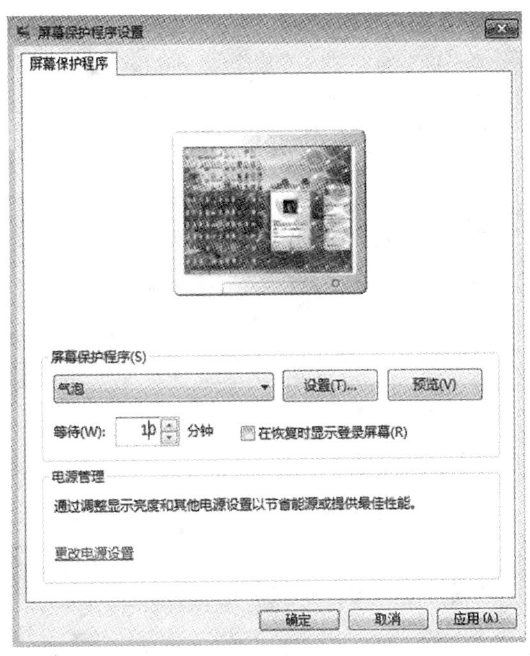

图 3-18　设置屏幕保护程序

3.3.3　设置系统声音方案

步骤 1:打开“控制面板”,选择“硬件和声音”,在工作区窗格“声音”类目下选择“更改系统声音”,如图 3-19 所示。

图 3-19　“硬件和声音”选项

步骤 2:在“声音”选项卡中,选择声音方案为“传统”,单击“确定”按钮,如图 3-20 所示。

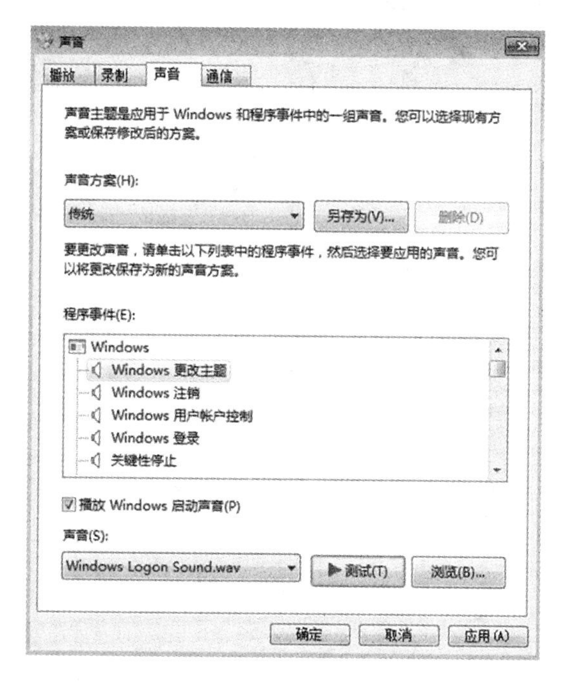

图 3-20　“声音”选项卡

3.3.4　设置桌面小工具

步骤 1:打开“控制面板”,选择“外观”,在工作区“桌面小工具”类目下选择“向桌面添加小工具”,如图 3-21 所示。

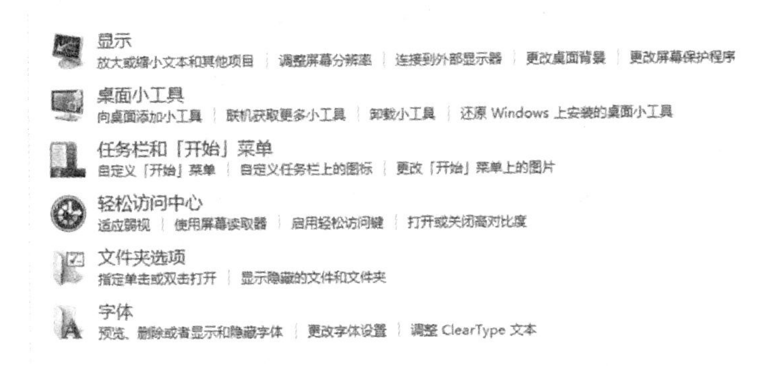

图 3-21　设置桌面小工具

步骤 2:在如图 3-22 所示的"小工具"对话框中,双击"日历"和"时钟"小工具即可将其添加到桌面上,也可直接将相应的小工具拖到桌面的适当位置,从而实现向桌面添加小工具。

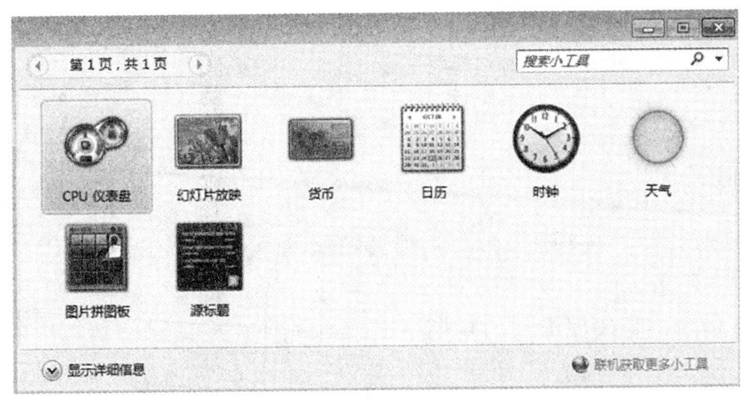

图 3-22　"小工具"对话框

3.3.5　区域和语言选项

步骤 1:在"控制面板"单击"时钟、语言和区域"选项,单击"区域和语言"类目下方的"更改日期、时间或数字格式",如图 3-23 所示。

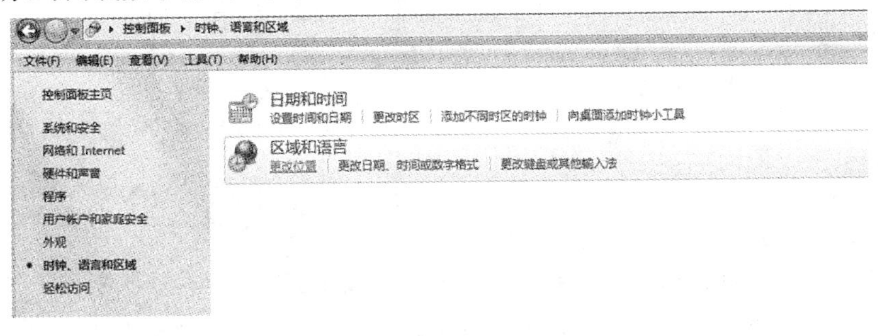

图 3-23　设置区域和语言

步骤 2:在打开的对话框中单击“其他设置(D)”,打开“自定义格式”对话框。单击“数字”选项卡,将“数字分组符号(I)”改为“,”,单击“应用(A)”,如图 3-24 所示。

步骤 3:单击“货币”选项卡,设置货币符号为“$”,单击“应用(A)”,如图 3-25 所示。

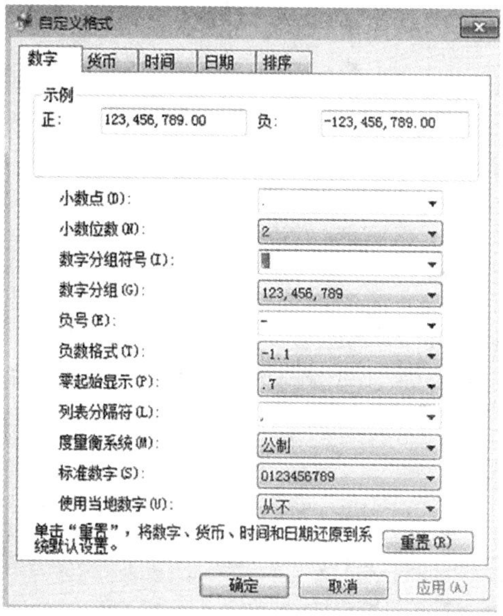

图 3-24　更改数字分组符号

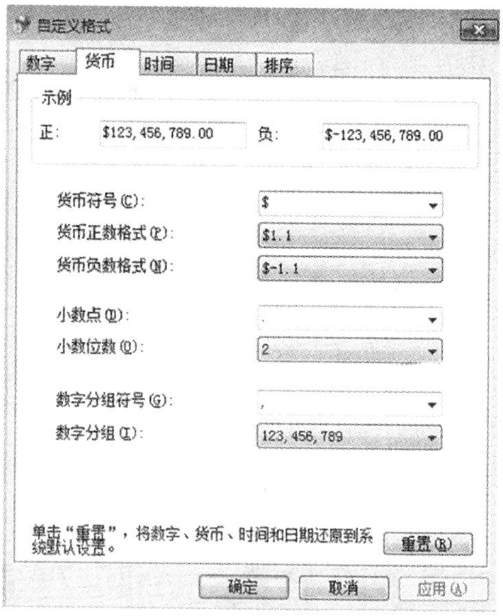

图 3-25　更改货币符号

步骤 4:单击“时间”选项卡,在 PM 符号右边的下拉菜单中选择“PM”,单击“应用(A)”,如图 3-26 所示。

步骤 5:单击“日期”选项卡,在“日期格式”分区中的“短日期(S)”右边的下拉菜单中选择日期格式为“yyyy-MM-dd”,单击“应用(A)”,如图 3-27 所示。最后单击“确定”,完成区域和语言设置。

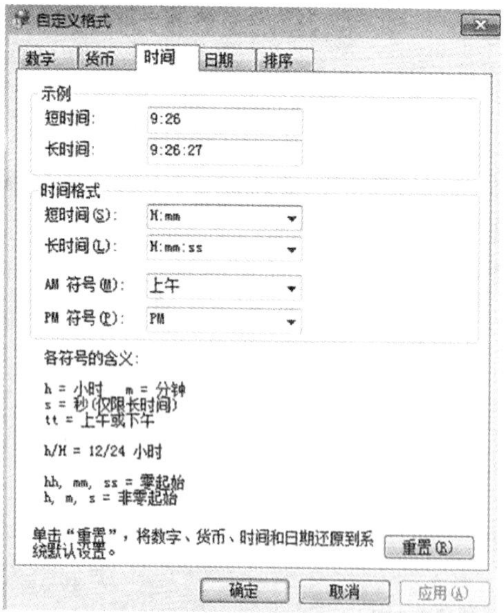

图 3-26　设置时间格式

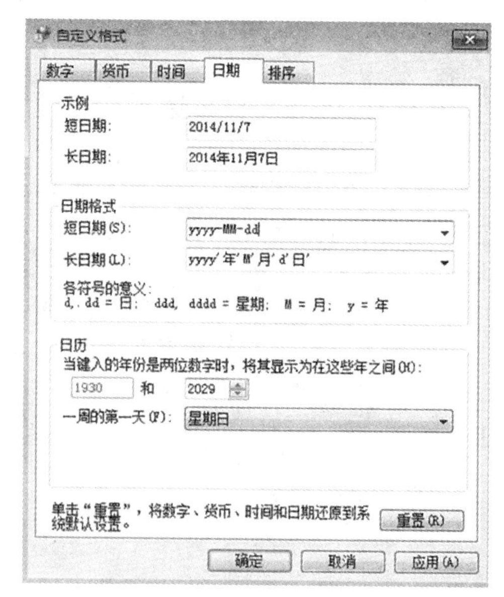

图 3-27　更改日期格式

3.3.6　磁盘碎片清理和制订碎片整理计划

磁盘管理工具

步骤1:打开“控制面板”,单击“系统和安全”在“管理工具”类目下选择“对硬盘进行碎片整理”,进入碎片整理界面,如图3-28所示。

步骤2:单击“开始”,在“搜索程序和文件”文本框中输入“磁盘碎片”也可进入磁盘碎片整理界面,如图3-29所示。

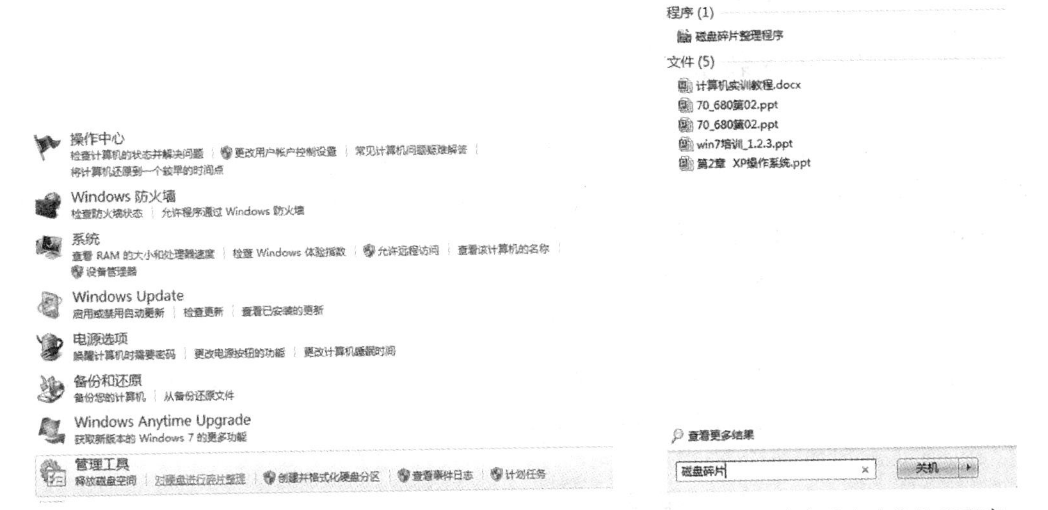

图3-28　“系统和安全”选项　　　　图3-29　搜索磁盘碎片整理程序

步骤3:在“磁盘碎片整理程序”界面中选择任意磁盘,单击“分析磁盘(A)”,如果碎片率高于10%,则单击“磁盘碎片整理(D)”,如图3-30所示。

步骤4:单击“配置计划(S)”,进入“修改计划”界面,在“频率(F)”右侧选择“每周”,“日期(D)”右侧选择“星期三”,“时间(T)”右侧选择“1:00”,“磁盘(I)”右侧单击“选择磁盘(S)”|“选择所有磁盘”,在“按此计划运行(推荐)”前打钩,单击“确定(O)”,如图3-31所示。

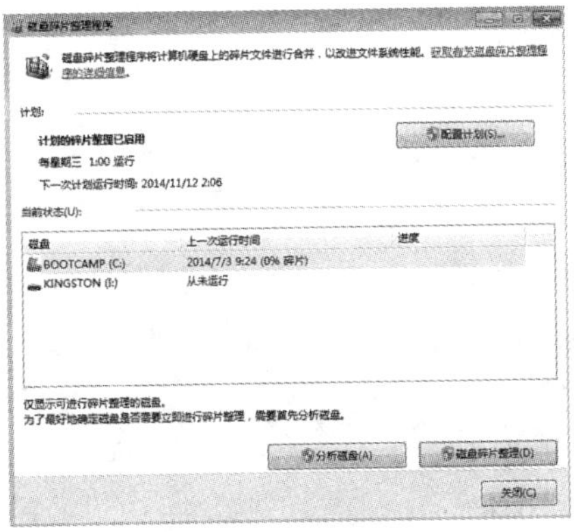

图3-30　磁盘碎片整理

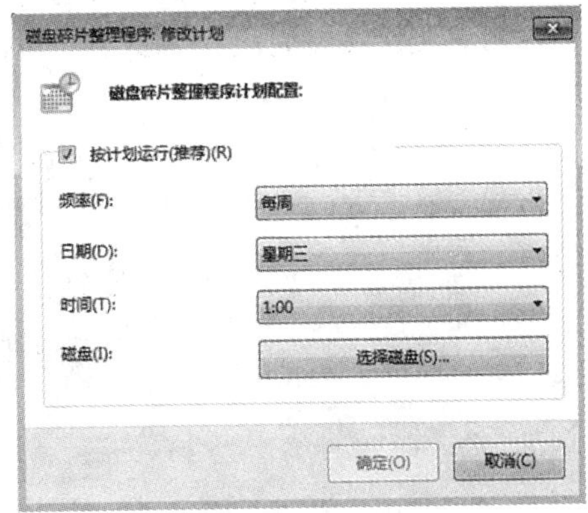

图3-31　制订磁盘管理计划

3.4 常用软件的使用

应用工具软件是指除了操作系统、大型应用软件外的一些相对较小的软件。应用软件一般分为下载软件、杀毒软件、多媒体播放软件、压缩软件、刻录软件、阅读翻译软件等类型。本节从软件实用角度出发,重点介绍软件的搜索、安装、使用及卸载过程。

3.4.1 软件的安装和卸载

步骤 1:大部分工具软件都可以通过网络获取,常用的搜索引擎有百度、搜狗、360 搜索等。打开浏览器,在地址栏输入"www. baidu. com"进入搜索界面。在搜索栏中输入"搜狗输入法"并单击"百度一下",如图 3-32 所示。

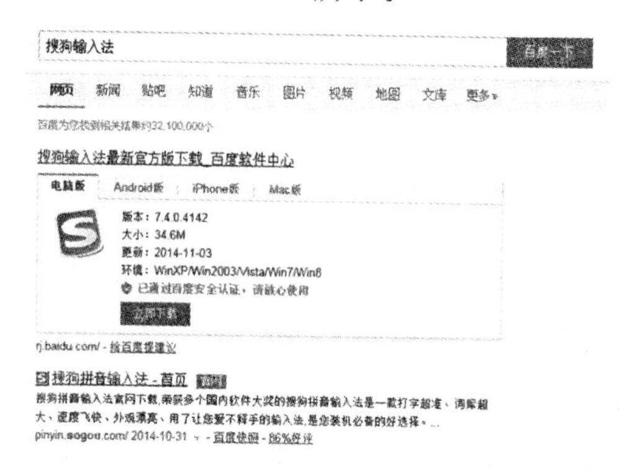

图 3-32 常用软件搜索

步骤 2:在选择软件下载地址时,一般选择较为可信的网站下载链接,如程序开发方的官网或百度软件中心等,单击"立即下载"。

步骤 3:双击已下载文件中的安装程序打开安装向导,根据提示选择合适的安装目录,单击"立即安装"按钮完成程序安装,如图 3-33 所示。

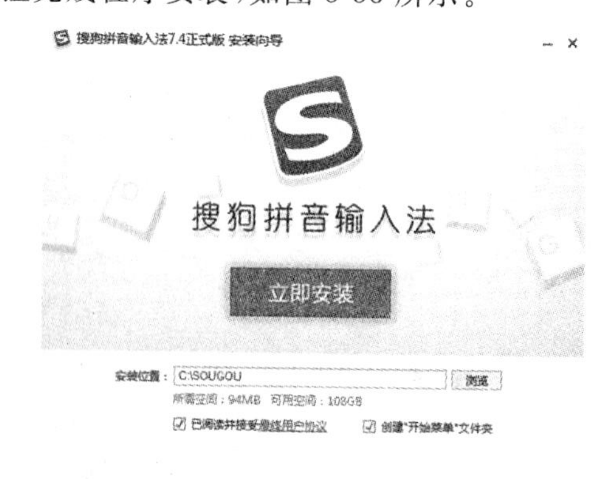

图 3-33 软件安装界面

步骤 4：当软件不再使用时，为了避免占用过多的计算机存储资源，可以将其卸载，以节省硬盘空间。单击“控制面板”|“程序”|“卸载程序”，找到要卸载的程序，右击选择“卸载(U)”，进行卸载操作，如图 3-34 所示。

卸载或更改程序

若要卸载程序，请从列表中将其选中，然后单击“卸载”、“更改”或“修复”。

组织 ▾　卸载/更改

发布者	名称	安装时间	大小	版本
中国工商银行	工行网银助手	2014/6/19	6.95 MB	1.3.3.0
酷狗音乐	酷狗音乐	2013/7/3		7.4.09.10216
Sogou.com	搜狗拼音输入法 7.2正式版	2014/9/13		7.2.0.2991
腾讯科技(深圳)有限...	腾讯QQ2013	2013/1/20	160 MB	1.90.5865.0
	天地融 CSP 版本1.0.0.2	2012/11/10		
	天地融 DB CSP 版本1.1.0.3	2014/11/1		
Microsoft Corporat...	微软设备健康助手	2014/6/27	281 KB	1.0.16.0
迅雷网络技术有限公司	迅雷VIP尊享版	2014/2/9		
迅雷网络技术有限公司	迅雷看看播放器	2012/10/1		
迅雷网络技术有限公司	迅雷看看播放器	2013/12/14		4.9.12.1930
迅雷网络技术有限公司	迅雷看看高清播放组件	2013/12/14		
Intel Corporation	英特尔® 管理引擎组件	2012/8/21	20.4 MB	7.0.0.1118
youkutudou, Inc.	优酷客户端	2014/6/15		4.6.0.4221
	游戏拼音输入法0.9版	2013/1/12		

图 3-34　卸载或更改程序

步骤 5：除此之外，也可以找到程序所在目录，单击自卸载程序“Uninstall. exe”进行卸载，如图 3-35 所示。

名称	修改日期	类型	大小
Sogou Pinyin Ime	2014/9/13 20:50	Internet 快捷方式	1 KB
Sogou Skin	2014/9/13 20:50	Internet 快捷方式	1 KB
Sogou Tutorial	2014/9/13 20:50	Internet 快捷方式	1 KB
SogouCloud.exe	2014/8/19 13:50	应用程序	524 KB
SogouImeRepair.exe	2014/8/19 13:50	应用程序	54 KB
sogoupy.zip	2014/9/25 11:00	WinRAR ZIP 压缩...	1 KB
SogouTSF.dll	2014/8/19 13:50	DLL 文件	68 KB
SohuNews.exe	2014/9/14 21:32	应用程序	1,262 KB
sysmodel.bin	2014/9/13 20:51	BIN 文件	17,430 KB
ThirdPassport.ini	2014/8/19 13:50	配置设置	2 KB
Uninstall.exe	2014/9/13 20:50	应用程序	625 KB
upexd.dll	2014/10/19 11:19	DLL 文件	646 KB
upexr.dll	2014/8/19 13:50	DLL 文件	269 KB
urlBaseG.enc	2014/8/19 13:50	ENC 文件	475 KB
userNetSchedule.exe	2014/8/19 13:50	应用程序	1,157 KB
Wizard.cupf	2014/8/19 13:50	CUPF 文件	381 KB
ZipLib.dll	2014/8/19 13:50	DLL 文件	256 KB

图 3-35　软件自卸载程序

3.4.2　常用软件介绍

1. 常用下载工具

在日常生活中，我们经常需要利用下载工具进行软件下载以提高下载的速度和数据的完整性，常用下载工具有快车、迅雷等。其中迅雷下载由于可以支持断点续传和提高下载速度，是目前常用的下载工具之一，软件界面如图 3-36 所示。

2. 常用杀毒软件

常用杀毒软件有金山毒霸、瑞星和360安全卫士等。其中360安全卫士拥有计算机全面体检、漏洞修复、网购保护和恶意软件清理等功能，是当前深受用户欢迎的免费杀毒软件，软件界面如图3-37所示。

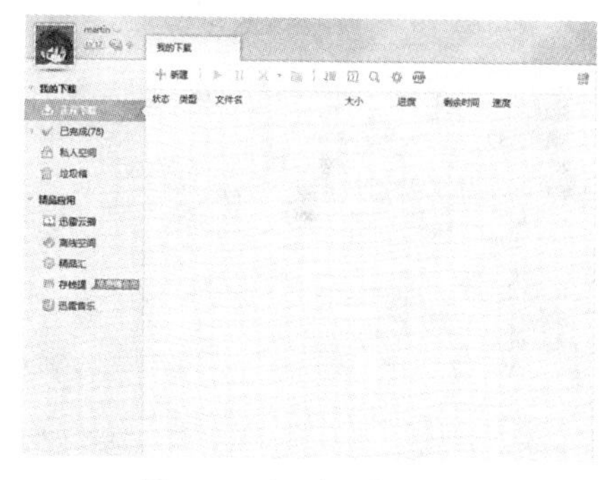

图3-36 迅雷下载界面

图3-37 360安全卫士软件界面

3. 常用多媒体播放软件

常见的计算机多媒体资源主要以音频、图片或视频的形式存储，常见的视频格式有MP4、RM、RMVB、AVI等，常见的音频格式有MP3、WAV等。而当前主流多媒体播放器有暴风影音、百度影音等。暴风影音软件界面如图3-38所示。

4. 常用压缩软件

网络上传与下载的文件多数是经过压缩的，用户在下载软件后往往需要解压缩才可以执行。WinRAR是目前流行的压缩与解压缩软件，几乎支持所有格式的压缩文件，软件的界面如图3-39所示。

图3-38 暴风影音界面

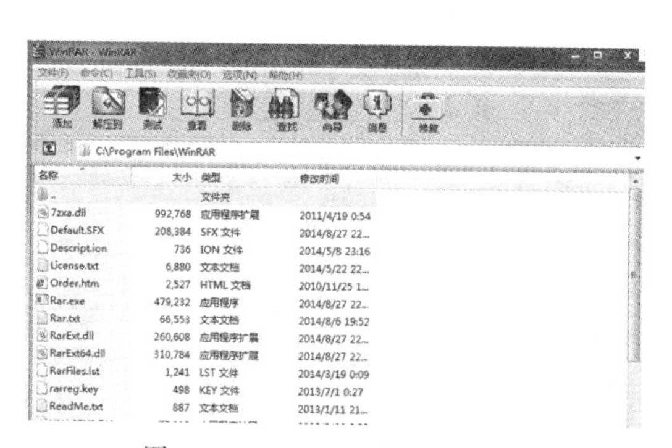

图3-39 WinRAR软件界面

3.5 知识与内容梳理

Windows 7作为美国微软公司推出的操作系统之一，因为其操作界面美观、友好，兼容性强大，运行稳定可靠，配置要求门槛较低等优点至今仍然被广大用户，特别是公司、学校、家庭等大量使用。本章内容着重就操作系统的桌面设置、控制面板、常用软件等几方面，介绍 Windows 7 的基本操作和强大功能。

操作系统是一组程序，主要用于管理计算机的所有活动以及驱动系统中的所有硬件。

操作系统由内核和系统调用组成。

操作系统有多种，常见的有 Windows、UNIX、Linux、mac OS 等。

Windows 7 中用户可以在桌面右击选择"个性化(R)"|"更改桌面图标"来更改桌面图标。

Windows 7 中用户可以在程序上右击选择"锁定到任务栏(K)"，将程序锁定在任务栏。

Windows 7 中用户可以通过跳转列表快速访问程序或打开文件。

Windows 7 中用户可以拖动窗口到其他区域达到不同的显示效果。

Windows 7 中用户可以在桌面右击选择"个性化(R)"|"桌面背景"对桌面背景及放映方式进行更换。

Windows 7 中用户可以通过"控制面板"功能进行系统设置调整。

Windows 7 中用户可以用"控制面板"中的"外观"选项下的"更改屏幕保护程序"设置屏幕保护程序。

Windows 7 中用户可以通过"控制面板"中的"硬件和声音"设置系统音效。

Windows 7 中用户可以使用磁盘碎片整理功能清理磁盘空间。

常用的软件有下载软件(如迅雷)、杀毒软件(如 360 安全卫士)、多媒体播放软件(如暴风影音)、压缩/解压缩软件(如 WinRAR)等。

3.6 课后习题

3.6.1 单选题

1. 能够提供即时信息及可轻松访问常用工具的桌面元素是(　　)。

A. 桌面图标　　B. 桌面小工具　　C. 任务栏　　D. 桌面背景

2. 如果一个文件的后缀名是".txt"，则该文件是一个(　　)。

A. 可执行文件　　B. 文本文件　　C. 网页文件　　D. 位图文件

3. 在 Windows 7"个性化"窗口中，为了启用窗口透明效果应从(　　)进入。

A. 窗口颜色　　B. 更改桌面图标　　C. 桌面背景　　D. 显示

4. 中/英文输入法切换的快捷键是(　　)。

A. Ctrl+Space　　B. Ctrl+Alt　　C. Shift+Space　　D. Ctrl+Shift

5. Windows 7 中，当一个应用程序窗口被最小化后，该应用程序(　　)。

A. 被转入后台执行　　B. 被暂停执行

C. 被终止执行　　　　　　　　　　D. 继续在前台执行

6. 桌面“便笺”小程序不支持的输入方式为(　　)。

A. 键盘输入　　　B. 手写输入　　　C. 扫描输入　　　D. 语音输入

7. 在 Windows 7 中,打开“开始”菜单的快捷键是(　　)。

A. Ctrl+Esc　　　B. Shift+Esc　　　C. Alt+Esc　　　D. Alt+Ctrl

3.6.2 操作题

操作题 1:系统基本设置

(1)在桌面上建立绘图工具快捷方式。

(2)设置屏幕保护程序为“变幻线”,等待时间 5 分钟。

(3)设置 Windows 系统的长时间显示样式为“tt hh:mm:ss”,上午符号为“AM”,下午符号为“PM”。

(4)制订自己的磁盘定时清理计划。

操作题 2:文件的基本操作

(1)新建 TXT 文件,并将文件名重命名为“TEXT”。

(2)将该文件设置为隐藏文件。

模块 4

文字处理软件 Word 2013

本章重点

Word 2013 是 Office 办公软件的组件之一，是一种功能强大的字处理程序，利用它可以完成文稿、信件、名片、个人简历和信息管理等工作。熟练使用 Word 的各种功能是现代办公人员必须拥有的技能之一。

Word 2013 使用全新的用户界面，让用户可以轻松找到并使用功能强大的各种命令按钮，快速实现文本的录入、编辑、格式化、图文混排及长文档编辑等。

章节要点

- Word 2013 的基本界面操作
- Word 2013 文字录入和基本排版
- Word 2013 图文混排基本技巧
- Word 2013 表格的插入和使用
- Word 2013 长文档的编辑

4.1 Word 2013 基础知识

4.1.1 Word 2013 的功能和特点

Word 2013 与前版本相比有了如下改进：

(1)Word 2013 界面：与以往界面相比更整洁、更优美、更赏心悦目。借助新的模板和设计工具，用户可以对文档进行润色。

(2)新的阅读模式：文字自动在列中重排，更易于阅读。

(3)继续阅读：Word 会自动为用户上次访问的内容添加书签。用户可以在尽情阅读后休憩片刻，并从中断的地方开始继续阅读，甚至可以在不同的电脑或平板电脑上继续阅读。

(4)对齐参考线：将图表、照片和图与文本对齐，以获得经过润色的专业外观。便于使用的参考线在用户需要时立即显示，当用户完成操作后立即消失。

(5)实时布局：当将照片、视频或形状拖到新位置时，文本将立即重排。松开鼠标按键，用户的对象和周围文本将留在用户所需的位置。

(6)PDF 重排：在 Word 中打开 PDF 文件，其段落、列表、表和其他内容就像 Word 内容一样。

4.1.2　Word 2013 的启动和退出

1. 启动 Word 2013

在计算机中安装完 Office 2013 程序后，用户可以有很多种方式启动 Word 2013 进行文档编辑。

方法一：在“开始”菜单中选择“所有程序”子菜单中的“Microsoft Office”选项中的“Microsoft Office Word 2013”选项。

方法二：右击桌面空白处，在出现的快捷菜单中选择“新建 W”命令中的“Microsoft Office Word 文档”。

方法三：双击任一 Word 文档图标。

2. Word 窗口介绍

无论采用以上哪种方式，都可以进入 Word 2013 编辑窗口，如图 4-1 所示。该窗口和任一应用程序窗口对象一样，都有菜单栏、标题栏、工具栏等元素。此外，该窗口最上部的“新建 Microsoft Word 文档. docx”代表当前正在编辑的临时文件名，其中“. docx”代表文件后缀。Word 2007 以后的版本文档都以此后缀名保存，而 Word 2003 之前的文档以后缀名“. doc”的方式保存。同时 Office 软件支持向上兼容模式，即新版本的软件可以打开老版本的文档，而老版本无法打开使用新版本编辑的文档。

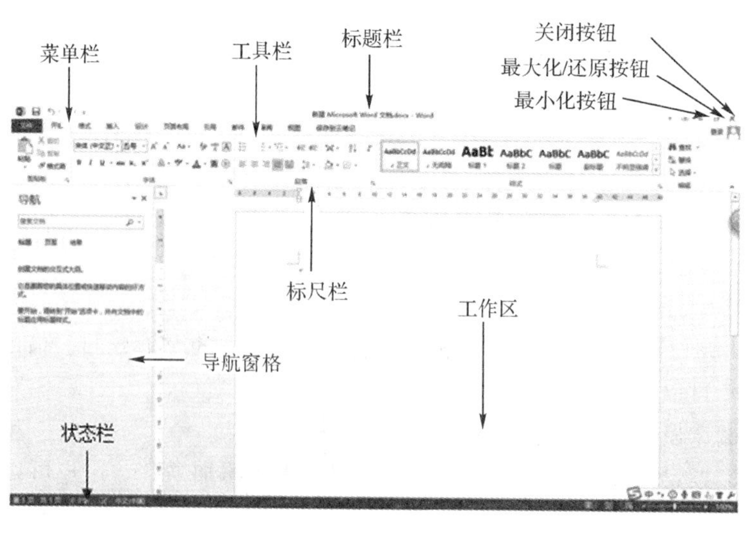

图 4-1　Word 2013 主界面

菜单栏：Word 2013 窗口提供了 10 个菜单选项卡，分别为“文件”“开始”“格式”“插入”“设计”“页面布局”“引用”“邮件”“审阅”“视图”。用户可以通过单击某个菜单中的命令完成相应的操作。

标题栏：显示当前文档的临时文件名和文件后缀名。

工具栏：Word 2013 提供了丰富的工具选项，熟悉和掌握工具栏中快捷按钮的功能，对提高文档的编辑效率非常重要。经常用到的工具有：字体、段落、格式、页面设置等。单击工具栏右下角的箭头图标，还可以进入该工具栏的高级选项进行设置。用户也可以右击文件，在菜单栏中进行相关选择。

标尺栏：在文档上方带有刻度和数字的水平栏称为水平标尺，同时在页面的左侧还有垂直标尺。利用标尺可以调整段落的格式，标尺中白色的部分代表文档中可以编辑的范围，灰色部分表示页面四周的空白区，该区域不能写入文字。

导航窗格：可以根据文档中的样式显示标题文字，用户可以单击相应的标题查看相关内容。同时导航窗格还提供了文档的查询功能。用户可以在任何时候单击“视图”选项卡，勾选“导航窗格”选项进行操作。

工作区：能提供当前编辑文档的预览，用户可以按住 Ctrl 键并滚动鼠标滚轮的方式放大或缩小当前工作界面。

状态栏：位于窗口的底部，用于显示当前正在编辑文档的相关信息，包括页码、字数、文字、输入状态等。

3. 退出 Word 2013

退出 Word 2013 有以下几种方式：

方法一：单击窗口右上角的关闭按钮。

方法二：选择“文件”菜单中的“退出”命令。

需要注意的是，文件一旦关闭后是无法返回的，因此在关闭前若没有将刚才的工作进行保存，系统会提示用户选择保存、不保存或取消，如图 4-2 所示。

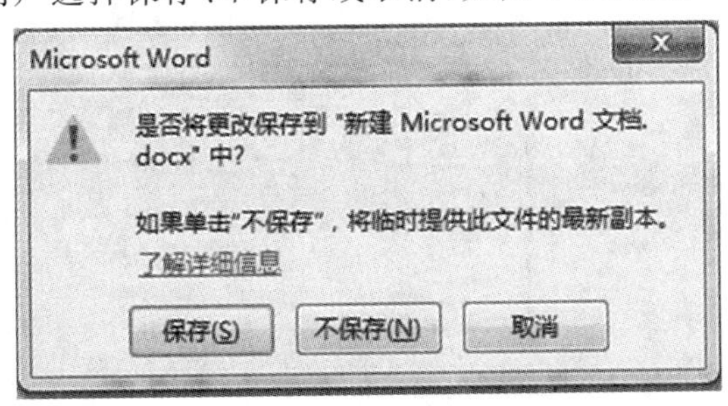

图 4-2 保存提示对话框

4.1.3 Word 2013 文件的建立、打开和保存

(1)建立新文档。文件处理的基本对象是文档，在启动 Word 程序后，系统会默认建立一个空白文档。用户也可以通过以下方式手动创建。

方法一:启动 Word 2013 后,系统自动建立一个默认的空白文档。

方法二:用户还可以根据 Word 2013 提供的模板建立文档。单击“文件”菜单中的“新建”命令,在右侧窗格的“可用模板”中选择某个模板,可以快速创建一个专业文档,如图 4-3 所示。

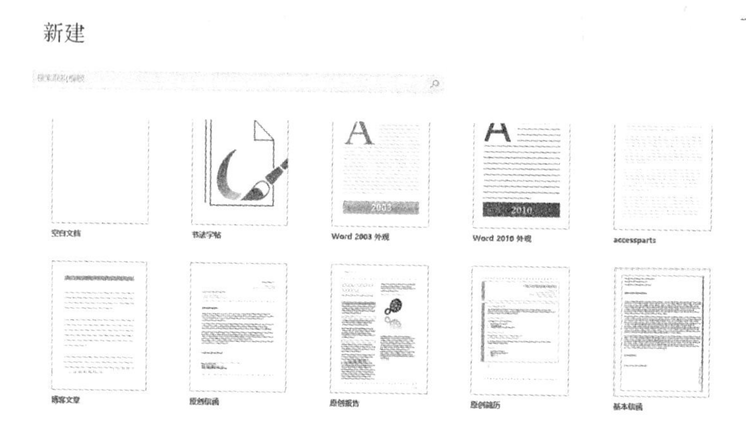

图 4-3　Word 模板列表

(2)打开文档。单击常用工具栏上的“打开”按钮,或单击“文件”菜单中的“打开”,弹出“打开”对话框,在该对话框中找到需要的 Word 文档。单击“打开”按钮,可以打开一个已经存盘的 Word 文档。

(3)保存文档。Word 文档保存时需要确定文档所存放的位置(包括盘符和文件夹),选择需要保存的文件类型。保存文件的方式包括了“保存”和“另存为”两种。用户在保存新文档时,只需要选择“文件”菜单中的“保存”或“另存为”命令,会出现相应的对话框,如图 4-4 所示。可以在对话框中选择文档存储的位置,输入新的文件名和文件类型。也可以单击页面左上角的存储图标进行相同操作。

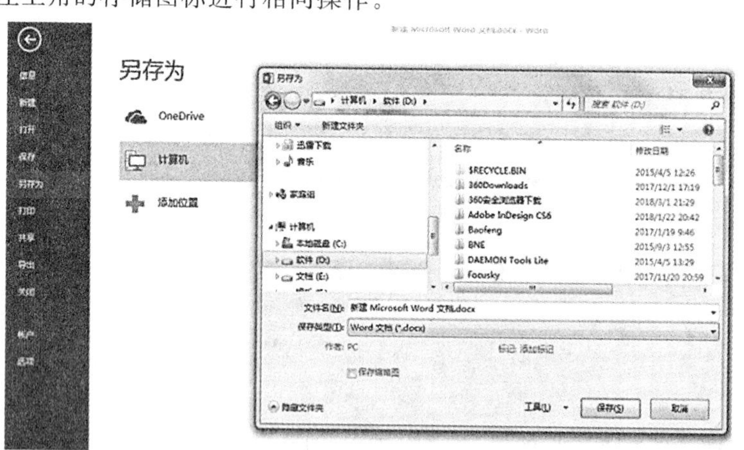

图 4-4　“另存为”对话框

(4)自动保存和恢复文档。为了防止用户因为误操作或突然断电导致的文档丢失等情况,Word 2013 提供了文件的自动保存功能。

步骤 1:单击“文件”菜单,选择“选项”菜单。

步骤 2:弹出“Word 选项”对话框,单击“保存”选项卡。

步骤 3:在弹出的对话框中选中“保存自动恢复的信息时间间隔”,并设置时间间隔,如 10 分钟,并设置保存的文件类型和位置,如图 4-5 所示。系统将根据设置的时间对文档进行自动保存。

图 4-5　“保存”选项卡

(5)文档的加密。为了防止别人查看和修改某些重要的文档,Word 2013 可以对用户的文件进行加密操作。

步骤 1:单击“文件”菜单,选择“信息”模块中的“保护文档”功能。

步骤 2:在弹出的菜单中共提供了五种不同的文档加密方式,如图 4-6 所示。用户可以根据实际需要进行设置。

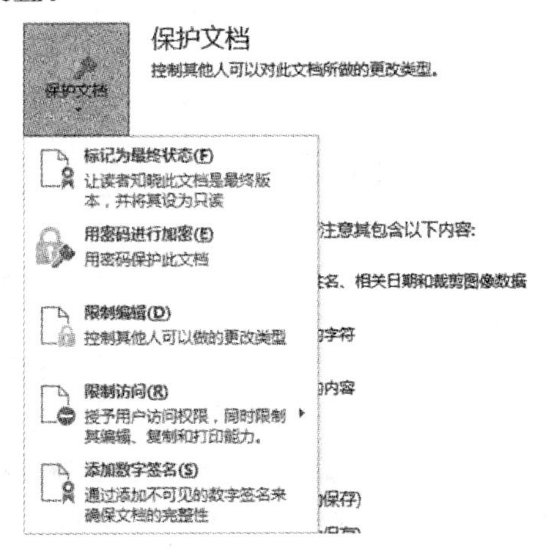

图 4-6　“保护文档”菜单

4.2 Word 2013 文本编辑基础

4.2.1 文本的输入

步骤1:在Word的文本编辑区有一个闪烁的光标就是插入点,它指示了当前插入文字、表格、图片等信息的位置。插入点的形状为闪烁的竖线"|"。如果需要移动插入点,可以使用鼠标单击和键盘的方式。键盘移动键除了常用的"↓""↑""←""→"外,还常常有Home、End、Ctrl+Home以及Ctrl+End等快捷键。功能分别为:"Home"键为移动到本行首个字符前,"End"键为移动到本行行尾最后一个字符,"Ctrl+Home"键为移动到整篇文档首字符前;"Ctrl+End"键为移到整篇文档最后一个字符。此外用户还可以在整篇文档任何位置单击鼠标左键进行插入。

步骤2:当前常用的输入法有英文输入法、搜狗输入法等,在输入文字时应注意键盘大写锁定键CapsLock是否开启,同时在搜狗输入法中,中、英文不同字符的输入,可以通过按Shift键进行切换。

4.2.2 文本的删除

在编辑文本时,常常需要删除多余或错误的文字,Word 2013提供了多种删除文本的方法。

方法一:选择需要删除的文字,按Delete键。

方法二:右击选定的文本,在弹出的快捷菜单中选择"剪切"命令。

方法三:将插入点移至需删除文本的结束位置,然后按Backspace键,直到全部删除。

4.3 Word 2013 文字排版基础

4.3.1 字符格式设置

Word除了可以使用默认字体外,还可以使用种类繁多的字体、字号、颜色、特殊效果、动态效果来为用户的文档增色。字体是指具有某种外观和形状设计的一组文字和符号,如隶书、宋体、黑体等。字号是指字符的大小,字号也可以用数字来表示,数字越大则字符越大。字形是指字符显示时的修饰方式,如加粗、倾斜、下划线等,也可以修改文字的颜色、上标、下标和特殊字符等。“字体”选项组如图 4-7 所示。

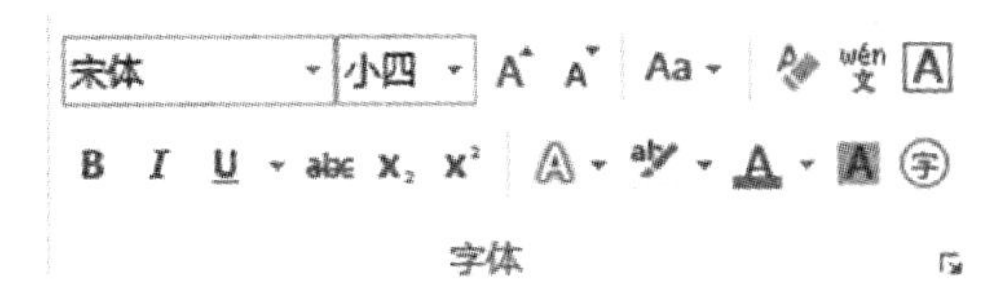

图 4-7 “字体”选项组

(1)设置字符格式的方法。

方法一：在“字体”选项组中对选中文字进行设置。

方法二：利用格式刷进行设置。格式刷的功能是可以将某一部分文字的格式复制给其他文字。

步骤 1：选择已经排版好字符格式的源文本。

步骤 2：单击“剪贴板”选项组中的“格式刷”按钮，鼠标指针变成刷子形状。

步骤 3：在目标文本上拖动鼠标。

步骤 4：释放鼠标，完成格式复制。

在使用格式刷的过程中如果需要修改多段文字内容，则可以双击“格式刷”，进行重复使用。

(2)设置特殊字符效果。

①设置字符间距。单击“字体”选项组右下角的箭头，可以进入字体工具的“高级”选项卡，如图 4-8 所示。其中“缩放(C)”可以设置长形字和扁形字；“间距(S)”可以设置字与字之间的水平距离；“位置(P)”可以设置字与字之间的垂直距离。

②设置动态效果。单击“字体”选项组中的“文本效果与版式”选项可以为文字设置发光、阴影等效果，如图 4-9 所示。

③设置字体的颜色。单击“字体”选项组中的“文字颜色”选项可以更改文字颜色，也可以为文字设置渐变色等，如图 4-10 所示。

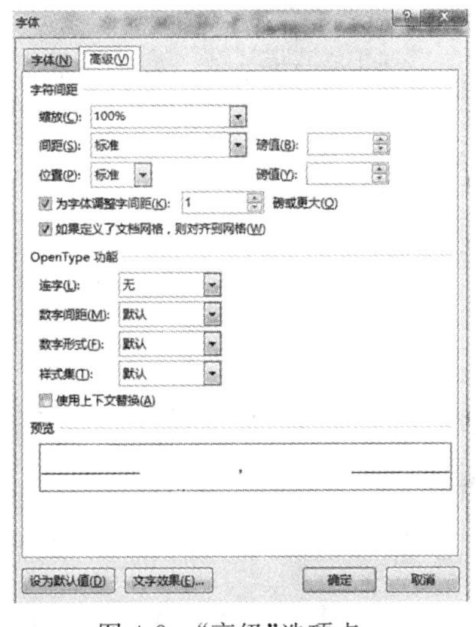

图 4-8 “高级”选项卡

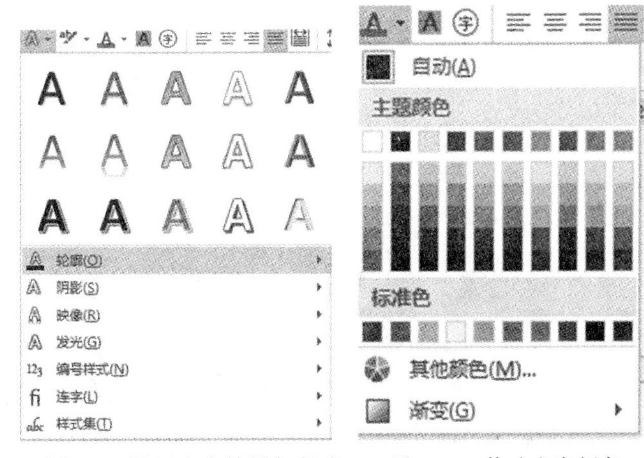

图 4-9 设置文本效果与版式

图 4-10 修改文字颜色

4.3.2 段落标记格式设置

段落是由文字、图形和其他对象构成的自然段，在完成对字符的修饰后可以对段落格式进行编排，包括行距、段落间距、段落对齐方式、段落缩进、段落修饰等。

(1)行间距。行间距是指段落中各行中间的距离，段间距是指段落之间的距离。可以使用“开始”选项卡中的“段落”选项组进行设置。

步骤 1：选择需要设置格式的段落。

步骤 2：单击“段落”选项组右下角的箭头进入设置界面，如图 4-11 所示。

步骤 3：在“间距”项目中设置所需的值。其中“多倍行距”可以进行自定义行距设置。

(2)段落缩进。在编辑文档时，往往会在页面的四周留出一定的空白距离，称为页边距，如图 4-12 所示。段落缩进是指段落文字的边界相对于左、右边距的距离。段洛缩进可以分以下几种情况：

①左缩进：段落左边界与左边距保持的距离。

②右缩进：段落右边界与右边距保持的距离。

③首行缩进：段落第一行第一个字符的缩进距离。

④悬挂缩进：段落中第一行以后的各行逐一按设置的距离右移。

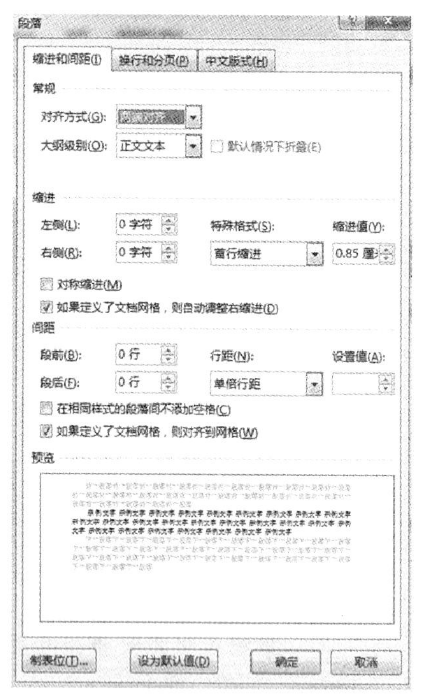

图 4-11 “缩进和间距”选项卡

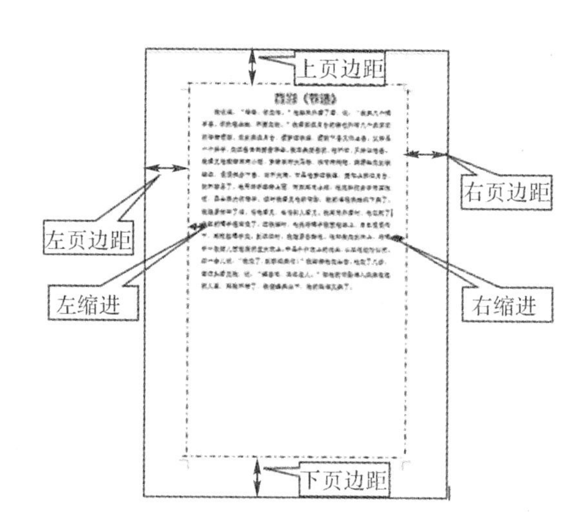

图 4-12 页面缩进设置

(3)段落对齐。段落的对齐方式指段落中的文字按照什么方向排列。段落对齐方式分为以下几种情况：

①左对齐：段落每行左端对齐。

②右对齐：段落每行右端对齐。

③居中：段落每行处于段落宽度的中心位置，常用于标题。

④两端对齐：段落每行的左、右两端都对齐。

⑤分散对齐：段落每行的文字均匀分布在每行中。

4.3.3 项目符号和编号设置

使用项目符号和自动编号，能够使文档结构清晰，便于理解和阅读。

步骤 1：选中需要设置符号或编号的段落。

步骤 2：单击“段落”选项组中的“项目符号”或“编号”按钮，在弹出的菜单中选择自己需要的项目符号或编号即可。

使用自动编号的好处是，计算机将根据段落标记进行自动编号，当其中某一编号出现更改时，后方编号将自动重新排序。

4.3.4 页面布局

当文档排版完成后，需要对当前文档页面进行设置。页面布局内容包括纸张、页边距、页码、分页、页眉和页脚等。

(1)页面设置。页面设置用于为当前的文档设置页面布局、纸张等。“页面设置”对话框如图 4-13 所示，主要包括页边距、纸张、版式、文档网格等方面的设置。

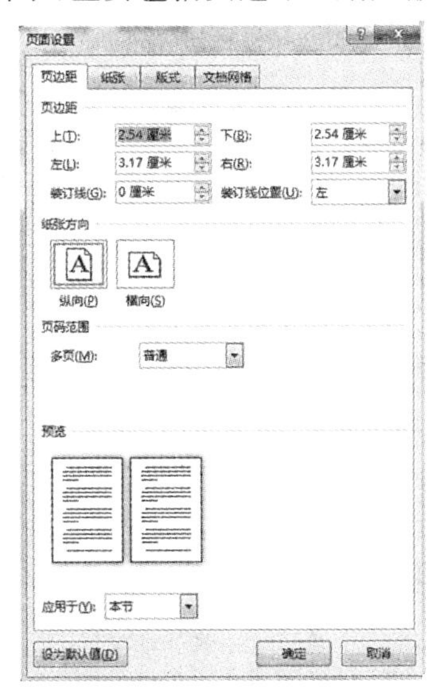

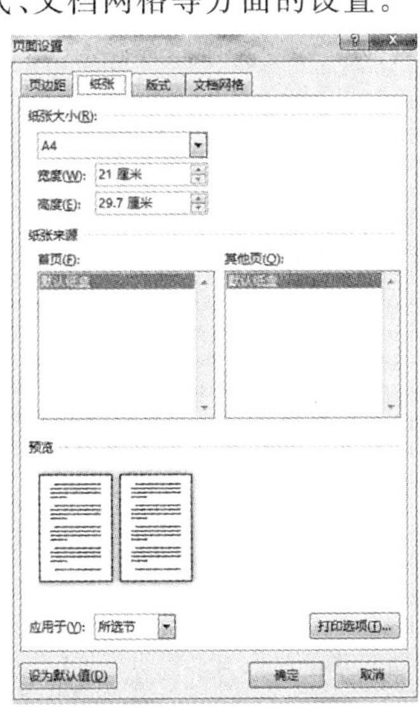

图 4-13 “页面设置”对话框

①页边距：是文档四周留白的距离。用户可以在“页边距”选项卡中修改上、下、左、右的值；同时还可以留出装订线的范围。

②纸张：在该选项卡中，用户可以对文档打印的纸张大小进行设置。在“纸张大小

(R)”的下拉菜单中包含了主流的各类纸张输出模式。如果没有合适的大小,用户也可以进行自定义,以获得最佳的打印效果。

③版式:该选项卡主要包括了页眉、页脚的方式,文字的对齐方式以及行号等。

④文档网格:在该选项卡中,用户可以设置文字排列的方向,同时指定每页的行数和每行的字数。

4.4 Word 2013 活动通知的制作

案例1正文编排

用户在学习、工作和生活过程中经常会遇到各类活动通知,一份好的活动通知应包括主题、内容、行程安排、活动的时间、地图导航等各类元素信息。下面就将介绍如何使用 Word 制作一份如图 4-14 所示的活动通知。

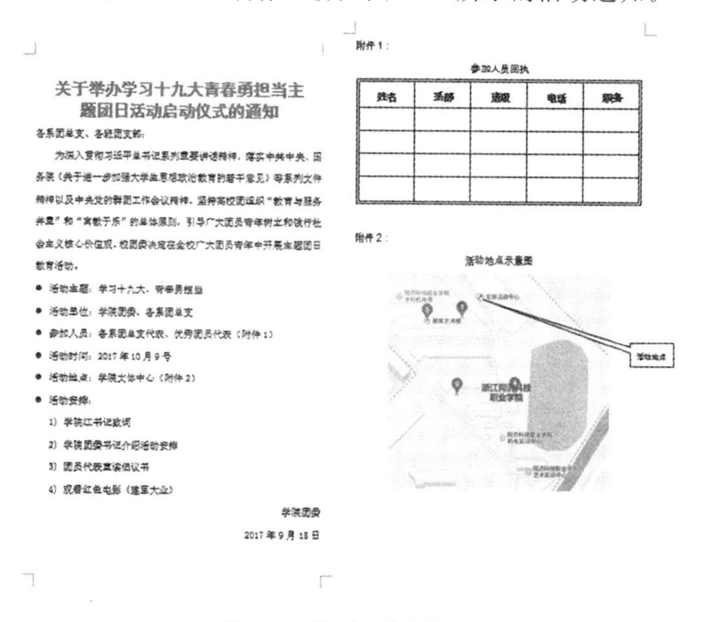

关于举办学习十九大青春勇担当主题团日活动启动仪式的通知

各系团总支、各班团支部:

为深入贯彻习近平总书记系列重要讲话精神,落实中共中央、国务院《关于进一步加强大学生思想政治教育的若干意见》等系列文件精神以及中央党的群团工作会议精神,坚持高校团组织“教育与服务并重”和“寓教于乐”的总体原则,引导广大团员青年树立和践行社会主义核心价值观,校团委决定在全校广大团员青年中开展主题团日教育活动。

- 活动主题:学习十九大、青春勇担当
- 活动单位:学院团委、各系团总支
- 参加人员:各系团总支代表、优秀团员代表(附件1)
- 活动时间:2017年10月9号
- 活动地点:学院文体中心(附件2)
- 活动安排:
  1) 学院红书记致词
  2) 学院团委书记介绍活动安排
  3) 团员代表宣读倡议书
  4) 观看红色电影《建军大业》

学院团委

2017年9月15日

附件1:

参加人员回执

姓名	系部	班级	电话	职务

附件2:

活动地点示意图

图 4-14 活动通知效果

4.4.1 文字内容的输入

步骤1:打开 Word 2013 程序。

步骤2:单击“文件”|“新建”|“空白文档”。

步骤3:根据通知内容输入相应文字内容。

4.4.2　字符格式修改

步骤 1:选择通知的标题文字,单击“开始”选项卡,在“字体”选项组,将文字字体改为“黑体”,将字号改为“小一”。

步骤 2:单击“加粗”按钮,或使用快捷键“Ctrl+B”将标题文字加粗显示。

步骤 3:单击“段落”选项组中的“居中”按钮,令标题居中显示。

步骤 4:选中除标题外的所有正文内容,将字体改为“宋体”,字号为“小四”。

步骤 5:选中称呼文字“各系……支部”,在“段落”选项组中设置左对齐,选中结尾文字“学院团委”和日期,设置为“右对齐”。

4.4.3　段落格式修改

步骤 1:选中全文,单击“段落”选项组右侧箭头,或右击在弹出的菜单中选择“段落(P)”进入设置界面。

步骤 2:设置行距为“多倍行距”,值为 1.2 倍,设置特殊格式为“首行缩进”“2 字符”。

4.4.4　项目符号及编号修改

步骤 1:选择正文中“活动主题……活动安排”的文字内容,单击“段落”选项组上方的“项目编号”选项,选择合适的项目符号。

步骤 2:选择“活动安排”后的各项内容,单击“段落”选项组中的“自动编号”选项,选择合适的编号。

4.4.5　表格设置

通知附件

(1)表格的新建。

方法一:使用“表格”按钮插入表格。在文档中将光标定位到要插入表格的位置,单击“插入”|“表格”,打开如图 4-15 所示的网格示意图,在网格示意图中向下拖动鼠标,选择需要的行数和列数后单击,此时会在光标所在位置插入一张空表。

方法二:使用“插入表格(I)”选项插入表格。将光标定位在需插入表格的位置,选择“插入表格(I)”命令,弹出“插入表格”对话框,如图 4-16 所示。根据需要输入行数、列数及列宽,单击“确定”按钮即可插入一张空表。

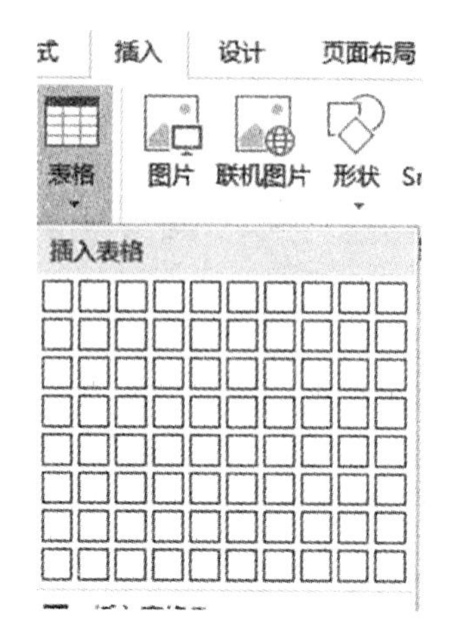

图 4-15 插入表格

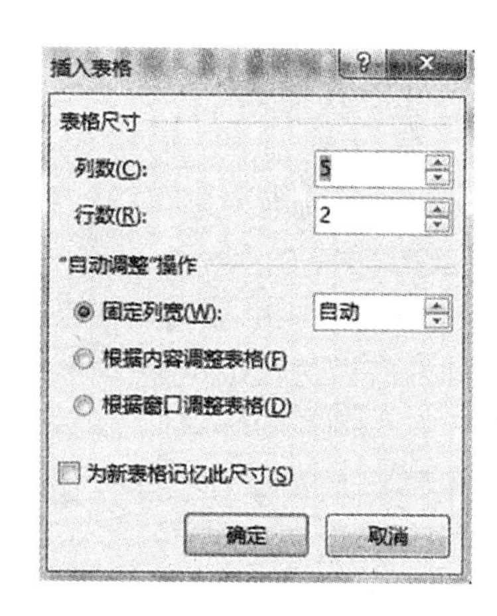

图 4-16 表格设置

方法三:绘制自由表格。单击"绘制表格(D)"按钮,光标将变成一支笔的形状,用户可以自由地绘制表格,按下 Esc 键可以退出绘制状态。但是用这种方法绘制的表格的单元格不平均分布。

方法四:文本转换成表格。用户可以先输入文字,并利用段落符号预留出相应的空间,单击"文本转化成表格(V)"命令,就可以将文本转换成相应表格,如图 4-17 所示。

方法五:表格转换为文本,选择需要转换为文本的表格,单击"表格工具"|"布局",在数据界面选择"转换为文本",弹出如图 4-18 所示的对话框。

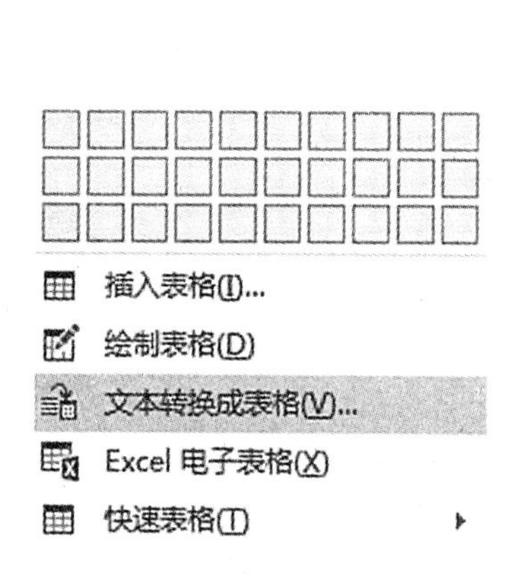

图 4-17 文本转换成表格

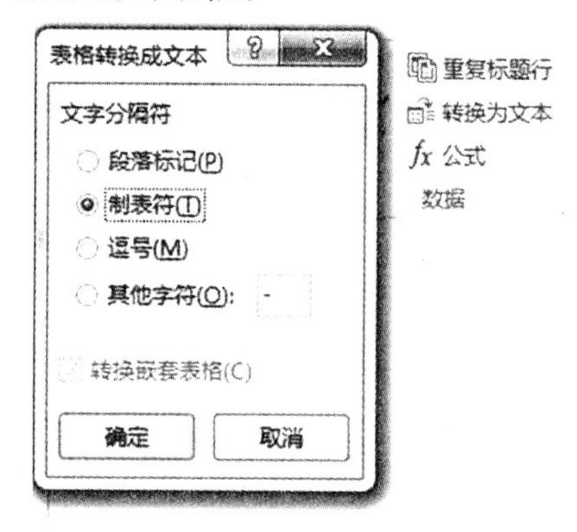

图 4-18 表格转换为文本

(2)表格编辑与格式设置。

①调整表格大小:光标移动到表格的右下角,这时光标将变成双箭头的形状,按住鼠标左键后向下拖动鼠标,调整表格的行高与列宽。

②设置表格边框步骤如下:

步骤 1:选择表格,单击"表格工具"选项卡|"设计",进入如图 4-19 所示的设置界面。设置边框样式为双实线,宽度为 3 磅。

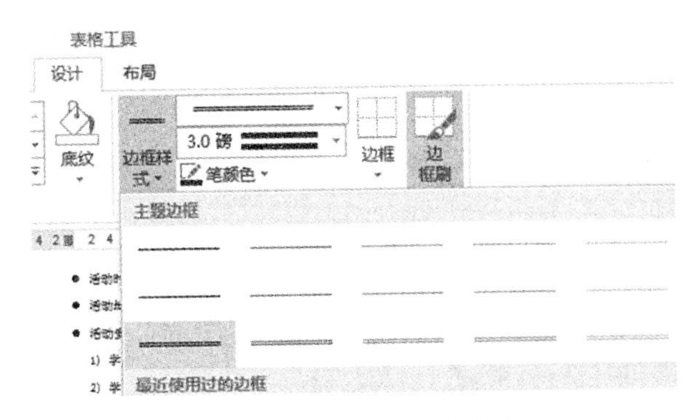

图 4-19 表格工具设计界面

步骤 2:单击“边框”按钮下的下拉菜单,选择“外侧框线(S)”选项就可以更改表格的外侧框线。

4.4.6 屏幕截取功能

Word 2013 提供了屏幕截取功能,可以用于快速截取和插入图片,操作步骤下:

步骤 1:在任意浏览器中搜索地址信息,如图 4-20 所示。

图 4-20 地址信息搜索

步骤 2:打开 Word 文档,单击“插入”选项卡中“插图”选项组中的“屏幕截图”,打开其下拉菜单,如图 4-21 所示。“可用视窗”可以进行全屏截图。

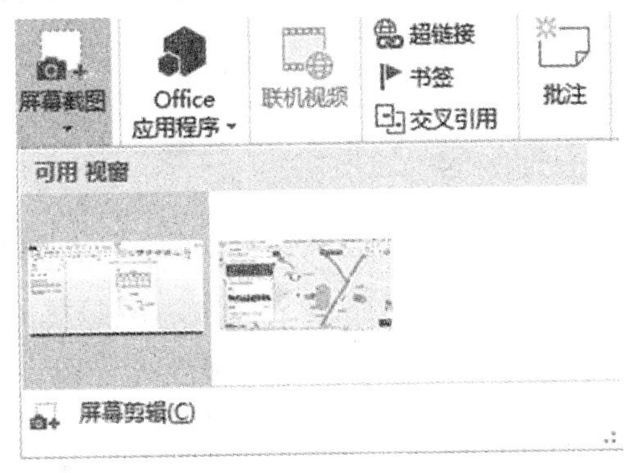

图 4-21 “屏幕截图”下拉菜单

步骤 3:如果想要截取部分图片,可以单击“屏幕剪辑”按钮,系统会自动切换到后台界面,按住鼠标左键拖动鼠标截取图片范围,图片将自动插入文档。

4.4.7 标注的使用

在图片上有时候需要对地点进行特别的标注和说明。标注的插入步骤如下:

步骤 1:单击“插入”选项卡,在“插图”选项组中选择“形状”。

步骤 2:在其下拉菜单中选择“标注”列表中的图标,在需要标注的地方按住鼠标左键拖动鼠标可插入相关标注。

4.5 Word 2013 图文混排海报的制作

在日常生活中,我们经常会遇到各类海报的制作,我们可以使用 Word 的图文混排功能来实现,包括图形的绘制,背景更改、文本框的输入、图片的插入和修改等。海报效果如图 4-22 所示。

图 4-22 海报效果

案例 2 招新海报

4.5.1 背景和页面颜色的设计

步骤 1:单击“设计”选项卡。

步骤 2:单击“页面背景”中的“页面颜色”。

步骤 3:在其下拉菜单中选择“填充效果(F)”进入“填充效果”对话框,如图 4-23 所示。

步骤 4:“填充效果”对话框共有四个不同选项卡,分别对应渐变、纹理、图案、图片四种不同的背景更改方式。本案例中的设置如图 4-24 所示。

步骤 5:单击“确定”更改页面背景。

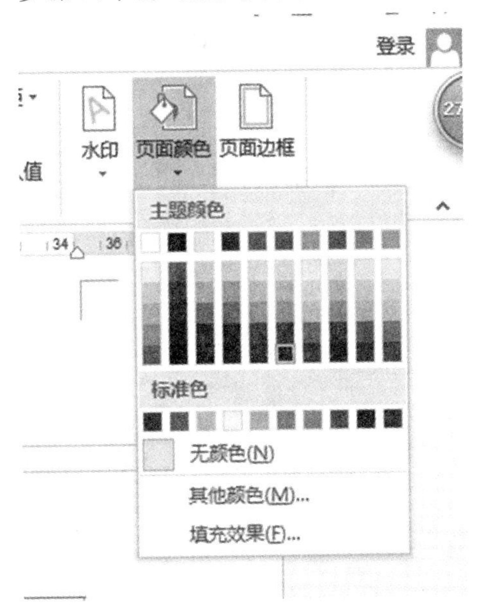

图 4-23 “页面颜色”下拉菜单

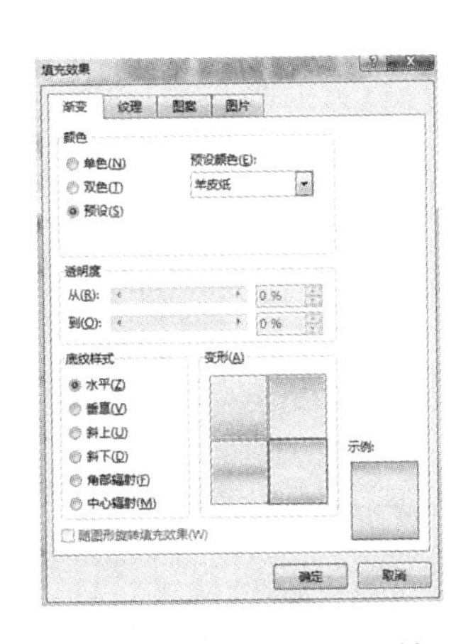

图 4-24 “填充效果”对话框

4.5.2 图形的插入

本案例需要在文档中插入两个自定义图形,分别是一个矩形和一朵云。

步骤 1:单击“插入”选项卡,在“插图”选项组中选择“形状”,会弹出一个下拉列表,如图 4-25 所示。

步骤 2:在下拉列表中单击“矩形”分组中的“矩形”,这时光标会变成一个十字形状,按住鼠标左键在文档中拖动,就可以得到一个矩形。

步骤 3:选中矩形,单击“绘图工具”|“格式”选项卡,在“形状样式”选项组中单击“形状填充”,选择其他颜色如图 4-26 所示,选择褐色。

步骤 4:单击“格式”选项卡,在“形状样式”选项组中单击“形状轮廓”选项,在下拉菜单中选择“无轮廓(N)”,不显示轮廓效果,并将矩形移动到页面顶端。

步骤 5:按同样的方法完成云朵形状的插入并放到合适位置。

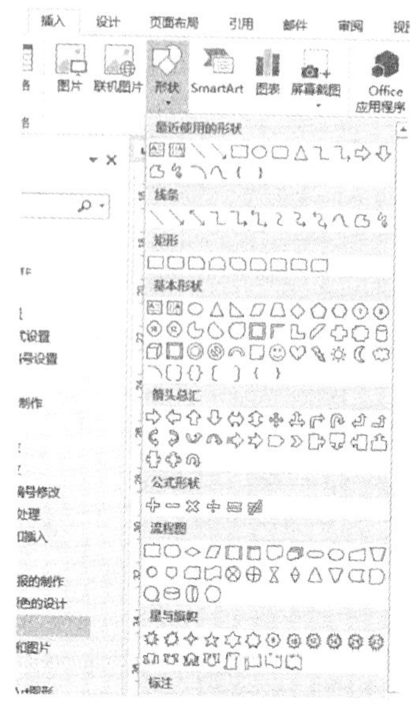

图 4-25 “形状”下拉列表

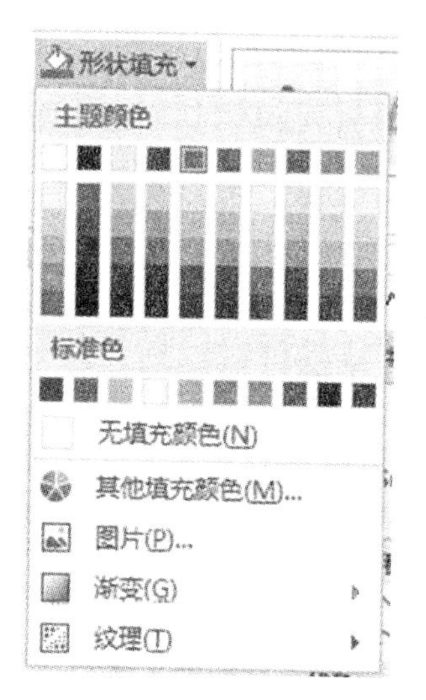

图 4-26 “形状填充”下拉菜单

4.5.3 文字颜色更改

步骤 1:右击云朵图形选择添加文字,输入如下文字:“等待你的加入”“We need you”。

步骤 2:选择文字,在“绘图工具”|“格式”选项卡,在“插图”选项组中单击的“艺术字样式”选项组中选择合适的艺术字,并填充相应颜色。

4.5.4 图片的插入和编辑

步骤 1:单击“插入”选项卡,在“插图”选项组中单击“图片”按钮。

步骤 2:在弹出的“插入图片”对话框中(见图 4-27)找到图片并选中,单击“插入(S)”按钮,图片就插入到了文档中。

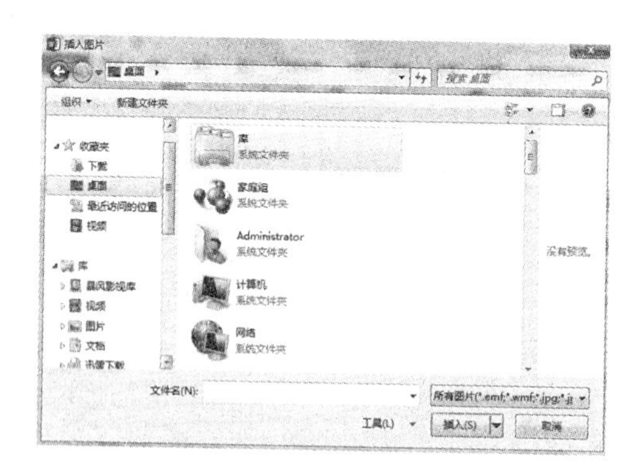

图 4-27 “插入图片”对话框

步骤 3:设置图片环绕方式。选择刚才插入的图片,单击“图片工具”|“格式”选项卡,在“排列”选项组选择“自动换行”|“四周型环绕”。

步骤四:去除背景。选择图片,单击“图片工具”|“格式”选项卡“调整”选项组中的“去除背景”选项,图片中紫色部分代表可删除部分,如图 4-28 所示。拖动白色框线,选择范围,其余白色部分可以单击“标记要删除部分”在图中进行标注,单击“确定”就能去除图片背景。

图 4-28　删除背景选项图(左)选取范围和标注删除区域(右)

4.5.5　文本框工具的使用

步骤 1:单击“插入”选项卡“文本”选项组中的“文本框”|“绘制文本框(D)”,如图 4-29 所示。

步骤 2:当光标变成十字形后单击,在空白区任意拖曳出一块文本框区域并在区域内输入文字。

图 4-29　文本框工具

4.5.6 艺术字的插入

步骤1:输入文字并选择。

步骤2:单击“插入”选项卡,选择“文本”选项组中的“艺术字”。

步骤3:选择合适的艺术字样式,之前输入的文字就会转换成相应的艺术字。

步骤四:将艺术字移到文档合适位置。

4.6 Word 2013 长文档的编辑

案例3长文档1

如果要建立一份篇幅较长的文档,需要设置不同的段落格式,Word 2013 提供了强大的文本编辑功能。下面将以毕业论文为例介绍如何通过 Word 实现长文档的编辑。

(1)封面排版如图 4-30(a)所示。

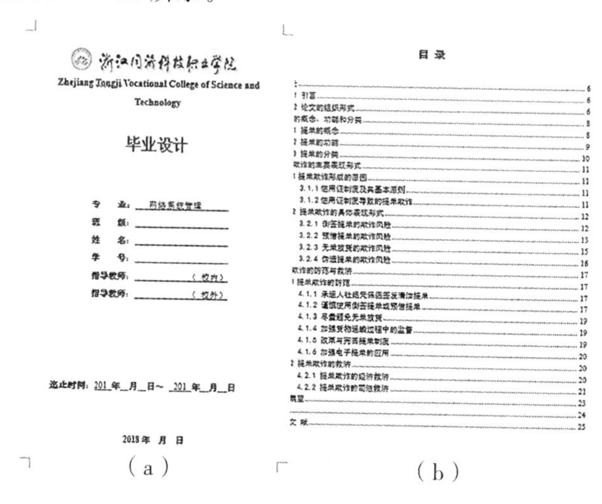

浙江同济科技职业学院

Zhejiang Tongji Vocational College of Science and Technology

毕业设计

专　业：网络系统管理

班　级：

姓　名：

学　号：

指导教师：（校内）

指导教师：（校外）

起止时间：201 年 月 日～201 年 月 日

2018年 月 日

(a)

目 录

(b)

图 4-30 封面及目录效果

(2)目录效果如图 4-30(b)所示。“目录”居中显示,字号为三号,字体为宋体,行距为 1.5 倍,目录为三级。

(3)正文格式要求如下。

页面设置:纸张大小为 A4,页面方向为纵向,上、下、左、右页边距均为 2.5cm。

标题1:字号为小三号,宋体,加粗,段前、段后均为1行,行距为 1.5 倍。

标题2:字号为四号,宋体,加粗,段前、段后均为6磅,行距为单倍。

标题3:字号为小四,宋体,加粗,段前、段后均为6磅,行距为单倍。

正文:字号为五号,字体为宋体,段前、段后均为0行,行距为单倍,首行缩进2字符。

页眉、页脚:设置页眉内容为当前章节题目,居中;页脚显示页码;页眉和页脚均设置为“居中,小五,宋体”。

4.6.1　页面的设置

步骤 1：单击“页面布局”选项卡|“页面设置”|“页边距”|“自定义页边距(A)”，在对话框中分别输入上、下、左、右边距均为 2.5cm。

步骤 2：单击“页面布局”选项卡|“页面设置”|“纸张方向”下拉列表选择“纵向”设置纸张方向。

步骤 3：单击“页面布局”选项卡|“页面设置”|“纸张大小”下拉列表选择“A4”设置纸张大小。

4.6.2　正文格式的设置

这里主要介绍定义各级列表的步骤。

步骤 1：在“开始”选项卡中“段落”选项组单击“多级列表”，在其下拉菜单中选择“定义新的列表样式(L)”，弹出如图 4-31 所示的对话框。

步骤 2：在左下角的菜单中单击“编号(N)”进入列表编号编辑列表。单击左下角的“更多(M)”选项后的“修改多级列表”对话框如图 4-32 所示。

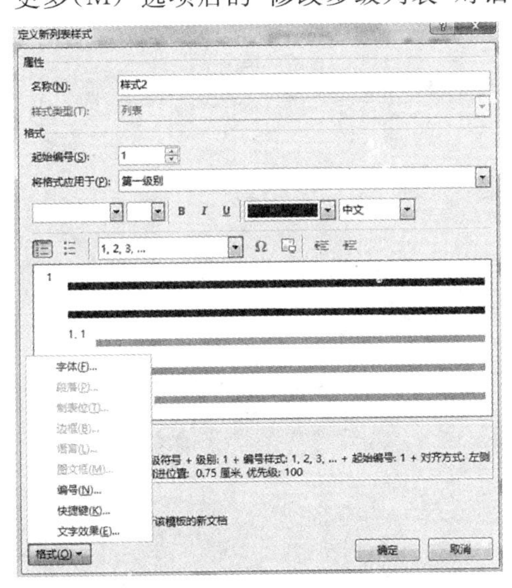

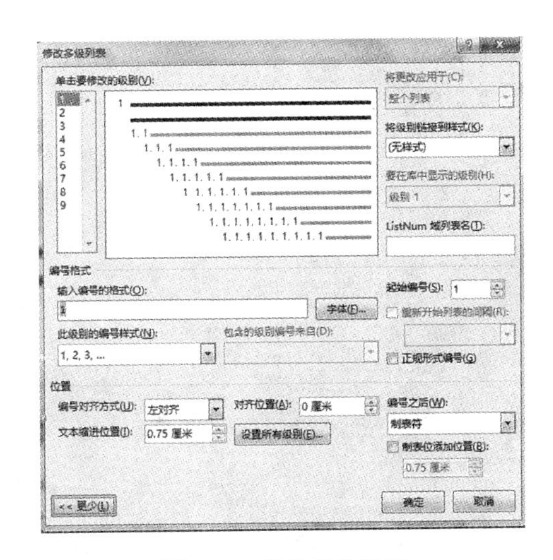

图 4-31　定义新的列表样式

图 4-32　定义多级列表

步骤 3：选择 1 级标题，并单击右侧的“将级别链接到样式(K)”，关联到标题 1 样式，如图4-33所示。

步骤 4：选择 2 级标题，并单击右侧的“将级别链接到样式(K)”，关联到标题 2 样式，如图4-34所示。

步骤 5：同样步骤定义标题 3 样式。

步骤 6：单击“确定”定义新的列表样式。

步骤7:选择标题,在“段落”选项组中选择“多级列表”,在其下拉菜单中选择用户定义的列表样式,如图4-35所示。

步骤8:将样式套用在其他标题上。

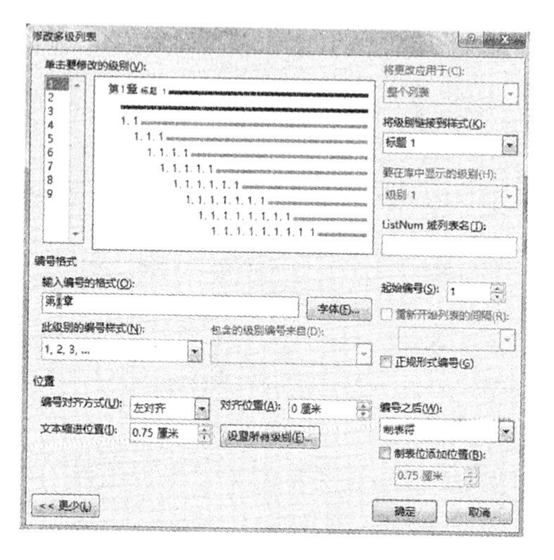

图4-33 定义标题1界面

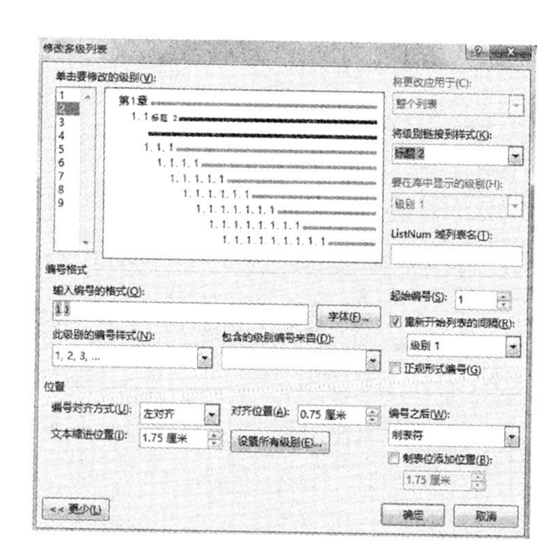

图4-34 定义标题2界面

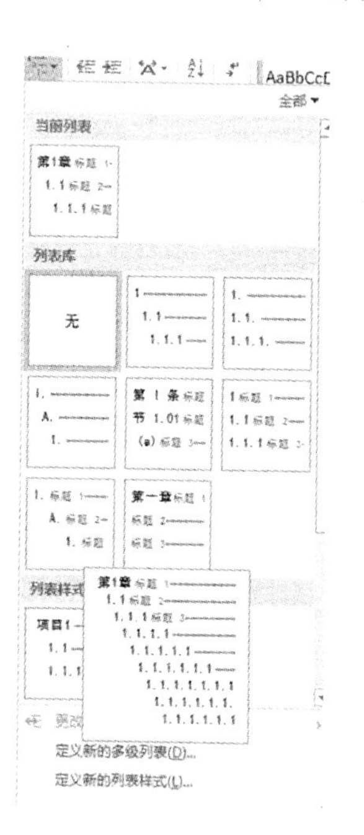

图4-35 标题样式的套用

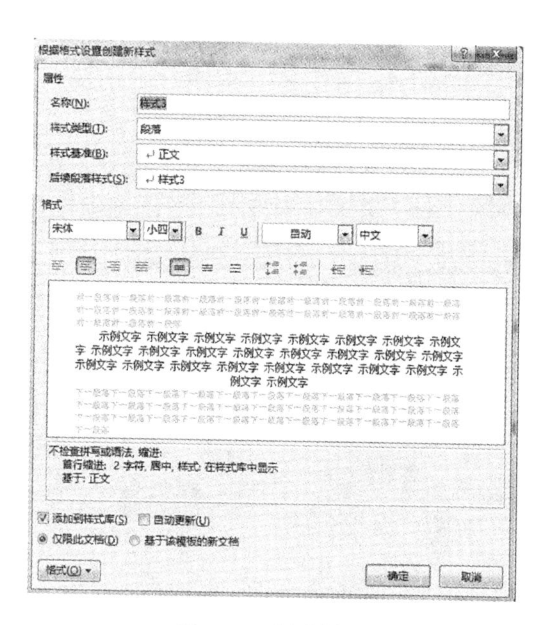

图4-36 新建样式

4.6.3 正文样式的设置

步骤1:选择一段正文,单击“样式”选项组右下角的下拉菜单。在下拉菜单中选择“新建样式”命令,打开“根据格式设置创建新样式”对话框,如图4-36所示。

步骤 2：在样式中选择格式，按要求修改正文格式，并重命名为“样式 2018”。

案例 3 长文档 2

步骤 3：选择其他正文内容，右击，在快捷菜单中选择“选择类似文本”选项，选择所有正文内容。

步骤 4：在“样式”选项组中单击“样式 2018”，将所有正文套用该样式。

4.6.4　封面的制作

步骤 1：按照要求在第一页录入文本并编辑封面。

步骤 2：将光标定在文档第一页最开始的位置，单击“插入”|“页面”|“空白页”，可以插入一张空白页面。按照要求在插入的页面录入文本并编辑封面。

4.6.5　文档目录的创建

案例 3 长文档 3

步骤 1：将光标定位在文档第二页开头，输入文本“目录”，并设置为规定的格式。

步骤 2：另起一行。单击“引用”|“目录”|“插入目录”命令，打开“目录”对话框，如 4-37 所示。

步骤 3：选中“使用超链接而不使用页码(H)”“显示页码(S)”和“页码右对齐(R)”复选框，将显示级别设置为“3”。

步骤 4：单击“选项(O)”按钮，打开“目录选项”对话框，如图 4-38 所示。选中“样式(S)”“大纲级别(O)”和“目录项域(E)”复选框，并选择有效样式。

步骤 5：单击“确定”按钮返回“目录”对话框，再次单击“确定”按钮生成目录。

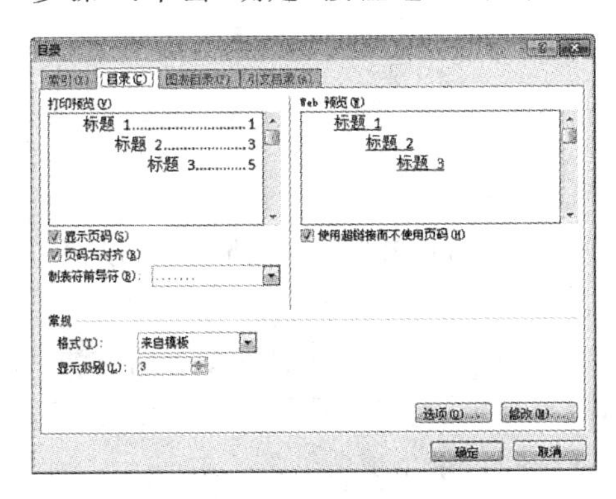

图 4-37　“目录”对话框

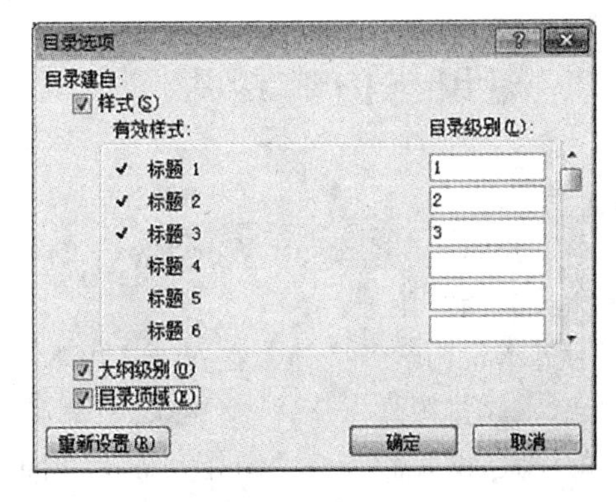

图 4-38　“目录选项”对话框

4.6.6　页眉和页脚的设置

步骤 1：插入分节符。将光标定位在每一章内容的最后，单击“页面布局”|“页面设置”|“分隔符”|“分节符”|“下一页(N)”命令。将每一章内容另起一页。

步骤 2:将光标移至页面最上方并双击进入页眉编辑状态。

步骤 3:选择“插入”|“文本”|“文档部件”|“域(F)”,弹出如图 4-39 所示的对话框。

步骤 4:在“类别(C)”的下拉菜单中选择“链接和引用”选项,选择域名“StylerRef”。

步骤 5:在域属性的“样式名(N)”中选择“标题 1”选项,就可以将标题 1 文字设置为页眉。

步骤 6:同样步骤后勾选域选项中的“插入段落编号(G)”,就可以插入章节号。

步骤 7:编辑页脚。单击“插入”选项卡|“页眉和页脚”|“页码”,在其下拉菜单中,选择“页面底端(B)”|“普通数字 1”选项,在页面底端插入由普通数字构成的页码,字号为小五,字体为宋体,居中对齐。

步骤 8:同样单击“页码”,在弹出的下拉菜单中选择“设置页码格式(F)”命令,弹出如图 4-40 所示对话框。可以在该对话框中选择页码的样式和起始页码的值。

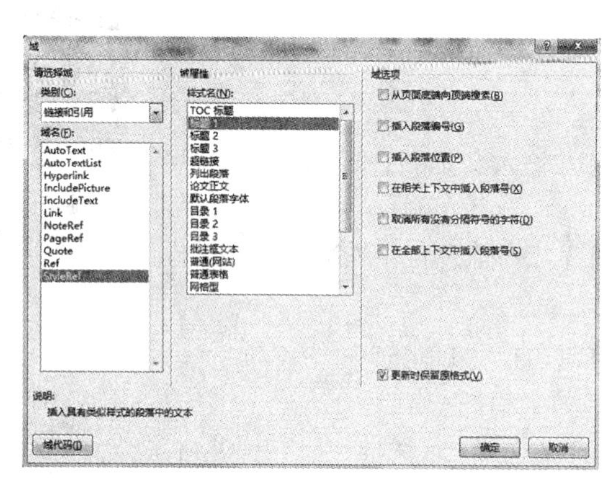

图 4-39 域编辑工具界面

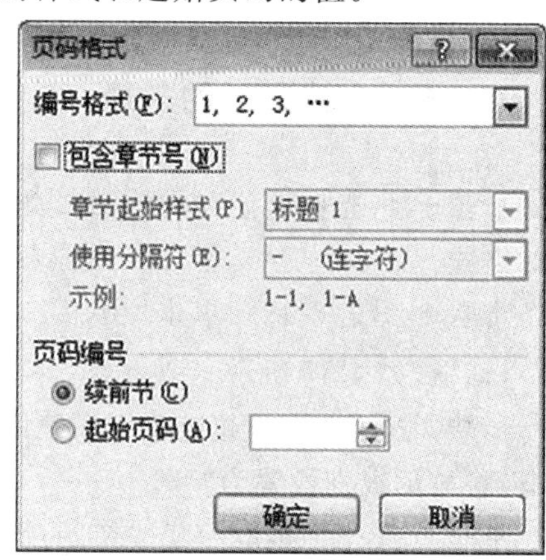

图 4-40 “页码格式”设置对话框

4.7 知识与内容梳理

本章介绍了 Microsoft Word 2013 的各种操作,包括创建普通文档、版面设置、图文混排和长文档制作等。

通过本章的学习应该掌握 Word 的基本操作,如 Word 2013 的启动和退出方法,文档的创建、整体排版操作流程,文本录入、删除、移动和复制,查找和替换工具的使用,字体与段落的设置,图片和表格的制作和插入,封面的制作和目录生成等。

Word 2013 中用户可以新建空白文档,也可以通过模板新建文档。

Word 2013 中用户可以输入文字,并通过方向键或 Home、End、Ctrl+Home 以及 Ctrl+End 等快捷键,更改文字输入位置。

Word 2013 中用户可以在“开始”|“字体”选项组中设置文字的字体、大小和颜色。

Word 2013 中用户可以在“开始”|“段落”选项组中设置段落的行距、特殊格式和缩进等,并添加项目符号或自动编号。

Word 2013 中用户可以在“页面布局”选项卡中设置纸张的大小、方向和页边距。

Word 2013 中用户可以通过“插入”|“表格”的方式插入表格或将文字转化为表格。

Word 2013 中用户可以通过“插入”|“插图”|“图片”的方式插入图片或自定义截取图片。

Word 2013 中用户可以自定义并套用多级列表样式。

Word 2013 中用户可以通过“引用”|“目录”创建多级目录。

Word 2013 中用户可以在“插入”|“文本”|“文档部件”|“域”中设置页眉。

4.8 课后习题

操作题 1:文字输入和编辑

在日常工作中,人们经常需要处理大量的文字信息,例如撰写论文、产品宣传单、通知书等。利用计算机能完成快速输入、编辑、打印等文字处理工作。请按如下样张练习文字的输入和编辑。

20 世纪 70 年代出现了一种称为电子邮件的新型通信手段,它改变了人们传统的通信方式,从某种意义上说它也改变了人们关于距离的概念。由于电子邮件的广泛使用,使不少人迈开进入 Internet 世界的第一步,相信许多读者就是从收发电子邮件开始认识 Internet 的。

电子邮件是 Internet 上使用广泛的一种服务。Internet 的电子邮件系统遵循简单邮件传输协议(SMPT),采用客户机/服务器模式,由传送代理程序(服务方)和读者代理程序(客户方)两个基本程序协同工作完成邮件的传递。

练习要求:

(1)将文件保存在桌面,命名为“电子邮件. doc”。

(2)练习关闭文档后再以副本方式打开该文件,保存位置和文件名不变。

(3)给文章加上统一标题,内容为:电子邮件。

(4)设置标题为“黑体,小二号,居中”。

(5)设置第一自然段文本格式为“缩放 80%,间距为加宽 3 磅,字体为楷体,字号为小四号”。

(6)将正文中的“电子邮件”全部替换为“E-mail”。

(7)给两个自然段文字加上项目符号。

操作题 2:手机销售海报的绘制

利用网上素材制作一张手机销售海报。

操作题 3:班级课程表的制作

(1)在 Word 文档中制作一张自己班级的课程表。

(2)在课程表的下方输入以下内容,并将其转换成表格,并计算出各位同学的总分,在表格最后添加一行,计算出各科总分。

姓名	语文/分	数学/分	英语/分	政治/分	总分/分
李丽	89	65	70	80	
王刚	80	80	67	83	
张东	73	71	87	90	

操作题 4:Word 综合排版

在 Word 中创建一个报告文件,内容为班级下半学期计划,并按以下要求录入和编排文档:

(1)报告中必须有一个数据表格,表格应该有标题和表头。

(2)报告内容应该包括项目符号和编号。

(3)报告版面设置为两页,应指定页面设置中的各项参数,如纸张大小、文档网格和页边距等。

(4)报告内容需设置多级列表和自动生成的目录。

(5)制作报告封面。

(6)使用页眉和页码,页眉内容根据标题自动生成。

模块 5

电子表格软件 Excel 2013

本章重点

Excel 2013 是一款出色的数据处理软件，它是一个二维电子表格软件，可以对电子数据进行处理和管理，还可以利用公式对数据进行复杂运算，并生成各种图表。它为用户在日常办公中从事一般的数据统计和分析等工作提供了一个简易、快速的平台。

章节要点

- Excel 2013 工作簿和工作表的创建
- Excel 2013 单元格的设置及数据输入
- Excel 2013 数据管理，排序、筛选和分类汇总
- Excel 2013 数据图表和数据透视表的创建和使用
- Excel 2013 常用函数与公式的使用
- Excel 2013 其他特殊函数的使用

5.1 Excel 2013 基本知识

5.1.1 Excel 2013 的功能和特点

Excel 2013 与前版本相比有了如下改进：

(1)Excel 2013 界面：可以使用户更直观地浏览数据。只需单击一下，即可直观展示、分析和显示结果。

(2)数据透视表：Excel 2013 汇总数据并提供各种数据透视表选项的预览，帮助用户选择最能体现其观点的数据透视选项。

(3)快速填充:方便用户重新设置数据格式并整理数据。Excel 2013 可学习并识别出用户当前使用的模式,然后自动填充剩余的数据,而不需要使用公式或宏。

(4)图表:Excel 2013 能够推荐最好地展示数据模式的图表,方便用户快速预览图表和图形选项,然后选择最适合的选项。

(5)快速分析透镜:探索各种方法来直观展示用户的数据。只需单击一次即可应用格式设置、迷你图、图表和表。

(6)图表格式设置控件:快速简便地优化图表。更改标题、布局和其他图表元素,所有这一切都通过一个新的交互性更佳的界面来完成。

5.1.2 启动和退出 Excel 2013

新建 Excel 表格

1. 启动 Excel 2013

启动 Excel 2013 的方式与启动 Word 的方式类似,在此不再赘述。

2. Excel 2013 窗口介绍

Excel 2013 的编辑窗口如图 5-1 所示。该窗口和任一应用程序窗口对象一样,都具有菜单栏、标题栏、工具栏等元素。此外窗口最上部的"新建 Microsoft Excel 工作表.xlsx"代表当前正在编辑的临时文件名,其中.xlsx 代表文件后缀名。

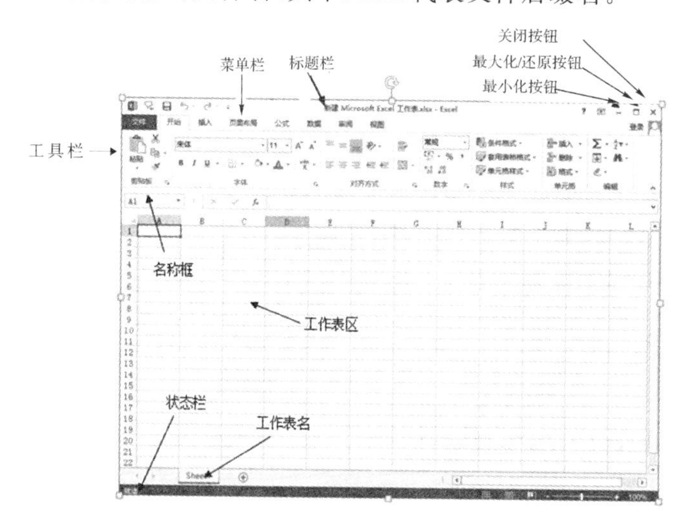

图 5-1 Excel 2013 主界面

菜单栏:Excel 2013 窗口提供了 8 个菜单选项卡,分别为"文件""开始""插入""页面布局""公式""数据""审阅""视图"。用户可以通过单击某个菜单中的命令完成相应的选择。

标题栏:显示当前文档的临时文件名和文件后缀名。

工作表区:用于显示、编辑工作表的区域,工作表中的所有信息都显示在工作表区中。

名称框:用于显示当前单元格的名称。

状态栏:位于 Excel 2013 窗口的底部,用来提供一些操作进程的信息。在大多数情况下,状态栏的左端显示"就绪",表明工作表正准备接受新的信息。当在单元格中输入数据时，状态栏左端会显示“输入”字样。

工作表名：显示工作表的标签行，默认为“Sheet1”，标签名带下划线的为当前活动工作表，可通过单击标签名选定工作表。

3. Excel 2013 的退出

Excel 2013 的退出方式有以下几种：

方法一：单击窗口右上角的关闭按钮。

方法二：选择“文件”菜单中的“退出”命令。

5.2　Excel 2013 工作表的创建

Excel 基本概念

在 Excel 中的任意一个文件被称为一个工作簿，在新创建的工作簿中默认有三张工作表 Sheet1、Sheet2、Sheet3。用户可以根据实际需要插入新的工作表，也可以复制、移动、删除、重命名工作表。一个工作簿最多可以包含 255 张工作表。

在 Excel 工作表中由行和列交叉组成的小格子叫作单元格，单元格以其所在的行号和列表标识作为单元格的名称。当选中某个单元格，该单元格变成当前活动单元格，用户可以输入数据，数据类型可以有文本型、日期型等；也可以合并单元格。用户要选择一行(列)，只要单击行(列)号就可以了，可以设置行高(列宽)，也可以删除行(列)或者插入行(列)。

5.2.1　新建一个工作簿

步骤 1：创建一个 Excel 工作簿。

步骤 2：保存工作簿，将该工作簿命名为“学生成绩表”。

5.2.2　数据的输入

文本的录入

步骤 1：在 Sheet1 表中输入如图 5-2 所示的数据。

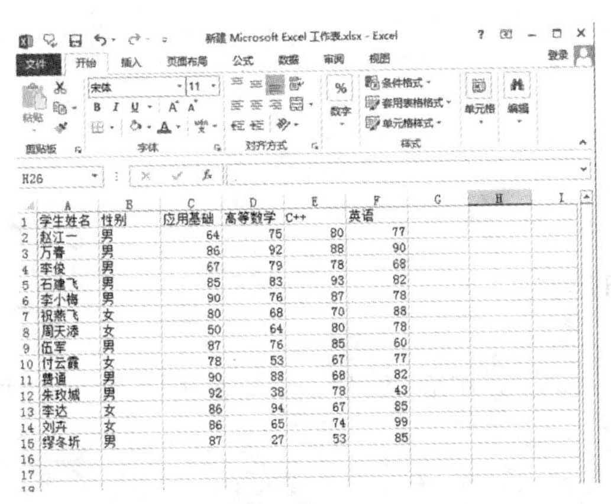

学生姓名	性别	应用基础	高等数学	C++	英语
赵江一	男	64	75	80	77
万春	男	86	92	88	90
李俊	男	67	79	78	68
石建飞	男	85	83	93	82
李小梅	男	90	76	87	78
祝燕飞	女	80	68	70	88
周天添	女	50	64	80	78
伍军	男	87	76	85	60
付云霞	女	78	53	67	77
费通	男	90	88	68	82
朱玫城	男	92	38	78	43
李达	女	86	94	67	85
刘卉	女	86	65	74	99
缪冬圻	男	87	27	53	85

图 5-2　学生成绩表

步骤 2:输入学号。在 Sheet1 第 A 列前插入一列:“学号”“0018001”“0018002”……右击 A 列,选择“插入(I)”,即在 A 列左侧插入了一列,然后输入数据。在输入“0018001”时,应输入“'0018001”,或将单元格格式设置为文本格式,如图 5-3 所示;否则系统将自动去掉前两位的“0”。最后使用填充柄向下拖动,将整个“学号”列依据递增序列自动填充。

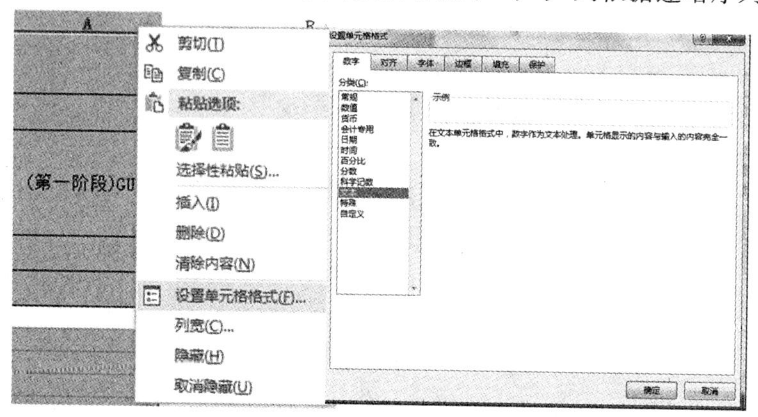

图 5-3 设置单元格格式

步骤 3:如不用设置学号,可以右击 A 列,选择“删除(D)”,即可删除该列。

步骤 4:在 Sheet1 的“性别”列右侧插入一列“录入日期”“2018 年 3 月 1 日”……右击“应用基础”列,选择“插入(I)”,即在之前插入了一列,然后输入数据,在输入“2018 年 3 月 1 日”并使用填充柄填充后,右下角出现“自动填充选项”按钮,单击展开后选择“复制单元格(C)”,实现复制填充,如图 5-4 所示。

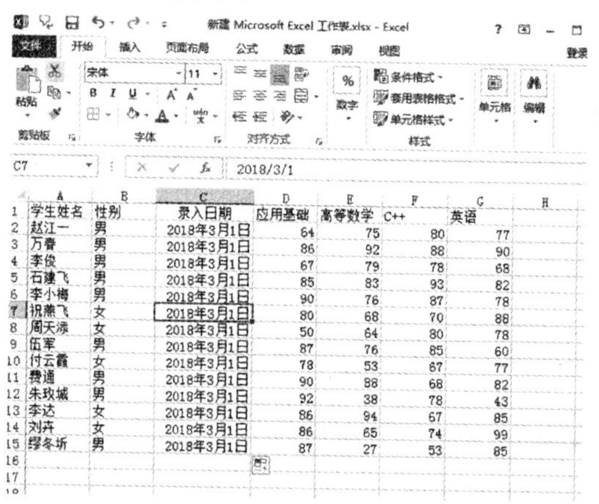

学生姓名	性别	录入日期	应用基础	高等数学	C++	英语
赵江一	男	2018年3月1日	64	75	80	77
万春	男	2018年3月1日	86	92	88	90
李俊	男	2018年3月1日	67	79	78	68
石建飞	男	2018年3月1日	85	83	93	82
李小梅	男	2018年3月1日	90	76	87	78
祝燕飞	女	2018年3月1日	80	68	70	88
周天添	女	2018年3月1日	50	64	80	78
伍军	男	2018年3月1日	87	76	85	60
付云霞	女	2018年3月1日	78	53	67	77
费通	男	2018年3月1日	90	88	68	82
朱玫城	男	2018年3月1日	92	38	78	43
李达	女	2018年3月1日	86	94	67	85
刘卉	女	2018年3月1日	86	65	74	99
缪冬圻	男	2018年3月1日	87	27	53	85

图 5-4 使用填充柄复制填充

5.2.3 工作表的删除

单击 Sheet2 的标签选定工作表,然后右击,在出现的菜单中选择“删除(D)”,如图 5-5所示。

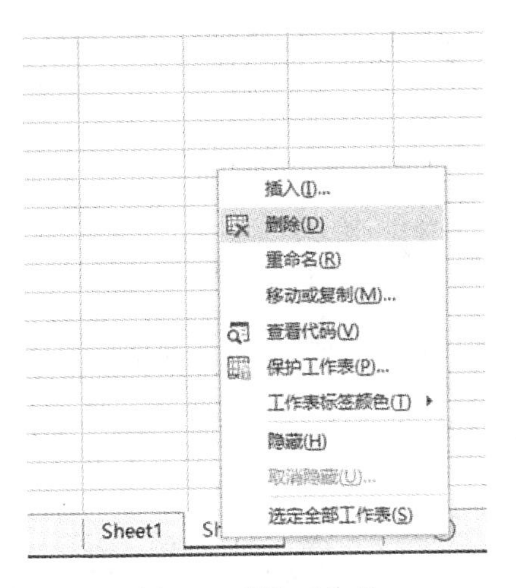

图 5-5　删除工作表

5.2.4　工作表的复制

工作表操作、行列设置

单击 Sheet1 的标签选定工作表，然后右击，在出现的菜单中选择“移动或复制(M)”命令，在弹出的如图 5-6 所示的“移动或复制工作表”对话框中，选择“(移至最后)”选项，并勾选“建立副本(C)”前的复选框，单击“确定”按钮。

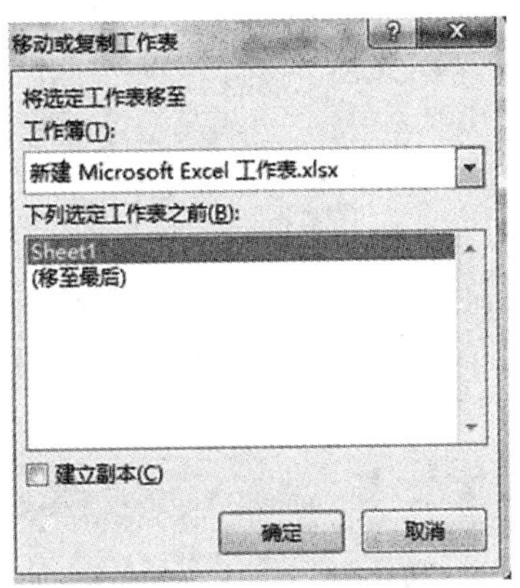

图 5-6　移动或复制工作表

5.2.5　工作表重命名

将工作表 Sheet1 重命名为“学生成绩表”，将 Sheet2 重命名为“学生成绩备份表”。

单击 Sheet1 的标签选定工作表，然后右击，在出现的菜单中选择“重命名(R)”，在标签上输入新名字，如图 5-7 所示；也可以双击 Sheet1 的标签执行重命名操作。

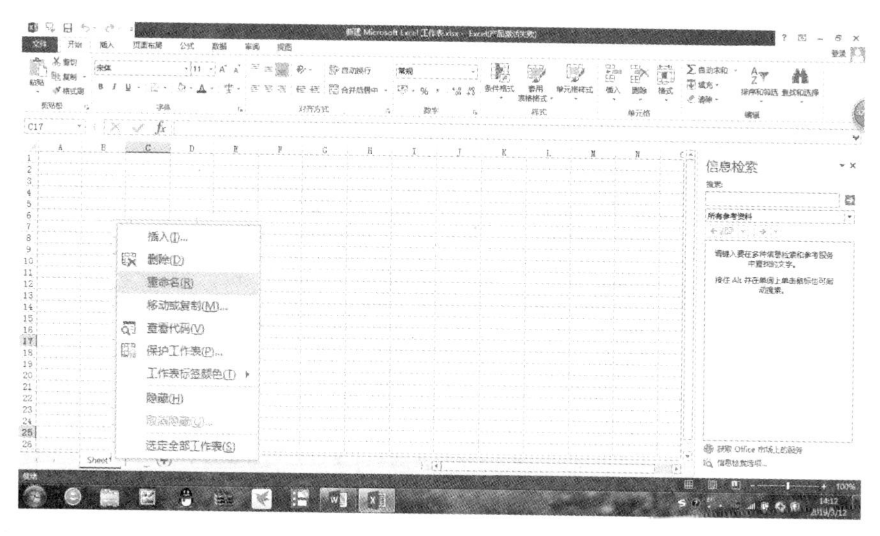

图 5-7　工作表重命名

5.2.6　空白工作表的新建

单击“新建 Microsoft Excel 工作表”“Sheet1”标签，然后右击，在出现的菜单中选择“插入(I)”命令，在弹出的如图 5-8 所示的“插入”对话框中，选择“工作表”，单击“确定”按钮，就可以在当前工作表之前插入一张空白的新工作表。

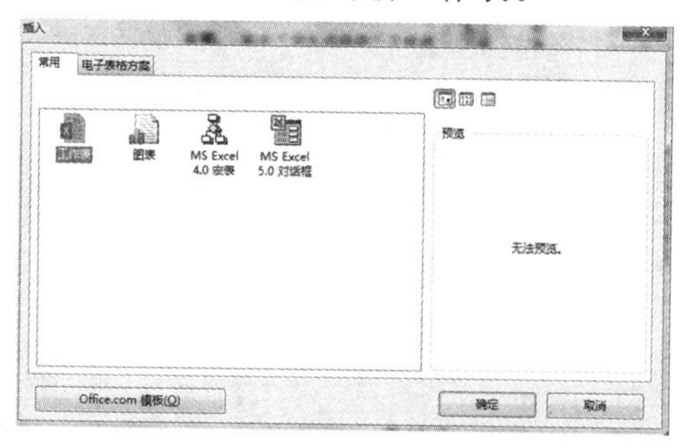

图 5-8　“插入”对话框

也可以单击工作表标签最右侧的“插入工作表”按钮，即可在最后新建一张空白工作表。

5.2.7　工作表的移动

将新建的空白工作表 Sheet1 放到原有的两张表中间，只要单击工作表 Sheet1 的标签并按住鼠标左键不放拖动标签，置于“学生成绩表”标签和“学生成绩备份表”标签中间后再释放鼠标就可以了。

5.2.8 空白行的插入

在“学生成绩表”的第一行前插入标题“2018 年第一学期学生期末成绩”，合并 A1—G1 单元格，合并方式为“居中”。

步骤 1：右击第一行行标，选择“插入(I)”，在当前行上方插入一空白行。

步骤 2：拖动鼠标，选定 A1—G1 单元格区域，再单击“开始”选项卡，在“对齐方式”选项组中，单击“合并后居中(C)”按钮，如图 5-9 所示。

5.2.9 设置合适的行高、列宽

选定整张表，单击“开始”选项卡，在“单元格”选项组中，单击“格式”按钮下方的下拉箭头，如图 5-10 所示。在弹出的下拉菜单中选择“自动调整行高(A)”和“自动调整列宽(I)”；也可以根据需要自行设置。

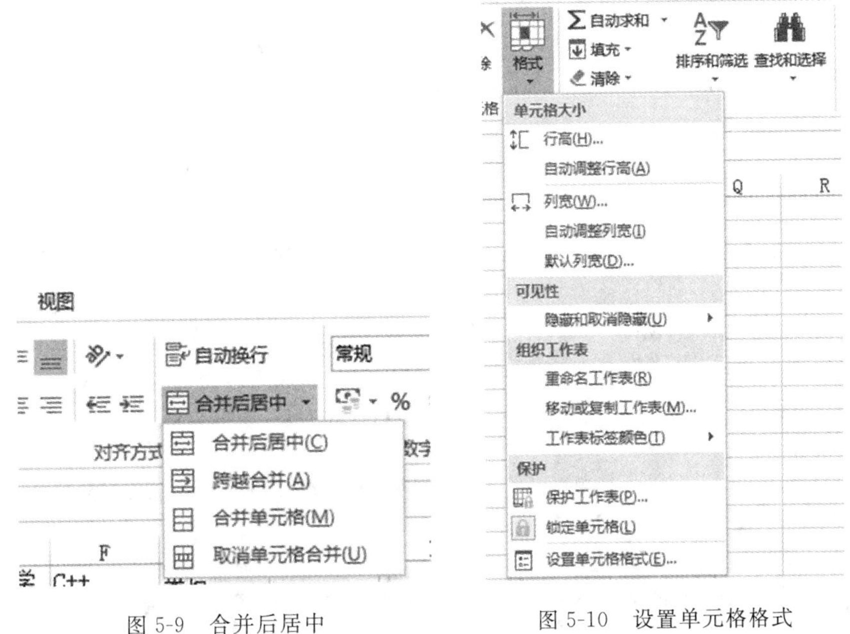

图 5-9 合并后居中　　　　图 5-10 设置单元格格式

5.2.10 删除行

单击需要删除的行的行号，右击选择“删除(D)”，即可删除不需要的行，同时下方数据会自动上移一行。

5.3 Excel 2013 单元格格式设置

单元格格式设置

在 Excel 数据表中，可以对单元格进行字体、边框、底纹、数据类型等设置；利用自动套用格式进行快速格式设置；甚至可以通过设置条件格式使满足条件的某些数据能突出显示。

5.3.1 单元格文字及边框设置

设置“学生成绩表”中的标题字体为黑体，字号为 22，颜色为绿色。

单击 A1 单元格，在“开始”选项卡中找到“字体”选项组，如图 5-11 所示。在字体、字号、颜色处分别进行设置。

在“学生成绩表”中为 A1:G16 区域设置红色双线外边框，黑色单线内框线。

步骤 1：选择 A1:G16 单元格区域，在“开始”选项卡中单击“数字”选项组右下角的黑色箭头，打开“设置单元格格式”对话框，如图 5-12 所示。

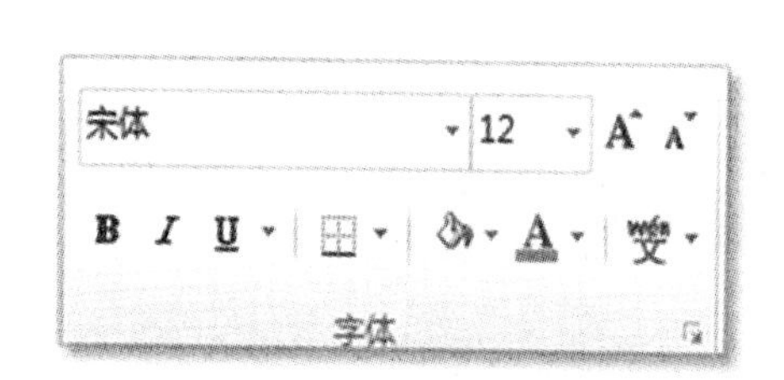

图 5-11 “字体”选项组

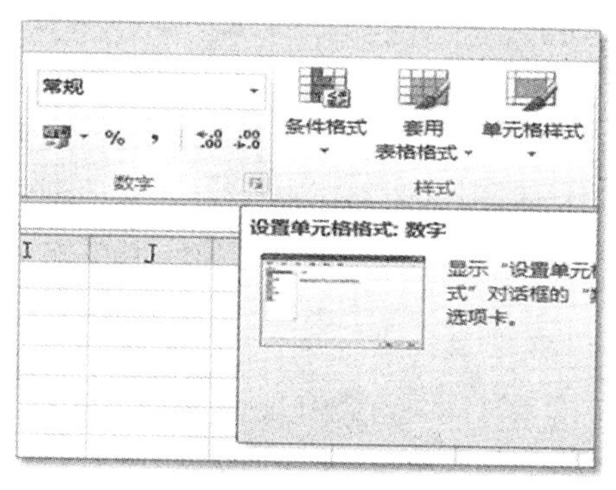

图 5-12 “设置单元格格式”对话框

步骤 2：选择“边框”选项卡，如图 5-13 所示。

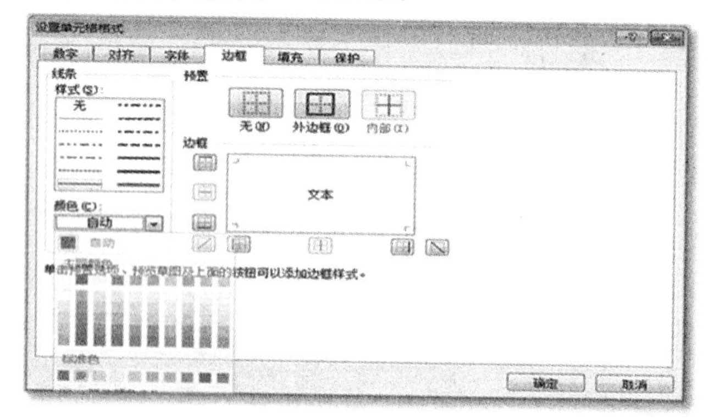

图 5-13 “边框”选项卡

步骤 3:分别对内、外边框的线型、颜色进行设置,最终的效果如图 5-14 所示。

2018年第一学期学生期末成绩						
学生姓名	性别	录入日期	应用基础	高等数学	C++	英语
赵江一	男	2018年3月1日	64	75	80	77
万春	男	2018年3月1日	86	92	88	90
李俊	男	2018年3月1日	67	79	78	68
石建飞	男	2018年3月1日	85	83	93	82
李小梅	男	2018年3月1日	90	76	87	78
祝燕飞	女	2018年3月1日	80	68	70	88
周天添	女	2018年3月1日	50	64	80	78
伍军	男	2018年3月1日	87	76	85	60
付云霞	女	2018年3月1日	78	53	67	77
费通	男	2018年3月1日	90	88	68	82
朱玫城	男	2018年3月1日	92	38	78	43
李达	女	2018年3月1日	86	94	67	85
刘卉	女	2018年3月1日	86	65	74	99
缪冬圻	男	2018年3月1日	87	27	53	85

图 5-14 字体、边框设置效果

5.3.2 条件格式设置

条件格式设置

将"学生成绩表"中各科考试分数低于 60 分的用红色显示出来,大于等于 90 分的加上"深蓝、文字 2、淡色 60%"底纹。

步骤 1:先选中分数区域 D3:G16。

步骤 2:单击"开始"选项卡,在"样式"选项组中单击"条件格式",在弹出的下拉菜单中选择"新建规则(N)",如图 5-15 所示。

步骤 3:在"新建格式规则"对话框中选择第二项"只为包含以下内容的单元格设置格式",如图 5-16 所示。在下面的"编辑规则说明(E)"区域设置"单元格值""小于""60",再单击"格式(F)"按钮,设置字体格式;使用同样的方法设置分数大于等于 90 分的单元格格式。

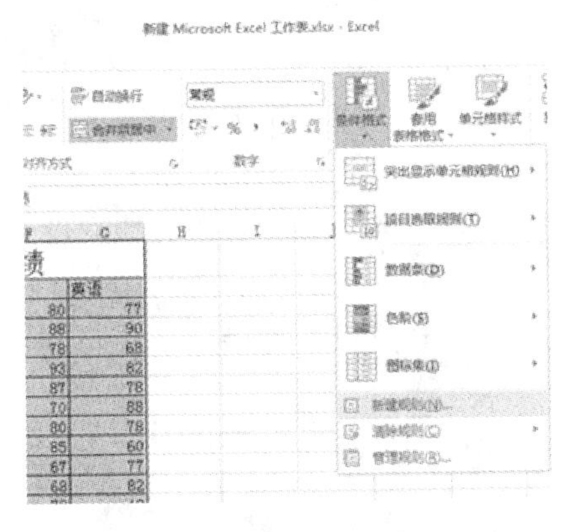

图 5-15 "条件格式"下拉菜单

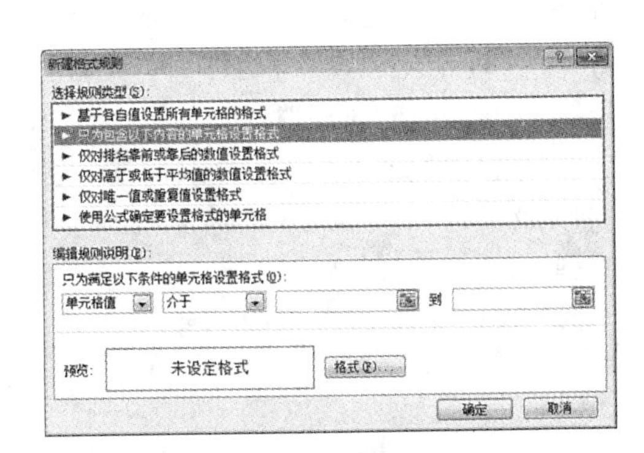

图 5-16 "新建格式规则"对话框

5.3.3 自动套用格式

将“学生成绩备份表”设置成套用“表样式中等深浅 3”。

在“学生成绩备份表”中选中 A1:G16 单元格区域，单击“开始”选项卡“样式”选项组中的“套用表格格式”，找到对应的套用格式后单击就可以了，如图 5-17 所示。

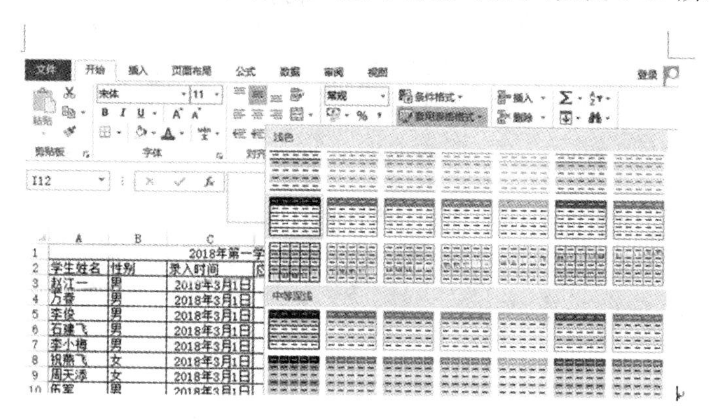

图 5-17 套用表格格式

5.4 Excel 2013 中的数据管理

在 Excel 中可以方便、快捷地对数据进行分析和处理，可以通过排序使指定字段升序或降序排列；可以筛选出满足条件的数据，隐藏其他数据；可以对数据进行分类后，再进行数据统计或最大、最小值等的计算。

5.4.1 数据排序

数据筛选

在“学生成绩表”中，按照英语得分进行降序排列，操作方法如下：

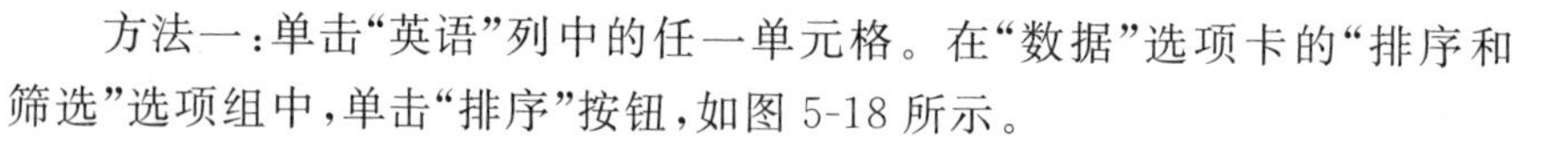

方法一：单击“英语”列中的任一单元格。在“数据”选项卡的“排序和筛选”选项组中，单击“排序”按钮，如图 5-18 所示。

方法二：在“开始”选项卡的“编辑”选项组中，单击“排序和筛选”按钮，在下拉菜单中单击“自定义排序(U)”，如图 5-19 所示。

在弹出的“排序”对话框中，设置“主要关键字”为“英语”，次序为“降序”，单击“确定”按钮，如图 5-20 所示。

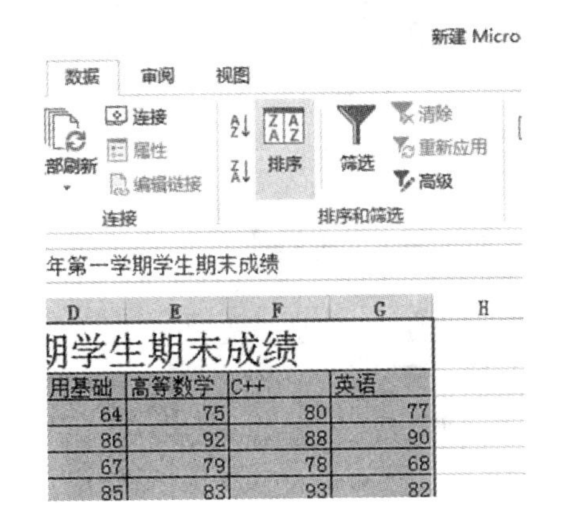

图 5-18　“排序和筛选”选项组

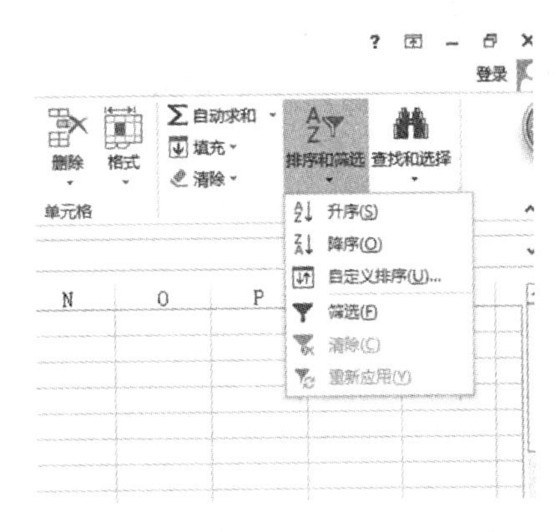

图 5-19　“排序和筛选”下拉菜单

图 5-20　“排序”对话框

5.4.2　数据筛选

(1)自定义文本筛选。在“学生成绩表”中，筛选出姓“李”或者姓“刘”的学生记录，复制到 Sheet1 中，将 Sheet1 重命名为“姓李或刘学生记录”，再清除筛选。

步骤 1：单击“数据”选项卡下的“排序和筛选”选项组中的“筛选”按钮，进入自动筛选状态，在“学生成绩表”中每列的列标题右方出现了一个下拉箭头，如图 5-21 所示。

2018年第一学期学生期末成绩

学生姓名	性别	录入日期	应用基础	高等数学	C++	英语
赵江一	男	2018年3月1日	64	75	80	77
万春	男	2018年3月1日	86	92	88	90
李俊	男	2018年3月1日	67	79	78	68
石建飞	男	2018年3月1日	85	83	93	82
李小梅	男	2018年3月1日	90	76	87	78
祝燕飞	女	2018年3月1日	80	68	70	88
周天添	女	2018年3月1日	50	64	80	78
伍军	男	2018年3月1日	87	76	85	60
付云霞	女	2018年3月1日	78	53	67	77
费通	男	2018年3月1日	90	88	68	82
朱玫城	男	2018年3月1日	92	38	78	43
李达	女	2018年3月1日	86	94	67	85
刘卉	女	2018年3月1日	86	65	74	99
缪冬圻	男	2018年3月1日	87	27	53	85

图 5-21　数据筛选

步骤 2:单击“学生姓名”右侧的下拉箭头,在弹出的下拉菜单中选择“文本筛选(F)”,在出现的下一级菜单中选择“开头是(I)”命令,如图 5-22 所示。

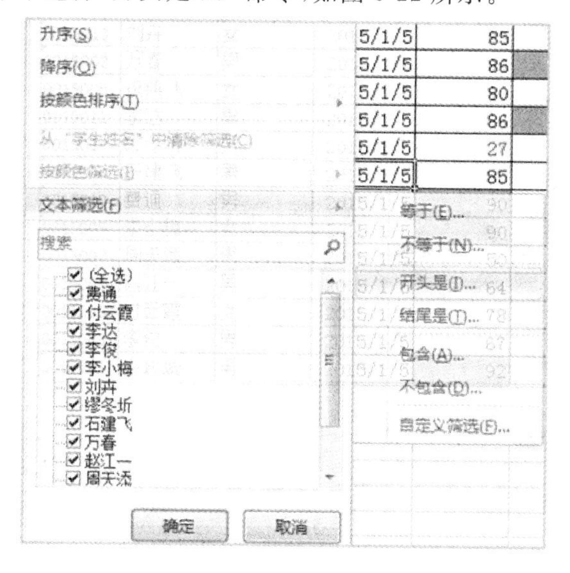

图 5-22 “文本筛选”下一级菜单

步骤 3:在弹出的对话框中输入“开头是”“李”“或(O)”“开头是”“刘”,如图 5-23 所示。单击“确定”按钮。

图 5-23 “自定义自动筛选方式”对话框

步骤 4:此时在工作表中仅显示出姓“李”或者姓“刘”的学生记录,如图 5-24 所示。复制筛选后的记录,粘贴到 Sheet1 中,将 Sheet1 重命名为“姓李或刘学生记录”。

A	B	C	D	E	F	G
2018年第一学期学生期末成绩						
学生姓名	性别	录入日期	应用基础	高等数学	C++	英语
李俊	男	2018年3月1日	67	79	78	68
李小梅	男	2018年3月1日	90	76	87	78
李达	女	2018年3月1日	86	94	67	85
刘卉	女	2018年3月1日	86	65	74	99

图 5-24 筛选结果

步骤 5:回到“学生成绩表”中,在“排序和筛选”选项组中,单击“清除”按钮,即可取消筛选,显示出所有数据。

(2)自定义数据筛选。在“学生成绩表”中,筛选出“应用基础”大于等于 80 分并且小于 90 分的学生记录，将结果复制到新建表 Sheet2 中，将 Sheet2 重命名为“应用基础高于 80 且低于 90 学生记录”。

步骤 1：单击“筛选”按钮，进入自动筛选状态，单击“应用基础”右侧的下拉箭头，在弹出的下拉菜单中选择“数字筛选(F)”，在出现的下一级菜单中选择“自定义筛选(F)”命令，如图 5-25 所示。

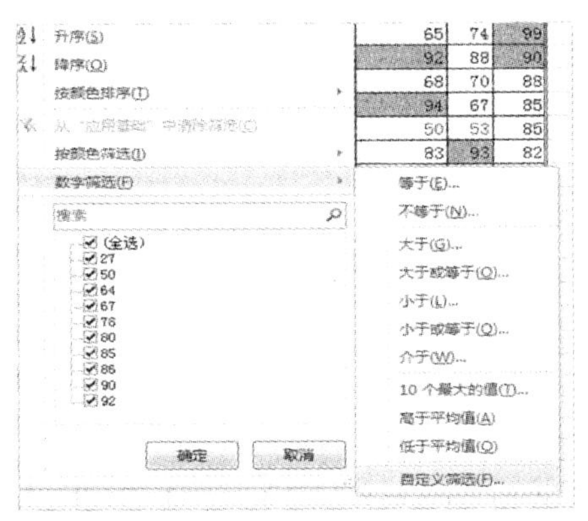

图 5-25　“数字筛选”下一级菜单

步骤 2：在弹出的对话框中输入“大于或等于”“80”“与(A)”“小于”“90”，如图 5-26 所示。单击“确定”。将结果复制到 Sheet2，并将 Sheet2 重命名为“应用基础高于 80 且低于 90 学生记录”。最后取消筛选，显示出所有记录。

图 5-26　“自定义自动筛选方式”对话框

(3)高级筛选。对“学生成绩表”进行高级筛选，筛选出应用基础大于等于 80 分且低于 90 分或者高等数学大于等于 70 分的学生记录，将结果复制到新建的表 Sheet3 中，将 Sheet3 重命名为“应用基础大于等于 80 分且低于 90 分或者高等数学大于等于 70 分学生记录”，再清除筛选。

步骤 1：创建高级筛选条件区域，在“学生成绩表”中单击任意空白区域输入“应用基础”和“高等数学”，由于“应用基础”有两个条件需要满足，因此需要输入两列。在“应用基础”列下分别输入“＞＝80”和“＜90”，因为是同时满足这两个条件，所以写在同一行。在“高等数学”列下面输入“＞＝70”，由于不需要同时满足，所以需要换行输入，如图 5-27 所示。

高级筛选

步骤 2：单击“学生成绩表”的任一单元格，单击“数据”选项卡下“排序和筛选”选项组中的“高级”按钮，弹出如图 5-28 所示对话框。列表区域拖动鼠标选择“＄A＄2：＄G＄16”，在条件区域中拖动鼠标选择刚才创建的区域“＄L＄2：＄N＄4”。

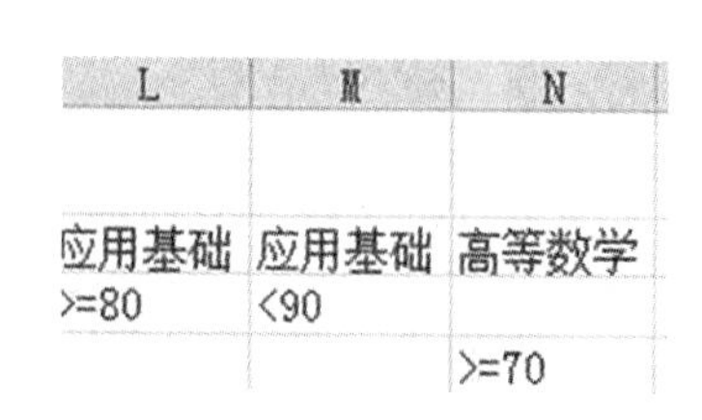

L	M	N
应用基础	应用基础	高等数学
>=80	<90	
		>=70

图 5-27　输入筛选条件

图 5-28　"高级筛选"对话框

步骤 3:单击"确定"按钮,此时在工作表中仅显示出应用基础大于等于 80 分且低于 90 分或者高等数学大于等于 70 分的学生记录,如图 5-29 所示。

2018年第一学期学生期末成绩

学生姓名	性别	录入日期	应用基础	高等数学	C++	英语
赵江一	男	2018年3月1日	64	75	80	77
万春	男	2018年3月1日	86	92	88	90
李俊	男	2018年3月1日	67	79	78	68
石建飞	男	2018年3月1日	85	83	93	82
李小梅	男	2018年3月1日	90	76	87	78
祝燕飞	女	2018年3月1日	80	68	70	88
周天添	女	2018年3月1日	50	64	80	78
伍军	男	2018年3月1日	87	76	85	60
付云霞	女	2018年3月1日	78	53	67	77
费通	男	2018年3月1日	90	88	68	82
朱玫城	男	2018年3月1日	92	38	78	43
李达	女	2018年3月1日	86	94	67	85
刘卉	女	2018年3月1日	86	65	74	99
缪冬圻	男	2018年3月1日	87	27	53	85

应用基础	应用基础	高等数学
>=80	<90	
		>=70

图 5-29　高级筛选结果

5.4.3　分类汇总

分类汇总

在"学生成绩备份表"中分类汇总计算出男生、女生的具体人数,显示在"学号"列,要求先显示女生再显示男生,显示到第 2 级,不显示具体的学生信息。

步骤 1:由于"学生成绩备份表"使用过自动套用格式,此时"分类汇总"按钮处于灰色状态,要先使工作表转换为普通区域。具体方法如下:单击工作表中任何单元格,选中上面的表格工具,单击"工具"选项组中的"转换为区域",在弹出的对话框中单击"是(Y)",表格转换成了普通区域,如图 5-30 所示。

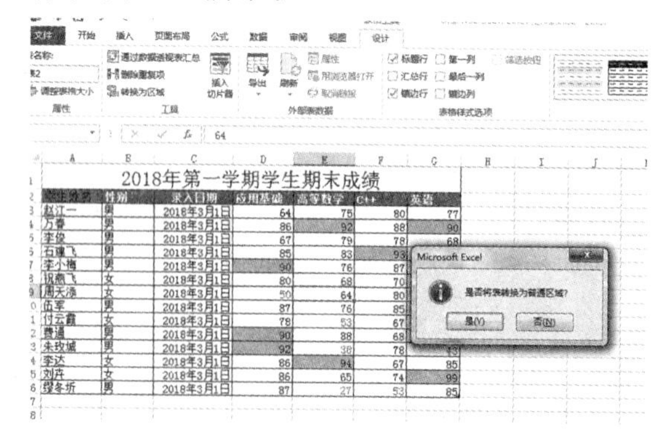

图 5-30　表格转换

步骤 2:增加“学号”列,输入“0015001,0015002,…,00150014”

步骤 3:要根据男生、女生人数进行分类汇总,就必须先按性别排序,女生在前,男生在后。单击“性别”列中的任一单元格,再单击“数据”选项卡中“排序和筛选”选项组中的“降序”按钮,完成排序。

步骤 4:单击工作表中任一单元格,单击“数据”选项卡,在“分级显示”选项组中,选中“分类汇总”命令,在弹出的“分类汇总”对话框中设置“分类字段(A)”为“性别”,设置“汇总方式(U)”为“计数”,设置“选定汇总项(D)”为“学号”,如图 5-31 所示。

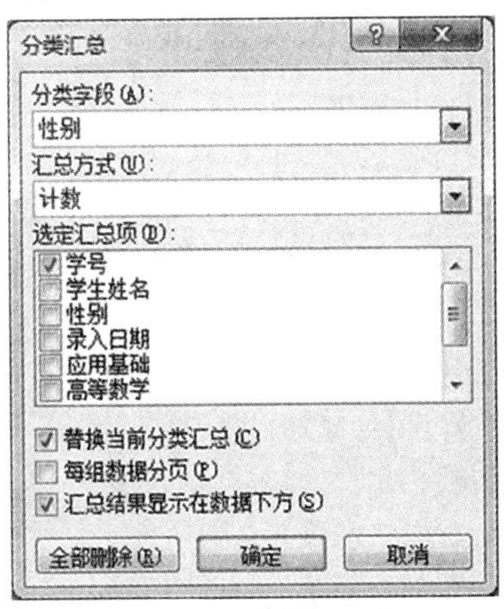

图 5-31　“分类汇总”对话框

步骤 5:单击“确定”按钮,结果显示如图 5-32 所示。

	A	B	C	D	E	F	G	H
1	学号	学生姓名	性别	录入日期	应用基础	高等数学	C++	英语
2	0015005	李小梅	女	2015/1/5	90	76	87	78
3	0015006	祝燕飞	女	2015/1/5	80	68	70	88
4	0015009	付云霞	女	2015/1/5	78	53	67	77
5	0015012	李达	女	2015/1/5	86	94	67	85
6	0015013	刘卉	女	2015/1/5	65	65	74	99
7	5		女 计数					
8	0015001	赵江一	男	2015/1/5	64	75	80	77
9	0015002	万春	男	2015/1/5	86	92	88	90
10	0015003	李俊	男	2015/1/5	67	79	78	68
11	0015004	石建飞	男	2015/1/5	85	83	93	82
12	0015007	周天添	男	2015/1/5	50	64	80	78
13	0015008	伍军	男	2015/1/5	87	76	84	60
14	0015010	费通	男	2015/1/5	90	88	68	82
15	0015011	朱玫城	男	2015/1/5	92	38	78	43
16	0015014	缪冬妍	男	2015/1/5	27	50	53	85
17	9		男 计数					
18	14		总计数					

图 5-32　分类汇总结果

步骤 6:在分类汇总结果的基础上,单击使左边 2 下面的“—”号变成“+”号,显示结果如图 5-33 所示。

	A	B	C	D	E	F	G	H
1	学号	学生姓名	性别	录入日期	应用基础	高等数学	C++	英语
7	5		女 计数					
17	9		男 计数					
18	14		总计数					

图 5-33　分类汇总显示到第 2 级结果

5.5 Excel 2013 中数据图表操作

图表

在 Excel 中，用户可以利用有效数据建立图表和创建数据透视表。图表及数据透视表可以非常直观、形象地反映出数据之间的关系。

5.5.1 建立图表

1. 柱形图的创建

对“学生成绩表”中“李达”和“费通”同学的各门功课，生成“二维簇状柱形图”，设置图表标题为“李达费通成绩对比图”，图例项为“李达”“费通”，位于底部；并添加数据标签，格式为“值”，将图表置于 I5：R15 的区域。

步骤 1：先按住 Ctrl 键，在“学生成绩表”中分别选择“学生姓名”“李达”“费通”以及各门功课的字段名和对应成绩，选择“插入”选项卡，在“图表”选项组里单击“柱形图”，如图 5-34 所示。

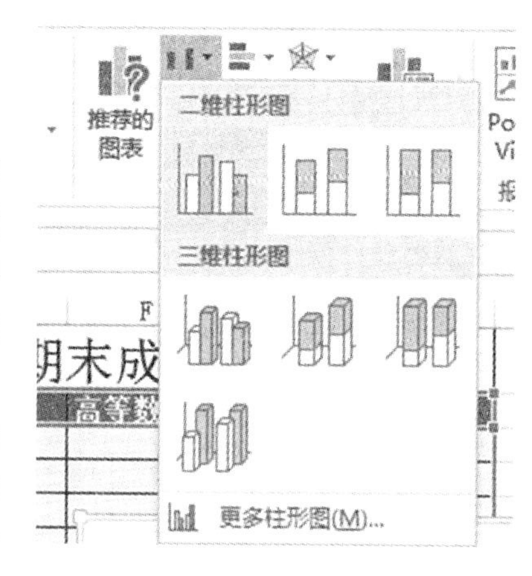

图 5-34 “柱形图”工具

步骤 2：选择“二维柱形图”的“二维簇状柱形图”，即第一个，生成图表效果如图 5-35 所示。

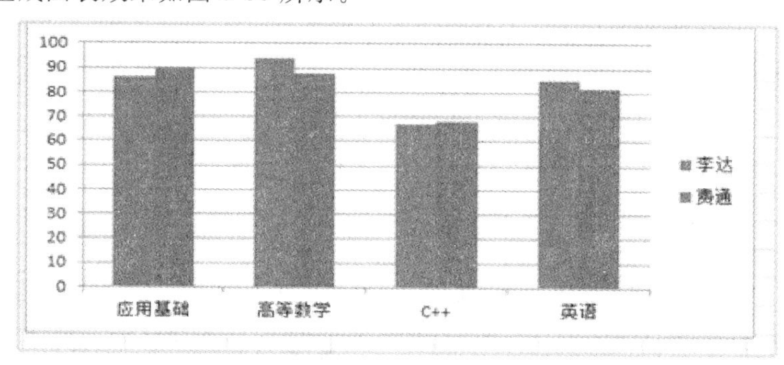

图 5-35 二维簇状柱形图

步骤 3：右击图表，在“图表元素”菜单中单击“图表标题”前的复选框，单击右边的小三角箭头，在下一级菜单中选择“图表上方”选项，如图 5-36 所示。在柱形图标题的位置输入“李达费通成绩对比图”，可修改字体、颜色等。

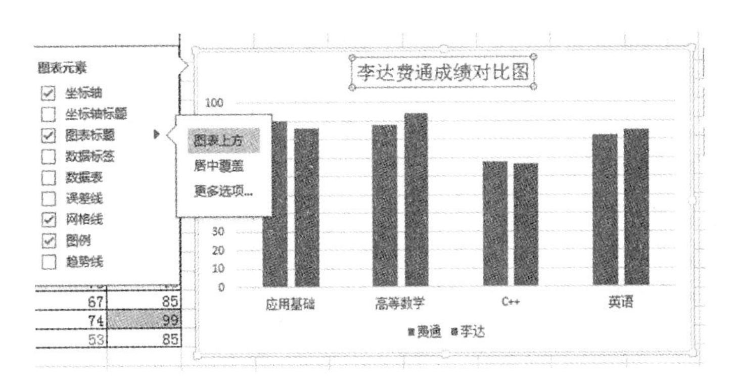

图 5-36 添加图表标题位于上方

步骤 4:右击图例项,在弹出的菜单中选择“设置图例格式(F)”,在弹出的对话框中选择“图例选项”为“底部(B)”,如图 5-37 所示。

步骤 5:右击柱形,在弹出的菜单中选择“设置数据标签格式(B)”,在弹出的对话框中将“标签选项”中的“值(V)”打钩,如图 5-38 所示。

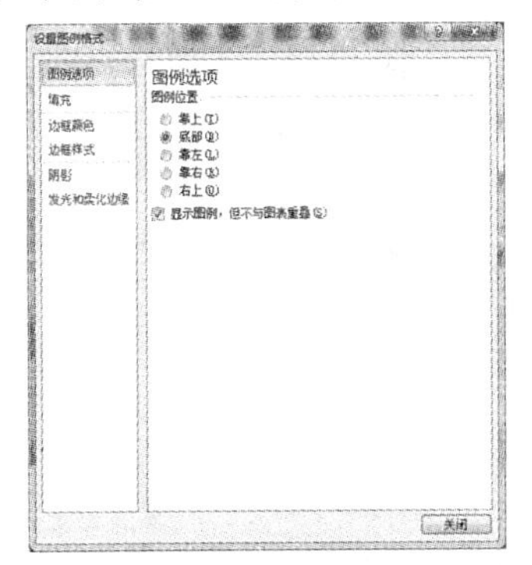

图 5-37 图例选项

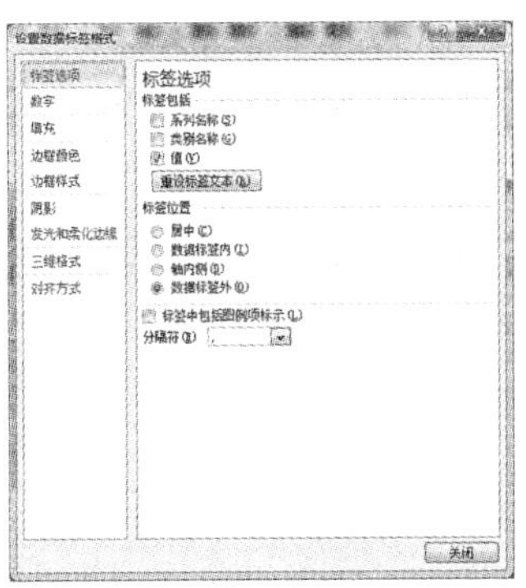

图 5-38 设置数据标签格式

步骤 6:最后,用鼠标将簇状柱形图拖放到 I5:R15 的区域,如图 5-39 所示。

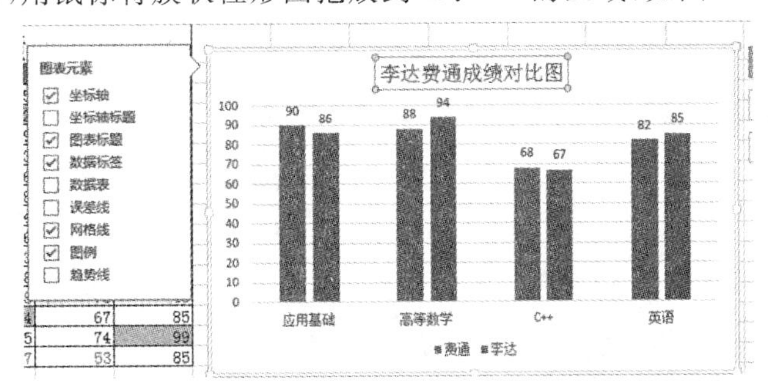

图 5-39 位于 I5:R15 区域的二维簇状柱形图

2. 饼图设置

根据“学生成绩表”中男女比例生成“三维饼图”,设置图表标题为“男女生人数比”,图例项位置默认,并添加数据标签格式为值和百分比,将图表置于 A20:F30 的区域。

步骤 1:在 B17 和 B18 单元格分别填写“男生人数”和“女生人数”,在 C17 和 C18 单元格分别写出男、女生人数的具体数值。选择 B17:C18 四个单元格,选择“插入”选项卡,在“图表”选项组里单击“饼图”,选择“三维饼图”中的“三维饼图”,如图 5-40 所示。

步骤 2:单击图表,单击“图表工具”,选择“设计”选项卡,在“图表布局”选项组“快速布局”下拉菜单中选择“布局 6”,如图 5-41 所示。

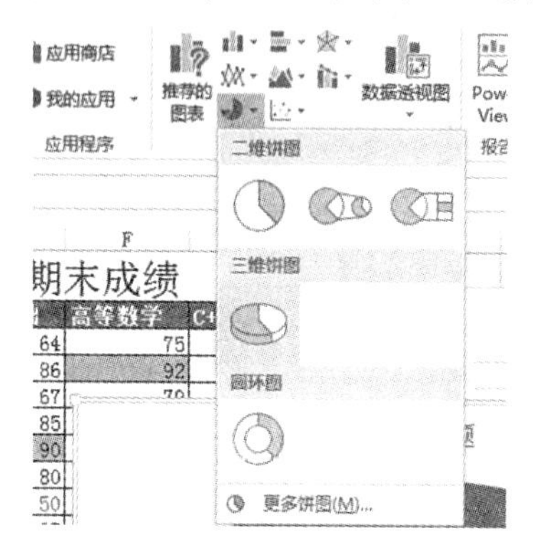

图 5-40 “饼图”工具

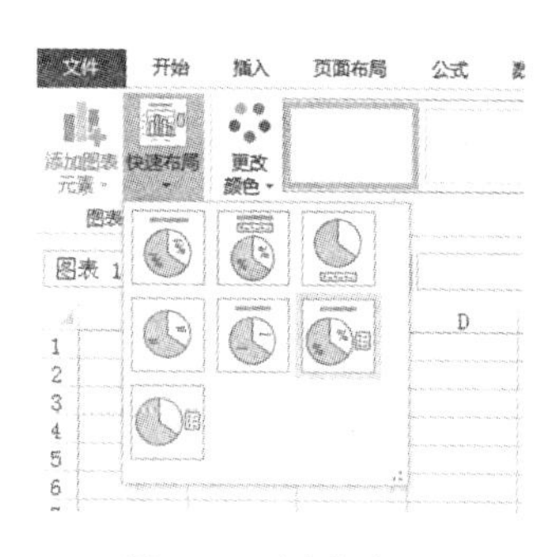

图 5-41 图表布局

步骤 3:在饼图标题的位置输入“男女生人数比”,可修改字体、颜色等。右击饼图中间的饼部分,在弹出的“设置数据标签格式(B)”菜单中勾选“值(V)”和“百分比(P)”。

步骤 4:鼠标拖动图表并置于 A20:F30 的区域。

5.5.2 创建数据透视表

统计单位不同性别与不同学历的员工人数,创建一张数据透视表,其中行标签为性别,列标签为学历,并将表格重新命名为“学历性别情况分析表”。

步骤 1:打开电子素材 Excel 文件“素材 5-1”,单击 Sheet2 工作表,选择“插入”选项卡,在“表格”选项组里单击“数据透视表”选项,如图 5-42 所示。

步骤 2:在弹出的“创建数据透视表”对话框中设置“表/区域(T)”为“Sheet1! $A$1:$G$17”,设置“选择放置数据透视表的位置”为“现有工作表(E)”,如图 5-43 所示。单击“确定”按钮。

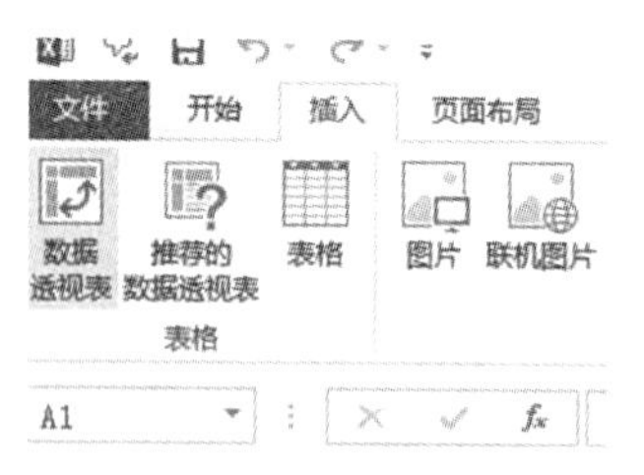

图 5-42 数据透视表

据透视表”对话框

步骤 3:在 Sheet2 的右侧勾选“职工编号”“性别”“学历”三项,如图 5-44 所示。

步骤 4：在 Sheet2 的右下角，拖动“学历”字段到列标签，数值计数项为“职工编号”，如图 5-45 所示。

E3　　f_x　5

	A	B	C	D	E	F
1	计数项:职工编号	列标签				
2	行标签	本科	博士研究生	大专	硕士研究生	总计
3	男	6		2	5	13
4	女	1	2			3
5	总计	7	2	2	5	16
6						
7						
8						
9						

图 5-45　拖动字段到指定列标签、行标签、数值统计处

步骤 5：双击 Sheet2 的标签，将表格名称修改为“学历性别情况分析表”。

简单计算

5.6　Excel 2013 中的公式和函数

在 Excel 中，利用公式可以方便、快捷、自动地处理数据。Excel 的公式以“＝”开头，利用各种运算符，将常量、单元格引用和 Excel 函数等连接在一起，实现数据的自动处理功能。

5.6.1　公式计算

打开电子素材 Excel 文件“素材 5-2 房产销售表”，在表格 Sheet1 中，计算房价总额、契税总额，货币型表示方式。

步骤 1：房价总额是单价与面积的乘积，首先需要计算出一套房屋的总价。单击 I3 单元格，输入“＝G3 * F3”，如图 5-46 所示。按 Enter 键，就能得到“5-101”房屋的总价，然后使用填充柄向下拖动，将整个“房价总额”列使用复制序列自动填充，则每套房屋的总价都是对应单价和面积的乘积。

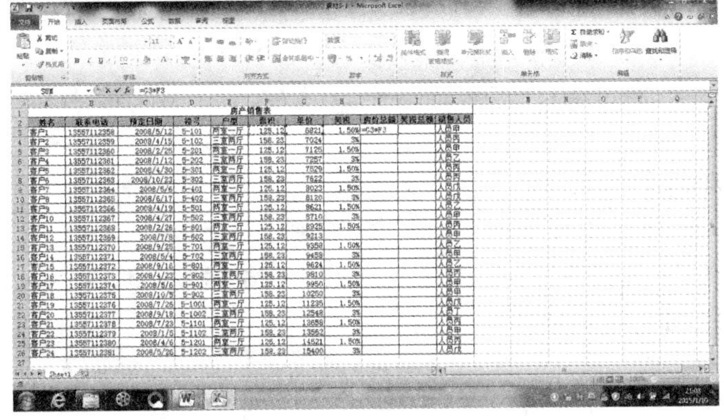

SUM　=G3*F3

房产销售表

姓名	联系电话	预定日期	楼号	户型	面积	单价	契税	房价总额	契税总额	销售人员
客户1	13557112358	2008/5/12	5-101	两室一厅	125.12	6821	1.50%	=G3*F3		人员甲
客户2	13557112359	2008/4/15	5-102	三室两厅	158.23	7024	3%			人员丙
客户3	13557112360	2008/2/25	5-201	两室一厅	125.12	7125	1.50%			人员甲
客户4	13557112361	2008/1/12	5-202	三室两厅	158.23	7257	3%			人员乙
客户5	13557112362	2008/4/30	5-301	两室一厅	125.12	7529	1.50%			人员丙
客户6	13557112363	2008/10/23	5-302	三室两厅	158.23	7622	3%			人员丙
客户7	13557112364	2008/5/6	5-401	两室一厅	125.12	8023	1.50%			人员戊
客户8	13557112365	2008/6/17	5-402	三室两厅	158.23	8120	3%			人员戊
客户9	13557112366	2008/4/19	5-501	两室一厅	125.12	8621	1.50%			人员乙
客户10	13557112367	2008/4/27	5-502	三室两厅	158.23	8710	3%			人员甲
客户11	13557112368	2008/2/26	5-601	两室一厅	125.12	8925	1.50%			人员丙
客户12	13557112369	2008/7/8	5-602	三室两厅	158.23	9213				人员甲
客户13	13557112370	2008/9/25	5-701	两室一厅	125.12	9358	1.50%			人员乙
客户14	13557112371	2008/5/4	5-702	三室两厅	158.23	9459	3%			人员甲
客户15	13557112372	2008/9/16	5-801	两室一厅	125.12	9624	1.50%			人员乙
客户16	13557112373	2008/4/23	5-802	三室两厅	158.23	9810	3%			人员丙
客户17	13557112374	2008/5/6	5-901	两室一厅	125.12	9950	1.50%			人员甲
客户18	13557112375	2008/10/5	5-902	三室两厅	158.23	10250	3%			人员甲
客户19	13557112376	2008/7/26	5-1001	两室一厅	125.12	11235	1.50%			人员戊
客户20	13557112377	2008/9/18	5-1002	三室两厅	158.23	12548	3%			人员丁
客户21	13557112378	2008/7/23	5-1101	两室一厅	125.12	13658	1.50%			人员丙
客户22	13557112379	2008/1/5	5-1102	三室两厅	158.23	13562	3%			人员甲
客户23	13557112380	2008/4/6	5-1201	两室一厅	125.12	14521	1.50%			人员丙
客户24	13557112381	2008/5/26	5-1202	三室两厅	158.23	15400	3%			人员戊

图 5-46　公式计算房价总额

步骤 2:契税总额为房屋总价×税率。首先单击 J3 单元格,输入"=I3 * H3",按 Enter键,就能得到"5-101"房屋的契税,然后使用填充柄向下拖动,将整个"契税总额"列使用复制序列自动填充。

步骤 3:选中 I3:J26 单元格区域,单击"开始"选项卡的"数字"选项组中的"货币"选项,选择中文货币。

5.6.2 数值粘贴

将电子素材 Excel 文件"素材 5-2 房产销售表"Sheet1 中的单价提高 5%。

步骤 1:在一空白列先计算出提高 5%之后的单价,如单击 M3 单元格,输入"=G3 * 1.05",按 Enter 键确认。

步骤 2:然后使用填充柄向下拖动,拖到 M26 单元格,选中 M3:M26 单元格区域,右击选择"复制(C)"命令。

步骤 3:然后选中 G3 单元格,右击,在弹出的菜单中选择"粘贴选项"|"选择性粘贴(S)"中的第二项"数值"命令,如图 5-47 所示。

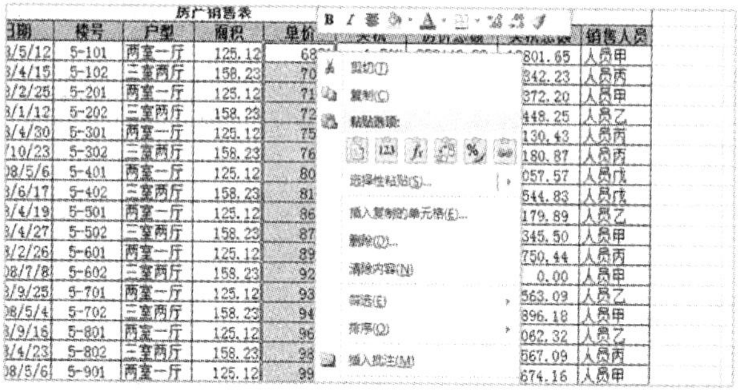

图 5-47 粘贴"值"

5.7 Excel 2013 中的常用函数

Excel 2013 为用户提供了众多函数,在日常生活遇到的常用函数有 Sum(求和)、Average(平均值)、Round(四舍五入)、Max(最大值)、Min(最小值)、Countif(条件计数)、Sumif(条件求和)、Replace(替换)等。

5.7.1 求和函数 Sum

求和函数

打开电子素材 Excel 文件"素材 5-3 学生成绩表",根据 Sheet1 中的数据,计算出学生的总分。

步骤 1:打开“素材 5-3”,在表格 Sheet1 中,单击 G2 单元格,单击“编辑栏”前的 fx,在弹出的“插入函数”对话框的“选择函数(N)”中选择函数“SUM”,如图 5-48 所示。

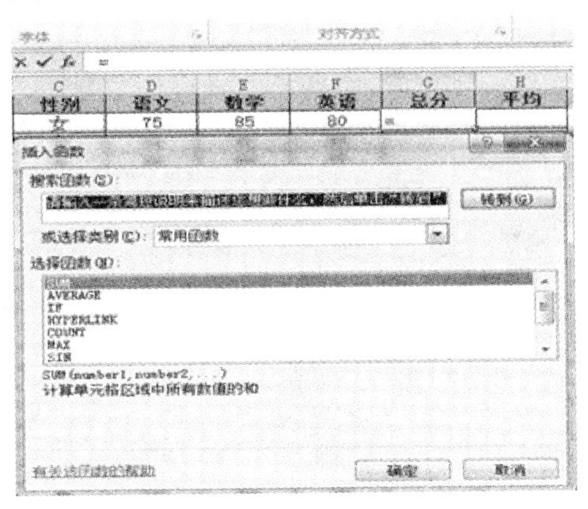

图 5-48 “插入函数”对话框

步骤 2:单击“确定”按钮,在弹出的“函数参数”对话框的“Number1”后输入“D2:F2”,如图 5-49 所示。单击“确定”按钮。

步骤 3:最后利用填充柄计算出所有同学的总分。

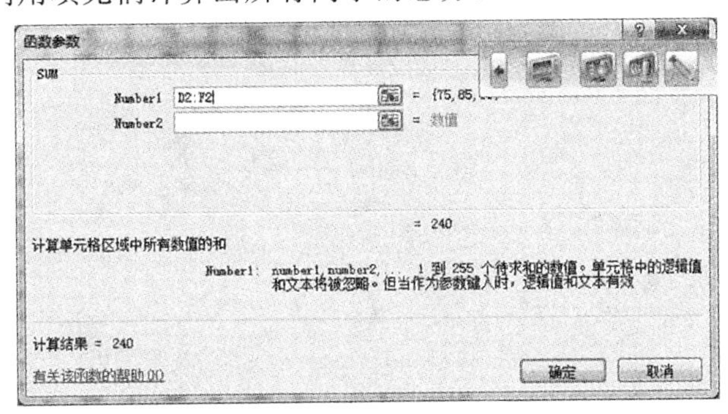

图 5-49 Sum 函数参数设置

5.7.2 四舍五入函数 Round 和平均值函数 Average

对“素材 5-3”的 Sheet1 中的数据进行统计,计算出平均分(四舍五入,保留 2 位小数)。

步骤 1:打开表格,单击 H2 单元格,单击“编辑栏”前的 fx,在弹出的“插入函数”对话框的“搜索函数(S)”中输入“round”,如图 5-50 所示。

步骤 2:单击“转到(G)”按钮,在筛选出的函数中选择“ROUND”后单击“确定”按钮。

步骤 3:在弹出的“函数参数”对话框的“Number”后输入“average(D2:F2)”,在“Num_digits”后输入“2”,即保留 2 位小数,如图 5-51 所示。单击“确定”按钮,最后利用填充柄计算出所有同学的平均分并四舍五入保留 2 位小数。

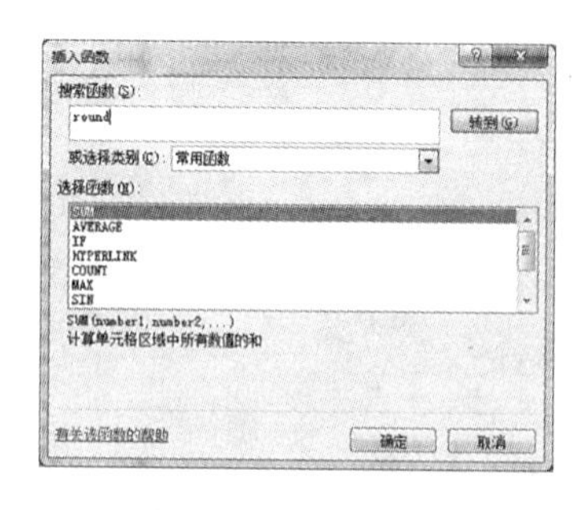

图 5-50　搜索函数

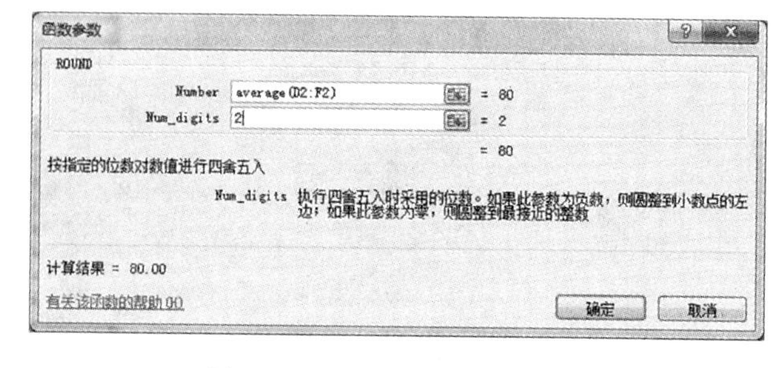

图 5-51　Round 函数参数设置

5.7.3　最大值函数 Max 和最小值函数 Min

1. 最大值函数 Max

求出“素材 5-3”的 Sheet1 中每门功课的最高分和最低分。

步骤 1：打开表格，在 B40 单元格输入“最高分”。

步骤 2：单击 D40 单元格，插入函数，选择函数 Max。

步骤 3：在“函数参数”对话框的“Number1”后输入“D2：D39”，如图 5-52 所示。计算出科目“语文”的最高分。

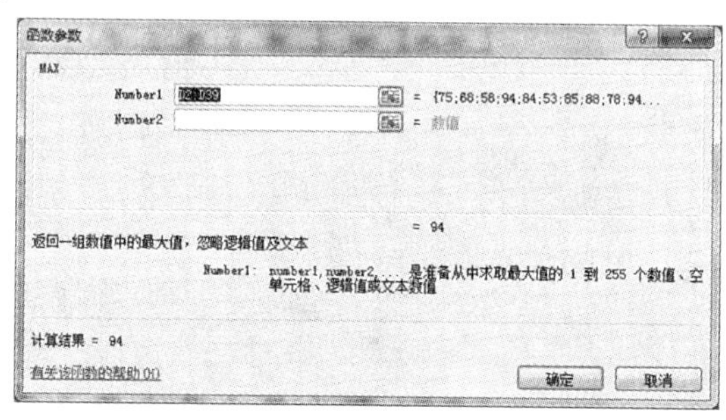

图 5-52　Max 函数参数设置

步骤 4：利用填充柄计算出其他几门功课的最高分。

2. 最小值函数 Min

步骤 1：在 B41 单元格输入“最低分”，单击 D41 单元格。

步骤 2：搜索函数 Min，单击“转到(G)”按钮。

步骤 3：选择 Min 函数，注意在“函数参数”对话框的“Number1”后输入的参数范围是“D2：D39”，单击“确定”，计算出科目“语文”的最低分。

步骤 4：利用填充柄计算出其他几门功课的最低分。

5.7.4　替换函数 Replace

在“素材 5-3”的 Sheet1 表格中，在“学号”列后增加一列“新学号”列，将原学号中的

“2004”变为“2014”。

步骤 1：打开表格，选择“姓名”列，右击选择“插入(I)”命令，从而在“姓名”列左侧插入了一空白列。

步骤 2：在 B1 单元格中输入列名“新学号”，单击 B2 单元格，插入函数 Replace。

步骤 3：在“函数参数”对话框中设置如图 5-53 所示的参数，单击“确定”按钮，实现一个学号的替换。

步骤 4：最后利用填充柄实现所有学号的替换。

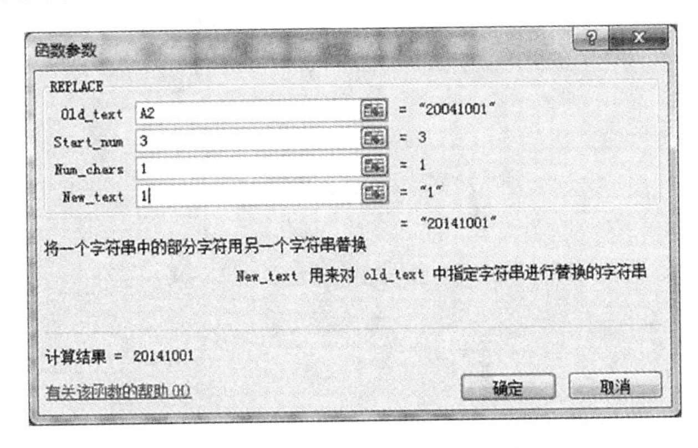

图 5-53　Replace 函数参数设置

5.7.5　条件计数函数 Countif

Countif 函数

(1)统计各门功课的不及格人数，并显示在 E42 单元格内。

步骤 1：在 C42 单元格输入“不及格人数”，单击 E42 单元格，插入函数 Countif。

步骤 2：在“函数参数”对话框中设置如图 5-54 所示的参数，单击“确定”按钮，计算“语文”不及格的人数。

步骤 3：最后利用填充柄统计出其他功课的不及格的人数。

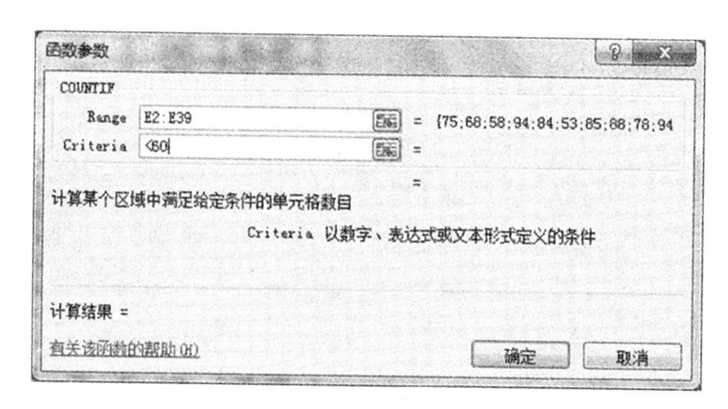

图 5-54　Countif 函数参数设置

(2)统计各门功课在 80 分至 89 分的人数,并显示在 E43 单元格。

步骤 1:在 C43 单元格输入“80 分至 89 分人数”,单击 E43 单元格,在“编辑栏”中输入如图 5-55 所示的公式,按 Enter 键确认。

步骤 2:最后利用填充柄统计出其他功课的 80 分至 89 分人数。

图 5-55　80 分至 89 分人数

(3)统计男生人数,并显示在 D44 单元格。

步骤 1:在 C44 单元格输入“男生人数”,单击 D44 单元格,插入函数 Countif。

步骤 2:在“函数参数”对话框中设置如图 5-56 所示的参数,单击“确定”按钮。

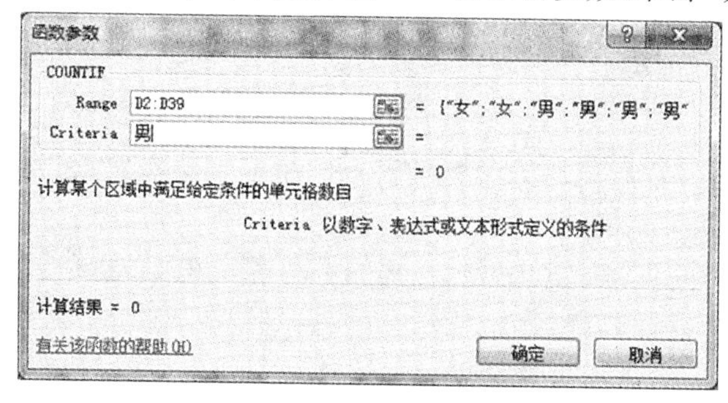

图 5-56　统计男生人数

5.7.6　条件求和函数 Sumif

条件求和函数 sumif

在“素材 5-3”的 Sheet1 表格中计算出所有女生的总分,并显示在 O2 单元格。

步骤 1:打开表格,在 O1 单元格中输入“女生总分”,单击 O2 单元格,插入函数 Sumif。

步骤 2:在“函数参数”对话框中设置如图 5-57 所示的参数,单击“确定”按钮。

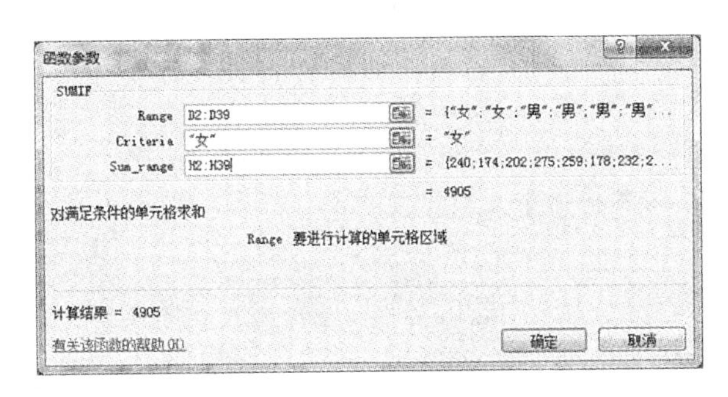

图 5-57 计算女生总分

5.8 Excel 2013 中的其他函数

条件函数 If 可以被用来进行各种条件数据的判断，如果可以结合并且函数 And 及或者函数 Or 或其他函数进行综合应用，可以满足更复杂条件的判断。

5.8.1 条件函数 If

If 函数

在“素材 5-3”的 Sheet1 表格最后增加一列“通过否”，对于总分大于等于 180 分的学生对应单元格填写“通过”，否则填写“未通过”。

步骤 1：在 J1 单元格中输入文字“通过否”。

步骤 2：单击 J2 单元格，插入函数 If，在“函数参数”对话框中设置 If 函数参数如图 5-58所示，单击“确定”按钮。

步骤 3：最后利用填充柄计算出所有同学的通过情况。

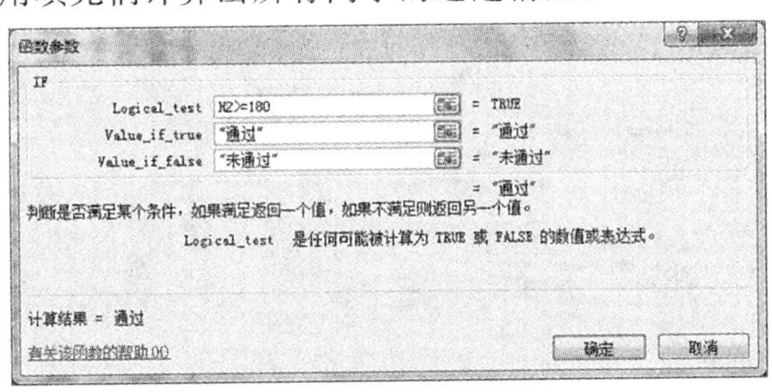

图 5-58 If 函数参数设置

5.8.2 If 函数嵌套、并且函数 And、或者函数 Or

函数嵌套 If

在“素材 5-3”的 Sheet1 表格中进行如下操作：

(1)在表后增加一列“评价 1”，使总分大于等于 245 分的学生对应单元格填写“优秀”，大于等于 180 分并且小于 245 分的填写“合格”，否则填写“不合格”。

步骤 1：打开表格，在 K1 单元格中输入“评价 1”，单击 K2 单元格，在公式编辑栏中输入如图 5-59 所示的公式，按 Enter 键确认。

步骤 2：最后利用填充柄计算出所有同学的“评价 1”结果。

注意：公式中除汉字外必须全部是英文符号。

=IF(H2>=245,"优秀",IF(H2>=180,"合格","不合格"))

F	G	H	I	J	K	L
数学	英语	总分	平均	通过否	评价1	
85	80	240	80.00	通过	合格	
57	49	174	58.00	未通过		

图 5-59 If 函数的嵌套

(2)在表后增加一列“评价 2”，使所有功课全部大于等于 85 分的学生的对应单元格填写“优秀”，否则为空。

步骤 1：在 L1 单元格中输入“评价 2”，单击 L2 单元格，在编辑栏中输入如 5-60 所示的公式，按 Enter 键确认。

fx =IF(AND(E2>=85,F2>=85,G2>=85),"优秀"," ")

	F	G	H	I	J	K	L	M
文	数学	英语	总分	平均	通过否	评价1	评价2	
5	85	80	240	80.00	通过	合格		

图 5-60 根据是否所有功课均大于等于 85 分进行评价

and 和 or 函数

步骤 2：利用填充柄得出所有同学的“评价 2”。

(3)在表后增加一列“评价 3”，使只要有一门功课大于等于 90 分的学生的对应单元格填写“优秀”，否则为空。

步骤 1：在 M1 单元格中输入“评价 3”，单击 M2 单元格，在编辑栏中输入如 5-61 所示的公式，按 Enter 键确认。

步骤 2：最后利用填充柄得出所有同学的“评价 3”。

fx =IF(OR(E2>=90,F2>=90,G2>=90),"优秀"," ")

E	F	G	H	I	J	K	L	M
语文	数学	英语	总分	平均	通过否	评价1	评价2	评价3
75	85	80	240	80.00	通过	合格		

图 5-61 根据是否有一门功课大于等于 90 分进行评价

5.9 Excel 2013 中函数的高级应用

本节将介绍 Excel 2013 中其他函数，如 Rank(排名函数)、Frequency(数组频率函数）、Vlookup 及 Hlookup（查询函数）、Mid（提取函数）、Today（当前日期函数）、Year（年份函数）、Month（月份函数）、Date（日期型函数）、Now（当前日期、时间函数）、Text（数据格式化函数）的应用。

Rank 排名函数

5.9.1　排名函数 Rank

在“素材 5-3”的 Sheet1 表格最后增加一列“名次”，根据总分求出每位同学的排名。

步骤 1：打开表格，在 N1 单元格中输入“名次”，单击 N2 单元格，插入函数 Rank。

步骤 2：在“函数参数”对话框中设置如图 5-62 所示的参数，单击“确定”按钮。其中的“$H$2：$H$39”为排名的参照数值区域，必须用绝对地址表示，否则公式向下填充时会出现参照数值区域在不断下移变化。

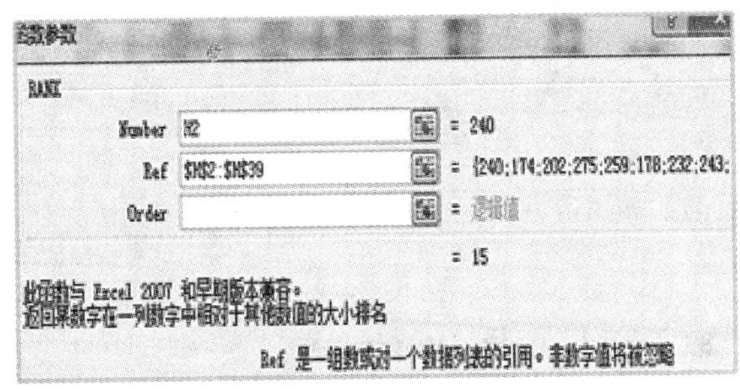

图 5-62　Rank 函数参数设置

步骤 3：最利用填充柄得出所有同学的排名。

5.9.2　数组频率函数 Frequency

在“素材 5-3”的 Sheet1 表格中的 D46：D50 单元格区域中分别输入“90—100 分人数”“80—89 分人数”“70—79 分人数”“60—69 分人数”“60 分以下人数”，分别统计出每门功课对应的人数。

步骤 1：选择一个空白区域在其中垂直输入 100、89、79、69、59 这 5 个数字，例如 K46：K50 单元格区域。

步骤 2：选中 E46：E50 单元格区域，插入函数 Frequency，在“函数参数”对话框中设置如图 5-63 所示的参数，单击“确定”按钮。

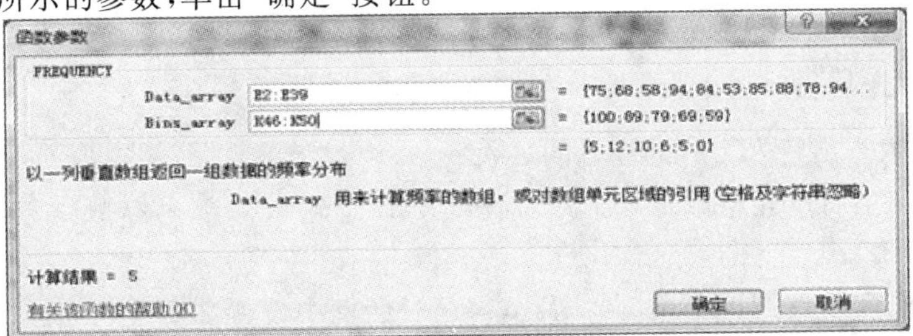

图 5-63　Frequency 函数参数设置

步骤 3：单击编辑栏，按“Ctrl+Shift+Enter”组合键，完成数组公式，如图 5-64 所示。

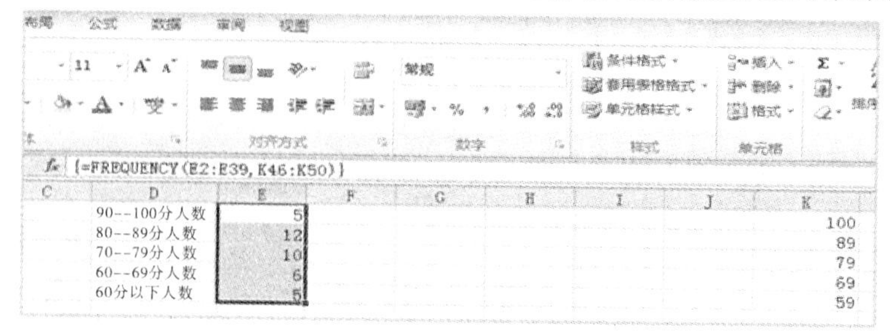

图 5-64 Frequency 函数的应用

步骤 4：选中 E46：E50 单元格区域，将编辑栏中的数据“K46：K50”绝对定位，变成“$K$46：$K$50”，拖动填充柄将其他功课的对应人数统计好，如图 5-65 所示。

图 5-65 Frequency 函数中填充柄的使用

5.9.3 查询函数 Vlookup 及 Hlookup

Vlookup 函数

在“素材 5-3”的 Sheet1 表格中进行以下设置。

(1)用函数查出姓名为“陈华”的同学的总分。

步骤 1：在空白单元格输入“陈华”(假设在 D55 输入)，单击存放结果单元格(假设 E55)，插入函数 Vlookup。

步骤 2：在“函数参数”对话框中设置如图 5-66 所示的参数，单击“确定”按钮，在 E55 单元格即可显示出陈华同学的总分。

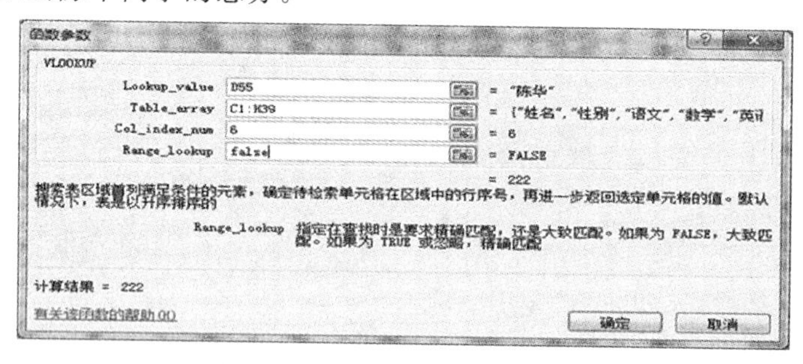

图 5-66 Vlookup 函数参数设置

(2)用函数查出行号为 8 的同学的名次。

步骤 1：在空白单元格输入“名次”(假设在 D60 输入)，单击存放结果单元格(假设 E60)。

步骤 2：插入函数 Hlookup，在“函数参数”对话框中设置如图 5-67 所示的参数，单击

“确定”按钮,在 E60 单元格即可显示出第 8 行同学的名次。

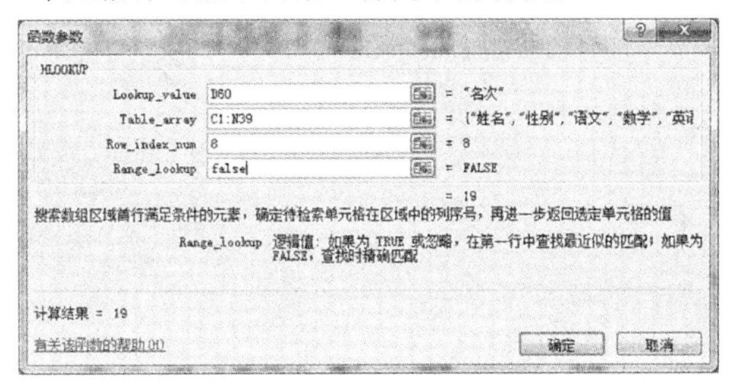

图 5-67　Hlookup 函数参数设置

5.9.4　提取函数 Mid、日期型函数 Date

在“素材 5-4”的 Sheet1 表格中,根据身份证号,求出对应的出生日期。

步骤 1:打开表格,单击 E2 单元格,在编辑栏中输入如图 5-68 所示的公式,按 Enter 键。

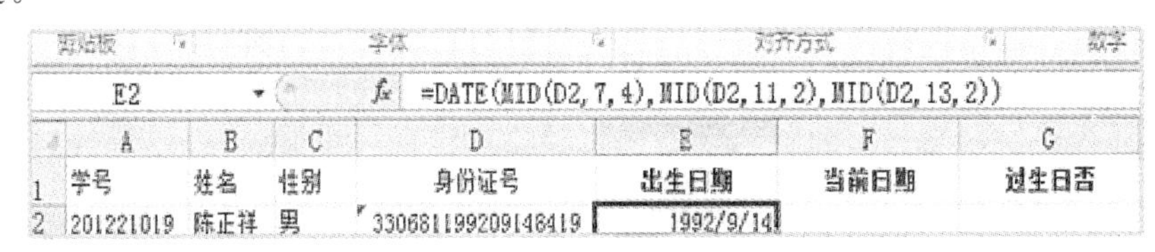

图 5-68　提取身份证号中的出生日期

步骤 2:利用填充柄得出所有同学的“出生日期”。

5.9.5　日期函数 Today、Year、Month

在“素材 5-4”的 Sheet1 表格中进行以下设置。

(1)求出当前日期。

步骤 1:单击 F2 单元格,插入函数 Today,该函数不用输入参数,直接单击“确定”按钮。

步骤 2:使用填充柄的复制填充功能填充 F3:F34 单元格区域。

(2)为本月过生日的同学在“过生日否”这列填写“生日快乐!”,否则为空。

步骤 1:单击 G2 单元格,在编辑栏中输入如图 5-69 所示的公式,按 Enter 键。注意:除了汉字,其余所有符号必须英文状态输入。

步骤 2:利用填充柄为所有本月过生日的同学设置“生日快乐!”。

G2　=IF(MID(D2,11,2)-MONTH(TODAY())=0,"生日快乐!"," ")

	A	B	C	D	E	F	G
1	学号	姓名	性别	身份证号	出生日期	当前日期	过生日否
2	201221019	陈正祥	男	330681199209148419	1992/9/14	2015/1/12	

图 5-69　比对身份证号上的月份与当前月份是否相等

(3)计算每位同学的周岁。

步骤 1:单击 H2 单元格,在编辑栏中输入如图 5-70 所示的公式,按 Enter 键。

步骤 2:利用填充柄求出所有同学的周岁。

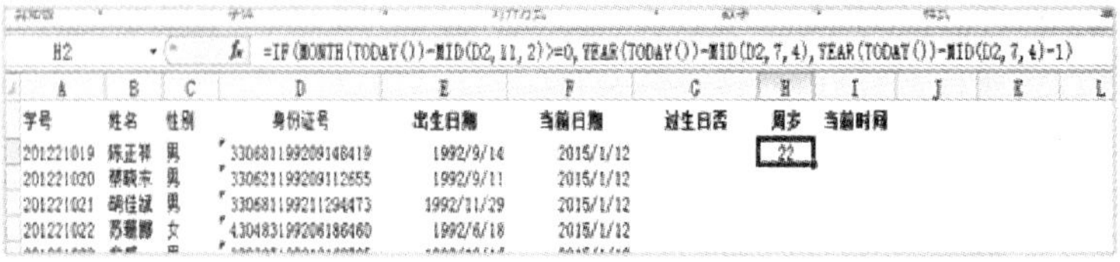

图 5-70　计算周岁

5.10　知识与内容梳理

本章系统地介绍了 Excel 工作簿和工作表的创建、数据的输入和单元格格式的设置等基本操作;着重介绍了数据的排序、筛选、分类汇总等统计运算,图表和数据透视表的制作,以及在实际工作中需要经常使用的各类公式和函数的意义和使用。

Excel 2013 中用户可以通过"新建"命令新建工作簿,一个工作簿中默认为含有 3 张空白工作表。

Excel 2013 中用户可以通过"单元格"|"格式"设置单元格的行高和列宽。

Excel 2013 中用户可以通过填充柄双击或下拉的方式对数据进行填充。

Excel 2013 中用户可以自动套用表格格式或设置自定义条件格式。

Excel 2013 中用户可以对数据依据不同条件进行排序和筛选处理。

Excel 2013 中用户可以根据数据建立不同的图表,如二维簇状柱形图和饼图等。

Excel 2013 中常用函数有 Sum(求和)、Average(平均值)、Round(四舍五入)、Max(最大值)、Min(最小值)、Countif(条件计数)、Sumif(条件求和)、Replace(替换)等。

Excel 2013 中可以使用 If 函数进行条件判定,还可以通过不同函数综合使用的方式对复杂条件进行处理。

Excel 2013 中其他函数还包括 Rank(排名函数)、Frequency(数组频率函数)、Vlookup及 Hlookup(查询函数)、Mid(提取函数)、Today(当前日期函数)、Year(年份函数)、Month(月份函数)、Date(日期型函数)、Now(当前日期、时间函数)、Text(数据格式化函数)等。

5.11　课后习题

新建一张 Excel 工作表,并输入如下数据:

序号	学号	姓名	专业	口语/分	语法/分	听力/分	作文/分
1	0200101	刘华	计算机	70	90	73	90
2	0200102	张名	电子	80	60	75	40
3	0200103	王军	自控	56	50	68	50
4	0200104	李清	计算机	80	70	85	50
5	0200105	江成	电子	68	70	50	78
6	0200106	李群	自控	90	80	96	85
7	0200107	王伟	计算机	68	76	86	82
8	0200108	李丽	电子	79	86	91	80
9	0200109	张晋	自控	86	92	90	88
10	0200110	赵永红	计算机	70	90	73	90
11	0200111	胡敏	电子	80	60	75	40
12	0200112	刘宇	自控	56	50	68	50
13	0200113	韩晓斌	计算机	80	70	85	50
14	0200114	朱泽源	电子	68	70	50	78
15	0200115	费永	自控	90	80	96	85
16	0200116	贾丽霞	计算机	72	81	80	53
17	0200117	楼勤	电子	58	54	60	65
18	0200118	王鹏	自控	69	72	61	40
19	0200119	李春	计算机	73	80	85	82
平均分/分							
不及格人数/分							
及格率/%							

操作要求：

1. 在 Sheet1 工作表的第一行插入标题，输入文字“学生成绩表”。

2. 将 Sheet1 工作表名改名为“成绩表”。

3. 用函数计算成绩表中各学生的总分。

4. 用函数计算成绩表中各课程的“平均分”，要求保留两位小数。

5. 在表格尾部统计各科不及格人数、及格率。及格率用百分数表示。

6. 在“等级”列中按五级评分制给每位学生自动确定相应等级，确定标准为：总分≥360 分，等级为优秀；总分≥320 分，等级为良好；总分≥280 分，等级为中等；总分≥240 分，等级为及格，240 分以下为不及格。

7. 将标题文字合并且居中，设成绩表的行高为 20，列宽为 10，单元格数据水平、垂直均居中显示。

8.在表格中将不及格分数用红色加粗表示,85分及以上的分数用绿色表示。

9.将成绩表设为红色双线外框和蓝色单线内框。

10.查询出成绩为良好以上的学生,并将查询结果复制到Sheet2中。

11.复制工作表“成绩表”,产生“成绩表2”和“成绩表3”。

12.在“成绩表2”中以“总分”为第一关键字降序,“姓名”为次要关键字升序排列。

13.在“成绩表3”中按专业汇总各科成绩,显示在“学号”列。

14.在Sheet2中的B1:F4单元格区域创建柱形图,设置图表标题为“专业对比图”。

15.设置图表X轴为“学生姓名”,Y轴为“分数”,各标题格式均为26号红色宋体,给总分加上数据标签,并将图表背景填充为“雨后初晴”效果。

模块 6

演示文稿软件 PowerPoint 2013

本章重点

PowerPoint 2013 是 Microsoft Office 2013 的重要组件之一。它主要用于设计和制作广告宣传、产品演示、技术培训、讲课汇报等场合的演示文稿。通过 PowerPoint 软件，用户可以在幻灯片中加入文字、图形、表格及各种多媒体对象，并可以设置播放对象的动画效果和切换方式。使用它不仅可以制作出精美的幻灯片，还可以制成讲稿、投影胶片和提纲，从而为用户提供全方位的展示手段。本章通过演示文稿的创建与编辑、模板设计、动画制作、展示与发布技术等多个方面对软件的使用进行介绍。

章节要点

- PowerPoint 2013 的界面及操作
- PowerPoint 2013 演示文稿母版的制作
- PowerPoint 2013 多媒体素材的插入
- PowerPoint 2013 切换效果和动画制作
- PowerPoint 2013 展示与发布技术

6.1 PowerPoint 2013 基础知识

6.1.1 PowerPoint 2013 的功能和特点

PowerPoint 2013 与之前版本相比有了如下改进：

(1)支持使用新的宽屏主题和变体：添加视频、图片和形状，并创建自定义图标。

(2)开始屏幕：新的“启动”体验可帮助用户通过一系列新主题启动创意流程。

(3)主题变体:从备选配色方案中进行选择,然后只需单击一次即可应用用户喜欢的外观。

(4)对齐参考线:通过将形状、文本框和其他图形与文本对齐,展示设计者的风格。

(5)合并形状:使用“联合”“合并”“片段”“相交”和“相减”工具将两个或更多形状合并为用户需要的形状。

(6)新增了制图、制表功能:这一功能使用户结合现有图形自定义制图更方便。

(7)新版的 PowerPoint 吸管功能可以轻松搞定一款与文本相称的文稿背景色,让用户不再为颜色搭配而发愁。它可以让任何人都能将正确的色彩置于正确的位置上。

(8)新的图表特性:允许 Excel 图表、图形和表格直接嵌入 PowerPoint 演示文稿。

(9)除了更好的嵌入式图表外,PowerPoint 2013 能支持更多的嵌入式视频格式,并支持跨越多个幻灯片(甚至整个演示文稿)的音乐连续播放功能。

6.1.2 启动和退出 PowerPoint 2013

1.启动 PowerPoint 2013

启动 PowerPoint 2013 的方式与启动 Word 的方式类似,在此不再赘述。

2.PowerPoint 窗口介绍

PowerPoint 的编辑窗口如图 6-1 所示。该窗口和任一应用程序窗口对象一样,都具有菜单栏、标题栏、工具栏等元素。此外窗口最上部的“新建 Microsoft Office PowerPoint 演示文稿.pptx”代表当前正在编辑的临时文件名,其中.pptx 代表文件后缀名。

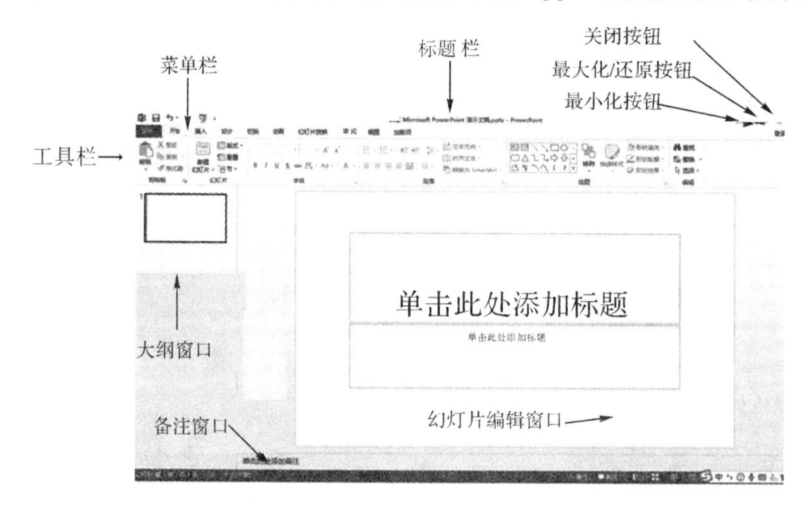

图 6-1 PowerPoint 2013 主界面

菜单栏:PowerPoint 2013 窗口提供了 10 个菜单选项,即“文件”“开始”“插入”“设计”“切换”“动画”“幻灯片放映”“审阅”“视图”“加载项”。用户可以通过鼠标单击某个菜单中的命令完成相应的选择。

标题栏:显示了当前文档的临时文件名和文件后缀名。

工具栏：PowerPoint 2013 提供了丰富的工具选项，经常用到的工具有主题、切换、动画等。

大纲窗口：用来显示幻灯片文本的大纲，演示文稿中的所有幻灯片都将按照编号依次排序。

备注窗口：幻灯片中输入备注的窗格。

幻灯片编辑窗口：显示当前幻灯片，并在窗口中对幻灯片的内容进行编辑和修改。

3. 退出 PowerPoint 2013

退出 PowerPoint 2013 有以下几种方式：

方法一：单击窗口右上角的关闭按钮。

方法二：选择“文件”菜单中的“退出”命令。

6.2 演示文稿的重要性

6.2.1 PPT 做太烂，痛失百万年薪

我们会因为 PPT 做得太差，痛失百万年薪吗？这并不是一个网络段子，而是源于我们身边的一件真实案例。2016 年 7 月 2 日，知乎上的一个问题“如何评价百度（前）用户体验部总监刘超在 2016 国际体验设计大会的演讲?”引起中国设计圈的广泛关注。这个代表中国乃至亚洲用户体验最高水准的盛会，因为刘超的“low 到骨头里”的演讲而引起轩然大波。

首先，国际体验设计大会由 IxDC（国际体验设计协会）主办，是亚洲最具影响力的用户体验盛会，致力搭建体验设计行业展示和交流的国际平台（见图 6-2）。尽管会议门票高达 1500 元/人，但是会议当天现场可容纳 3000 人的大礼堂座无虚席。

图 6-2 会议现场

与此同时，上万的设计师，在线观看直播。Uber、Microsoft、Frog、Airbnb 等公司的首席设计师，带着诚意和精心准备的内容，来北京与会。他们分享对未来生活的展望，分享梦想，分享设计如何改变生活等（见图 6-3、图 6-4）。

忽然，画风切换到百度用户体验部（UE）总监刘超的身上，高大上的氛围戛然而止（见图 6-5、图 6-6）。

图 6-3　与会嘉宾分享(微软)

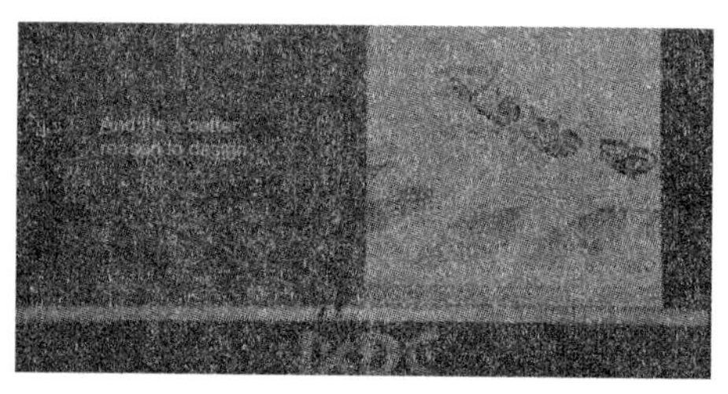

图 6-4　与会嘉宾分享(Uber)

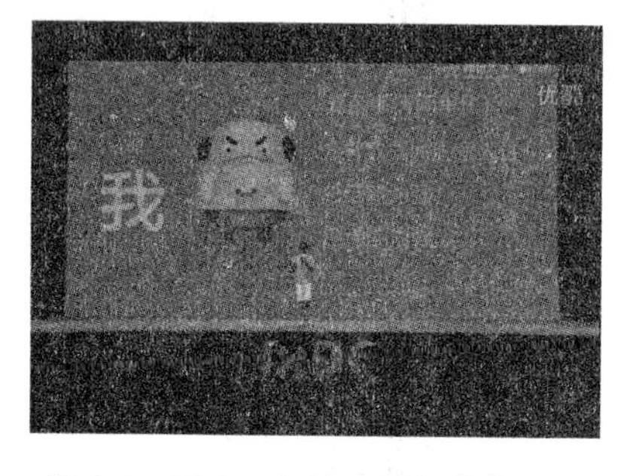

图 6-5　百度 UE 总监刘超分享(一)

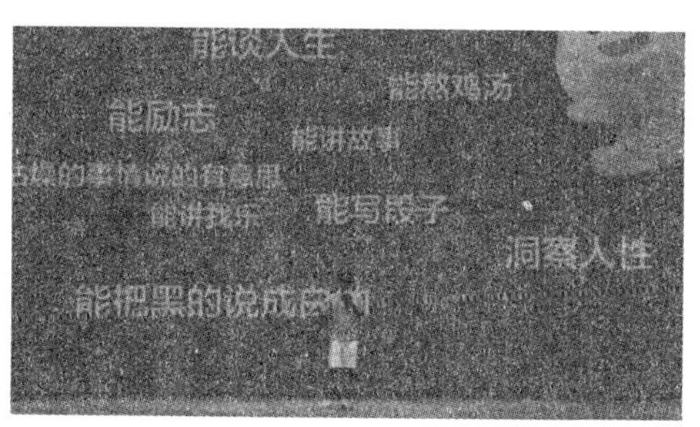

图 6-6　百度 UE 总监刘超分享(二)

过于休闲的穿着,和画风格格不入的 PPT,引起了现场观众对刘超演讲内容的不满,甚至大喊“你太 low 了,下去吧”,导致演讲直播被迫中断数分钟。而网上也是槽点满满,知乎在 24 小时内,关于刘超的讨伐就引发上万人关注。

而事件的后果也十分严重,第二天百度就出了内部通知,认为刘超不再具备担任总监岗位的资格,决定将其从百度管理团队中除名。近 150 万元的年薪因此落空。

6.2.2　PPT 的重要性

为什么 PPT 如此重要呢?

首先,PPT 是最方便进行排版制作的软件,亦是最方便进行放映的软件。PPT 通过其突出重点,简化内容,理顺思路的方式来增强与受众的互动,提高沟通效率。

其次,PPT 的应用范围非常广:一般工作汇报都会使用 PPT;营销策划岗,给客户提案需要做 PPT;讲师、培训师去演讲,需要做 PPT;代表公司去谈判,仍旧需要 PPT……

最后,PPT 相对于其他 Office 软件最大的优势在于它可以通过比较直观的方式来为听者将一个事情更直观地表达出来。它能够给演讲者提供一个清晰的思路,有助于演讲者将曾经浮现在脑海中的演讲内容的关键字记录下来,在演讲过程中可起到提示的作用。PPT 的形式比较生动,也能将演讲的形式丰富起来,可以使听觉与视觉同时发挥作用,有助于听者更快速地领会报告的思想内容;方便受众理解,尤其是理解结构逻辑。PPT 是利用视觉、听觉与演讲者的语言多种方式综合,而不是用单纯的文字来表达自己的观点,可以更加形象地体现演讲者的想法与构思,令展示的内容更加得简单和有条理。

6.3　演示文稿的创建

PPT 的新建和主题

6.3.1　演示文稿的新建

1. 使用模板创建

步骤 1:单击“文件”|“新建”,打开“可用的模板和主题”窗口,如图 6-7 所示。

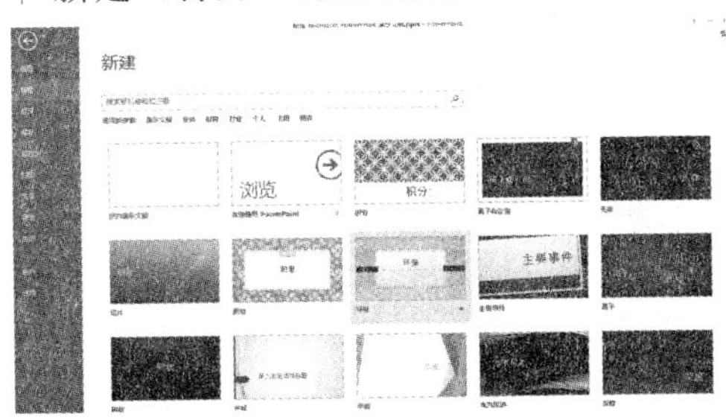

图 6-7　“可用的模板和主题”窗口

步骤 2:选择合适的模板。

2. 创建空白演示文稿

单击“单击此处添加第一张幻灯片”,将创建一个空白的,无任何内容和背景的白底演示文稿。

3. 使用大纲文件创建演示文稿

PowerPoint 2013 可以将 Word 大纲文件转换为 PPT,用户可以使用 Word 完成大纲文件的编辑并自动转换为具有特色的演示文稿。

步骤 1:选择“开始”|“幻灯片”|“新建幻灯片”。

步骤 2:在下拉菜单中选择“幻灯片(从大纲)(L)”。

步骤 3:在弹出的对话框中选择要插入的大纲文件,如图 6-8 所示。

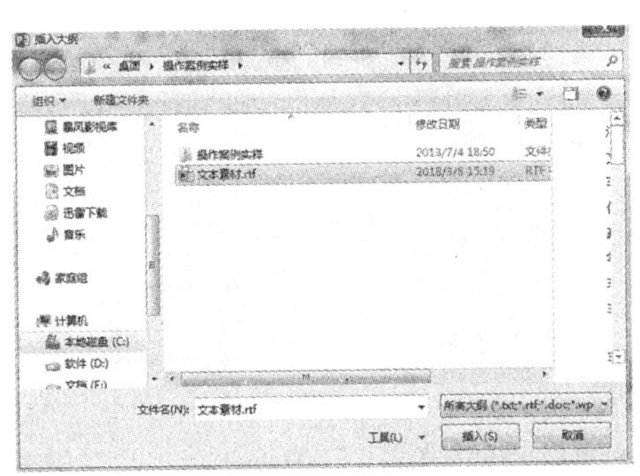

图 6-8　选择大纲文件

步骤 4:单击"插入(S)"按钮,程序会根据文档的大纲级别自动生成相应的演示文稿。

6.3.2 幻灯片的添加

新建的演示文稿默认只有一张幻灯片,随着内容的增加,需要添加新的幻灯片。

步骤 1:在"幻灯片"工具组单击"新建幻灯片"选项,打开如图 6-9 所示下拉菜单。

步骤 2:选择需要的版式,新建一张幻灯片。

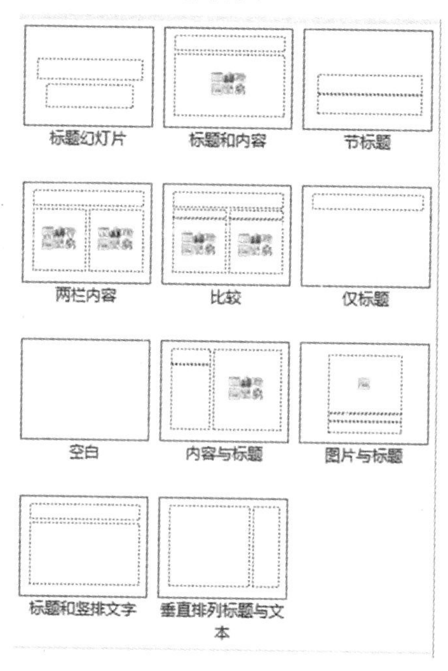

图 6-9 幻灯片版式

步骤 3:如果新建后还想对版式进行修改,可以在幻灯片大纲窗口选择用户要更改版式的幻灯片,右击选择"版式(L)"进行重新选择,如图 6-10 所示。

图 6-10 幻灯片"版式"下一级菜单

6.3.3　幻灯片的删除、移动、复制和粘贴

1. 删除幻灯片

方法一：在左侧幻灯片大纲窗口中，选中需要删除的幻灯片，按 Delete 键。

方法二：在左侧幻灯片大纲窗口中，选中需要删除的幻灯片，右击，选择“删除幻灯片(D)”。

2. 移动幻灯片

在左侧幻灯片大纲窗口中，选中想要移动的幻灯片直接拖动到需要的位置即可。

3. 幻灯片的复制和粘贴

在左侧幻灯片大纲窗口中，选中需要复制的幻灯片，右击，选择“复制幻灯片(A)”，或按快捷键“Ctrl＋C”，拖动复制的幻灯片将其移动到需要的位置。

6.3.4　幻灯片主题和背景的设置

合适的 PPT 主题和背景可以为幻灯片增色，使画面色彩不至于太过单调，还可以在很大程度上增加美感，使得文档可读性更强。

1. 演示文稿主题的设置

步骤 1：单击“设计”菜单，在“主题”工具组选择合适的主题并单击，如图 6-11 所示。

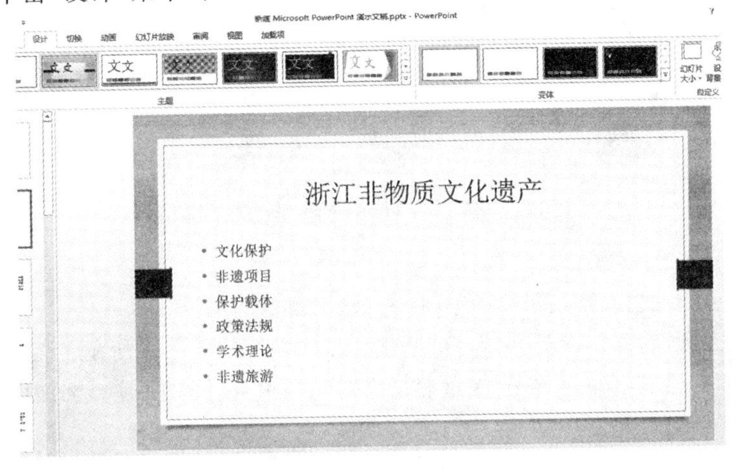

图 6-11　幻灯片主题设置

步骤 2：选择某张幻灯片，再选择某个主题并在主题上右击，出现如图 6-12 所示的菜单，可相应选择主题的应用范围。

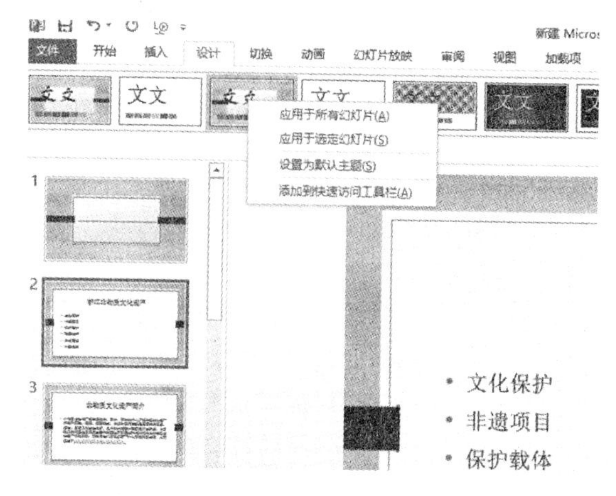

图 6-12　幻灯片的主题应用范围选项

注意:选择“文件”|“新建”,单击“主题”即可查看并选择需要的主题名称,如图 6-13 所示。

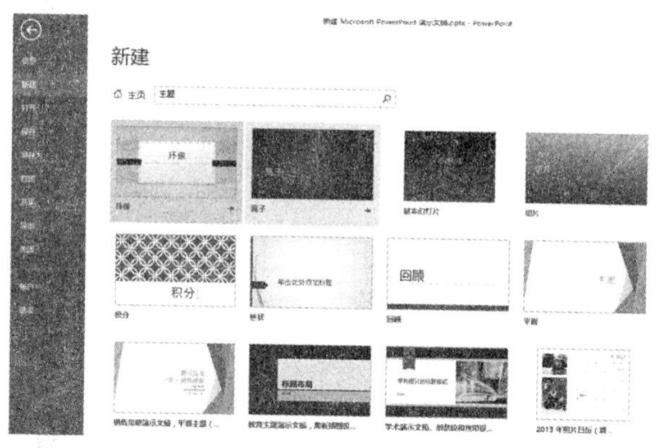

图 6-13　查看“主题”名称

2.“背景”图片的设置

步骤 1:选择要更换背景的幻灯片,右击。

步骤 2:在弹出的菜单中选择“设置背景格式(B)”,如图 6-14 所示。

步骤 3:在右边弹出的“设置背景格式”对话框中选择“图片或纹理填充(P)”,如图 6-15所示。

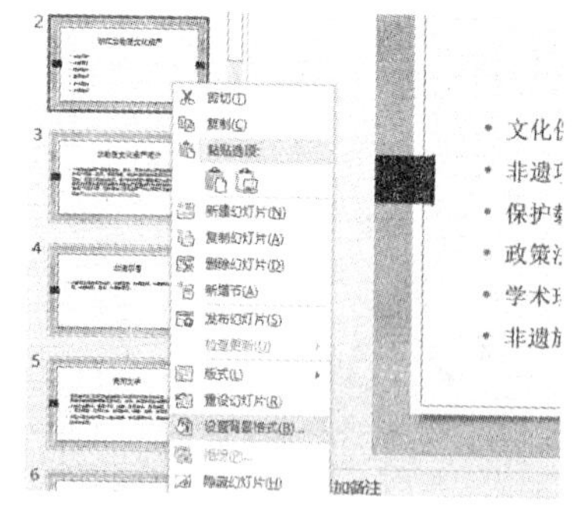

图 6-14　设置背景格式

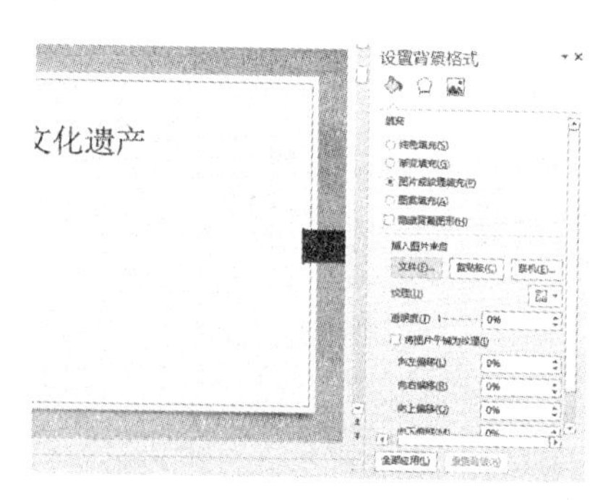

图 6-15　“设置背景格式”对话框

步骤 4:选择插入图片来自于文件,并在计算机中选择需要作为背景的图片,单击“确定”。

6.3.5　文字的输入和编辑

1. 使用占位符输入文字

步骤 1:单击如图 6-16 所示的文字占位符中的任意位置,即可在插入点后输入文字。

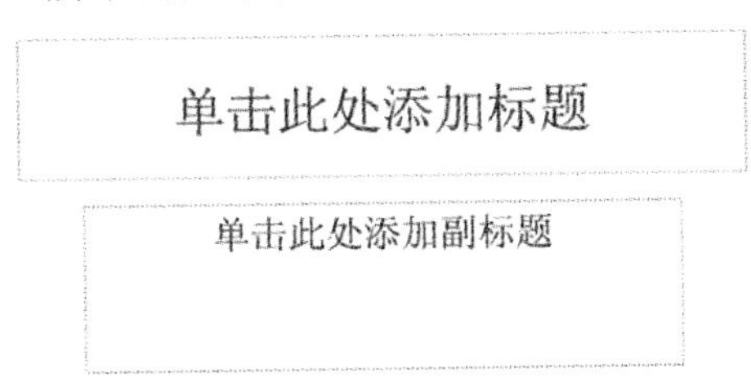

图 6-16　占位符

步骤 2:若要调整占位符的位置及大小,可以单击占位符边框,拖动边框进行调整。同时将光标定位在占位符的周围的控制点拖动即可改变大小,如图 6-17 所示。

图 6-17　调整占位符位置及大小

2. 使用文本框输入文字

步骤 1:在要插入文字的区域单击,再单击“插入”菜单“文字”工作组中的“文本框”按钮,在弹出的下拉菜单中选择“横排文本框(H)”或“竖排文本框(V)”,如图 6-18 所示。

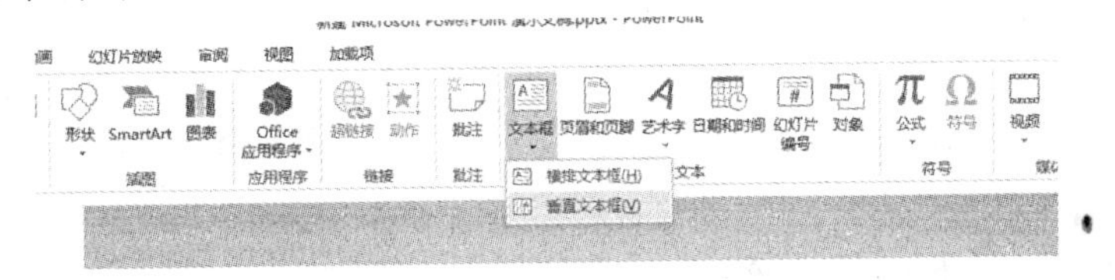

图 6-18　插入文本框

步骤 2:使用鼠标在幻灯片的相应位置拖出文本框区域。

步骤 3:在文本框中输入需要的文字。

步骤 4:在幻灯片任意位置单击,完成文字的添加。

3. 文字格式的设置

在设置文字格式前,要先选中需要设置格式的文字。

步骤1:如需调整文字的基本属性,可以通过使用界面上方"字体"工具组的常用工具选项来进行设置,如图6-19所示。

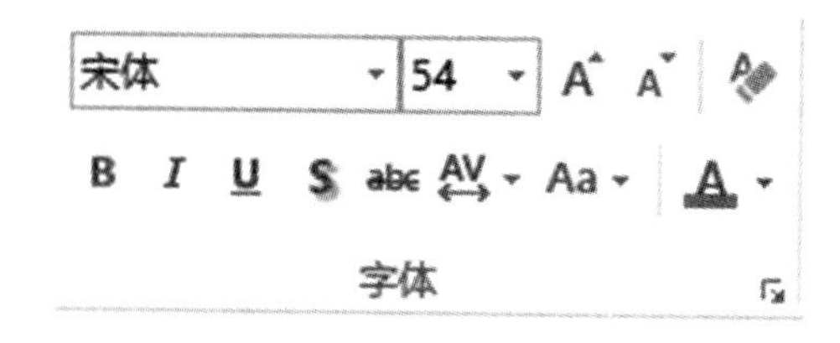

图6-19 "字体"工具组

步骤2:如需对文字进行高级设置,可以单击"字体"工具组右下角的拓展按钮,打开如图6-20所示的"字体"对话框。

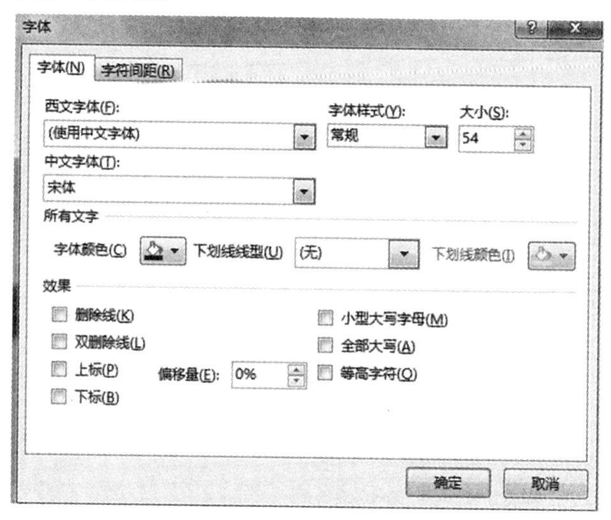

图6-20 "字体"对话框

步骤3:根据需要对字体格式进行相应的修改。

6.3.6 幻灯片尺寸的设置

在实际制作过程中,由于显示屏尺寸的不同,用户可能需要根据内容的不同调整幻灯片的页面大小和方向,其中最常见的为标准模式(4∶3)和宽屏模式(16∶9)。不同的显示模式显示的效果有比较明显的差异。用户可以通过以下操作进行。

步骤1:单击"设计"菜单,在"自定义"中选择"幻灯片大小",在下拉菜单选择"标准(4∶3)"或"宽屏(16∶9)",如图6-21所示。

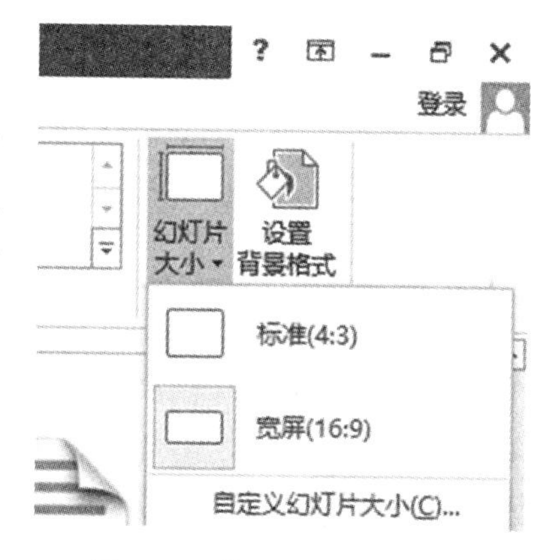

图6-21 修改幻灯片大小

步骤 2:如需对页面大小和方向进行具体设置,可以单击“自定义幻灯片大小(C)”,弹出如图 6-22 所示的“幻灯片大小”对话框。

步骤 3:在该对话框中对幻灯片的页面尺寸和纸张方向进行具体设置。

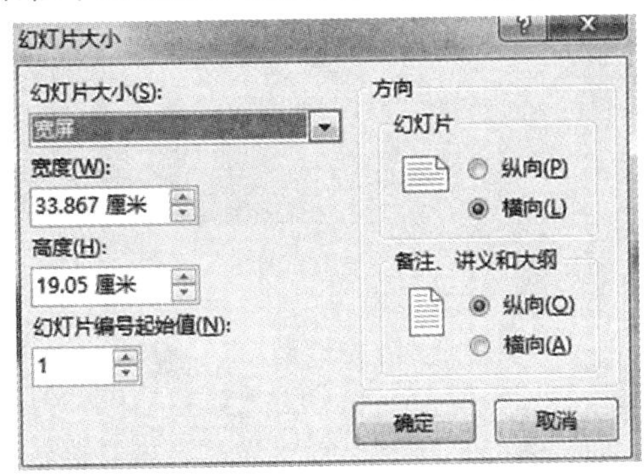

图 6-22　“幻灯片大小”对话框

6.3.7　项目符号和编号的插入

项目符号和编号可以起到列表及强调的作用,合理使用项目符号和列表可以使文档内容层次鲜明,条理清晰,提高文档的可读性,方便听者理解文本内容。

1. 项目符号的插入

步骤 1:选中需要设置项目符号的文字。

步骤 2:单击“段落”工具组中的“项目符号”按钮右侧的下拉箭头,在弹出的下拉列表中选择“项目符号和编号(N)”选项,弹出如图 6-23 所示的“项目符号和编号”对话框。

图 6-23　“项目符号和编号”对话框

步骤 3:在“项目符号(B)”中选择一种项目符号样式,同时设定项目符号大小和颜色,单击“确定”按钮,即可完成设置。

步骤 4:用户也可以单击“图片(P)”或“自定义(U)”按钮,选择计算机中的任意图片文件或自定义符号作为特殊的项目符号。

2. 自动编号的插入

编号的插入方式与项目符号类似，只是编号可以设置起始编号的值，如图 6-24 所示。

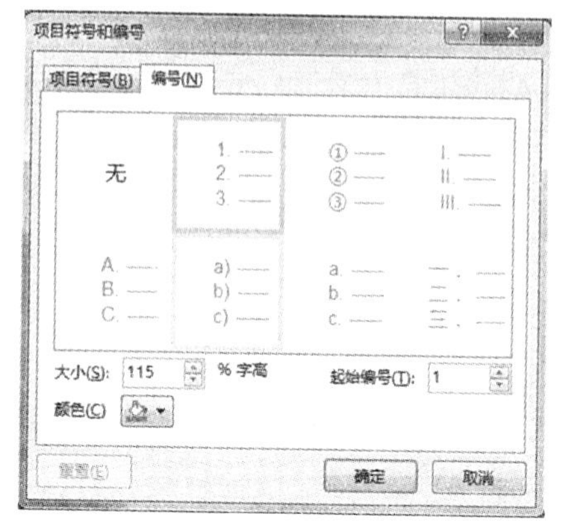

图 6-24　插入编号

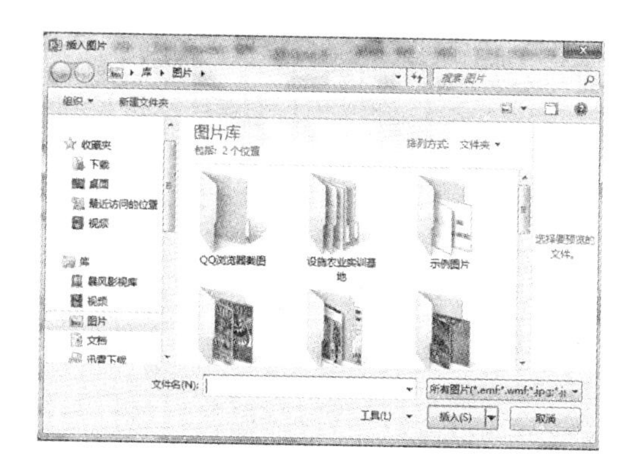

图 6-25　“插入图片”对话框

6.3.8　图形和图片的插入

1. 图片的插入和查找

步骤 1：如需在幻灯片中插入图片或剪贴画，可以在当前幻灯片需要插入的区域单击“插入”菜单中的“图像”工具组，选择“图片”，出现如图 6-25 所示的“插入图片”对话框。

字体和显示设计

步骤 2：在计算机中选择需要插入的图片，单击“插入(S)”，即可完成。

步骤 3：如当前没有符合要求的图片，也可以通过网络方式进行查找，用户可单击“插入”|“图像”|“联机图片”，并在对话框中通过关键词进行图片的查找和插入，如图 6-26 所示。

图 6-26　图片的在线查找

2. 自定义图形的插入和绘制

步骤 1：单击“插入”菜单“插图”工具组中的“形状”，打开下拉菜单，在其中选择一个需要的形状图形，如图 6-27 所示。

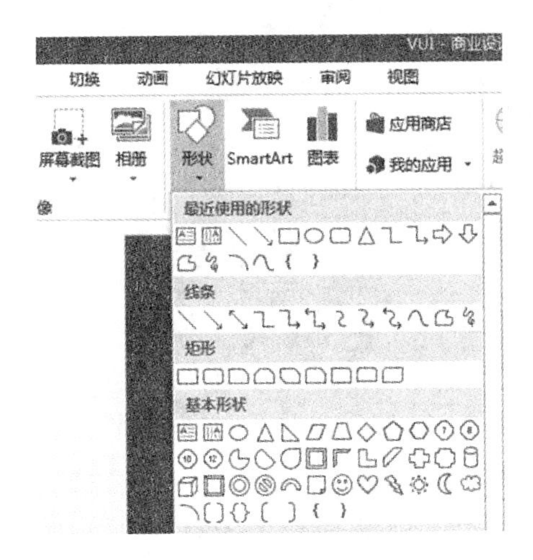

图 6-27　“形状”下拉菜单

步骤 2:在幻灯片中拖动鼠标,绘制出需要的形状。

步骤 3:选择绘制好的图形,在“绘图工具”|“格式”中可以调整图形的背景和轮廓。

6.3.9　SmartArt 的使用

SmartArt 图形是信息和观点的可视化表示形式,SmartArt 图形主要包括列表、流程、循环、层次结构等 8 种基本图形。每个基本图形中都包含丰富多样的图表格式。不同的布局适合展现不同的图片和文本信息。

1. SmartArt 图形的建立

在演示文稿中插入 SmartArt 图形的方式有两种:一种是直接添加 SmartArt 图形后再添加文本和图片;另一种是将文字转化为对应的 SmartArt 图形。

方法一:单击“插入”|“插图”|“SmartArt”,弹出如图 6-28 所示的“选择 SmartArt 图形”对话框。然后选择一种需要的 SmartArt 图形,并在文本处输入文字。

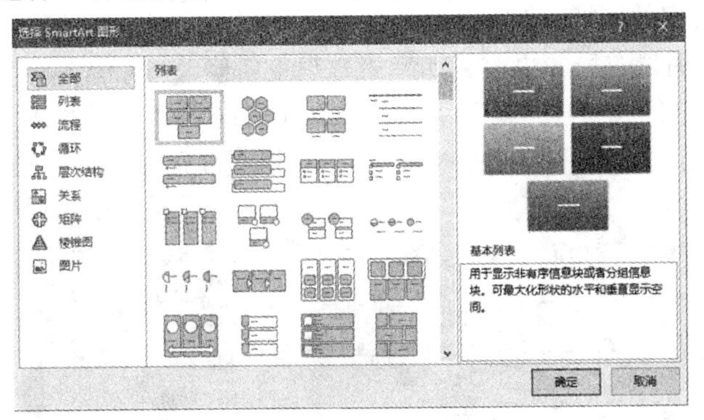

图 6-28　“选择 SmartArt 图形”对话框

方法二:在需要插入图形的空白处插入文本框,输入文字后单击“开始”|“段落”|“转换为 SmartArt”,并在下拉列表中选择一种需要的图形,如图 6-29 所示。

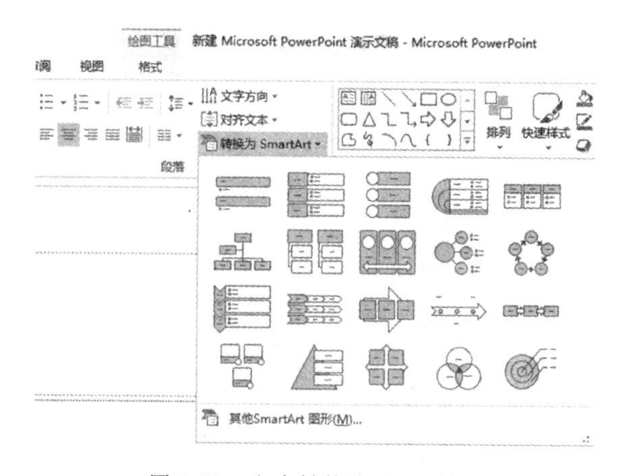

图 6-29 文本转换为 SmartArt

2. SmartArt 图形的修改

插入 SmartArt 图形之后，如果对图形样式或效果不满意，可以对其进行必要的修改。SmartArt 是由图形和文字组成的，因此允许用户对整个 SmartArt 图形、文字和构成 SmartArt 的子图形分别进行设置和修改。

(1)增加和删除项目。SmartArt 图形一般由一条条的项目所组成，有些 SmartArt 图形项目是固定不变的，而很多则是可以修改的。如果默认的项目不够用，可以添加项目。选中 SmartArt 图形中的某个项目时，单击“SmartArt 工具”下的“设计”选项卡，在“创建图形”组中单击“添加形状”按钮，通过下拉菜单中的“在前面添加形状(B)”或“在后面添加形状(A)”命令即可添加项目，如图 6-30 所示。如果要删除项目，只需选中构成本案例的图形，按 Delete 键。

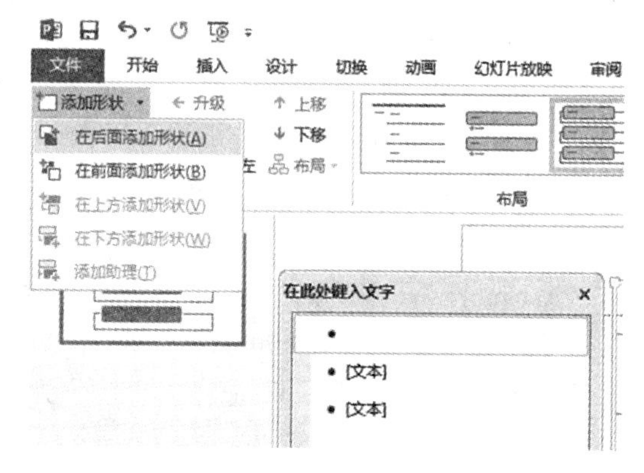

图 6-30 添加项目

(2)SmartArt 图形布局的更改。如果用户想重新修改 SmartArt 图形的布局，可以单击“SMARTART 工具”下的“布局”工具组，并在布局组中选择新的样式，如图 6-31 所示。如果其中没有用户需要的布局，也可以通过单击“其他布局”命令进行选择。

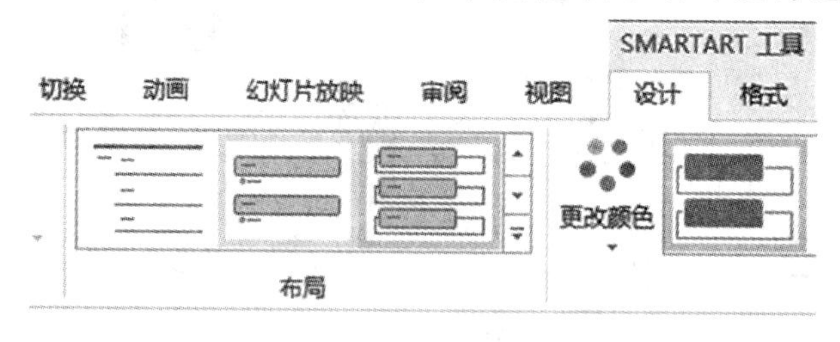

图 6-31 更改布局

(3)修改 SmartArt 图形样式。单击“SMARTART 工具”下的“设计”选项卡，并在

“SmartArt 样式”组中选择需要的图形样式，包括 3D 样式，如图 6-32 所示。

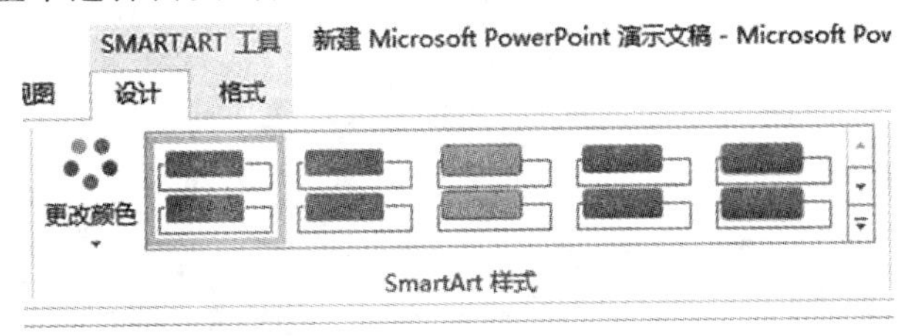

图 6-32　更改图形样式

(4)修改 SmartArt 图形的颜色。单击“SMARTART 工具”下的“设计”选项卡，在“SmartArt 样式”组中选择“更改颜色”，并在下拉列表中选择需要的颜色。用户也可以选择“重新着色 SmartArt 图中的图片(R)”，如图 6-33 所示。

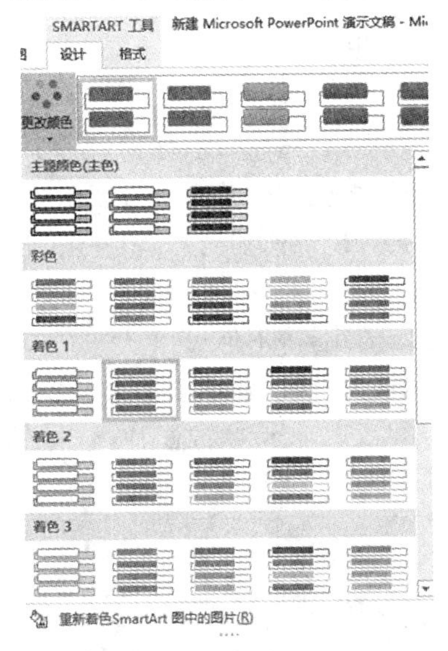

图 6-33　SmartArt 图形色彩更改

6.3.10　图表的插入

图表是指将工作表中的数据用图形表示出来，通过使用图表可以使用户更容易理解表格数据和数据间的关系。

PowerPoint 2013 支持多种数据图表和图形，如柱形图、折线图、饼图、条形图、面积图、散点图、股价图、曲面图和雷达图等。

步骤 1：如需在幻灯片中插入图表，则在光标处单击“插入”菜单，在“插图”工具组中选择“图表”，弹出如图 6-34 所示的“插入图表”对话框。

步骤 2：选择需要的图表，单击“确定”。进入图表编辑状态，如图 6-35 所示。在数据表中填入数据，即可完成图表编辑。

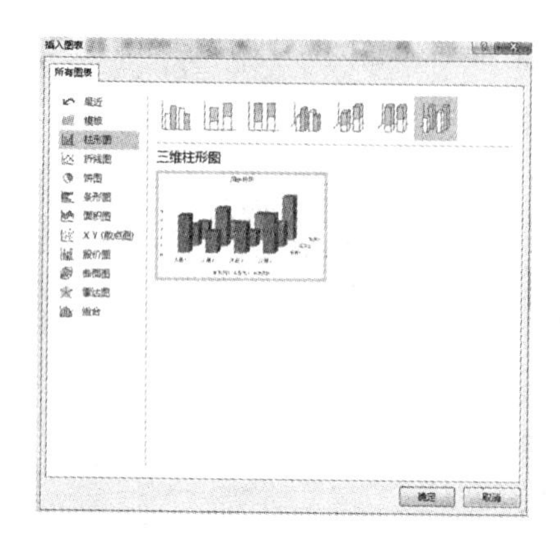

图 6-34 “插入图表”对话框

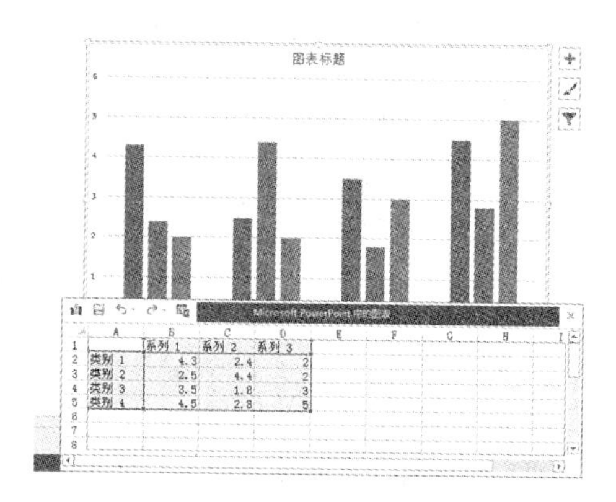

图 6-35 输入数据

6.3.11 动作和超链接的设置

超链接和母版

幻灯片中显示的文字大多以提纲形式体现，如果对某个主题的文字内容或图片需要特别讲解，就需要用多张幻灯片来进行展示。不同的幻灯片之间可以通过建立超链接的方式实现快速切换。

1. 建立超链接

超链接可以实现幻灯片之间的跳转，不但可以从一张幻灯片跳转到同文稿中的另一张幻灯片，也可以跳转到其他网页、文件以及电子邮件等。

步骤 1：选中要插入超链接的文字或形状或图片，选择“插入”菜单，在“链接”工具组中单击“超链接”按钮，打开“插入超链接”对话框，如图 6-36 所示。

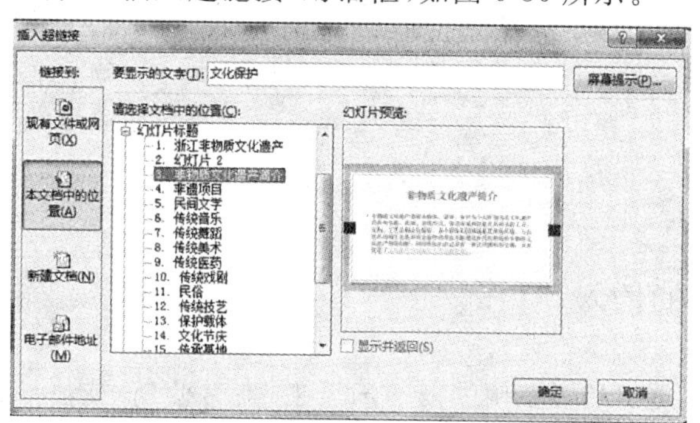

图 6-36 “插入超链接”对话框

步骤 2：如果想链接到当前文档中的其他幻灯片，可以选择“本文档中的位置(A)”，在“请选择文档中的位置(C)”列表中选择要链接到的幻灯片。

步骤 3：单击“确定”按钮，就可以实现目标幻灯片的切换。

2. 更改超链接的颜色

设置了超链接的文字会自动更改文字颜色并添加下划线。如果对演示文稿的超链接颜色不满意，可以通过主题颜色进行设置。

步骤 1：单击“设计”菜单，在“变体”工具组中展开下拉菜单。

步骤 2:选择“颜色(C)”|“自定义颜色(C)”,打开如图6-37所示的“新建主题颜色”对话框。

图 6-37 “新建主题颜色”对话框

步骤 3:设置和更改“超链接(H)”和“已经访问的超链接(F)”的颜色,并单击“保存(S)”按钮。

3. 自定义动作按钮

动作的设置和超链接类似,作用也和超链接类似,用动作按钮也可以设置超链接。

步骤 1:选中要插入动作的文字或形状或图片,选择“插入”菜单,在“链接”工具组中单击“动作”按钮,打开“操作设置”对话框。

步骤 2:选择“超链接到(H)”|“幻灯片”,选择要链接到的幻灯片,单击“确定”,如图 6-38 所示。

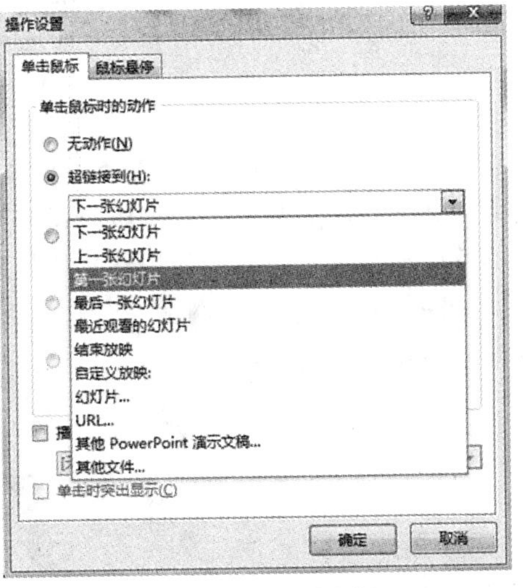

图 6-38 动作按钮超链接设置

步骤 3:用户也可以选择“鼠标悬停”选项卡,播放演示文稿时,只需要将鼠标移动到相应区域并停留一段时间,就会实现内容的自动跳转。

6.4 幻灯片母版的设置

6.4.1 母版的概念

1. 什么是母版

母版就是格式模板，当设置好母版后，所有使用该母版的幻灯片都具有相同的格式。这样就省去了为不同幻灯片设置不同格式的时间。

2. 母版的种类

幻灯片中有多种版式，每种版式对应一个母版。设置好母版后，演示文稿中所有应用了该版式的幻灯片就都具有该母版的格式了，如图 6-39 所示。

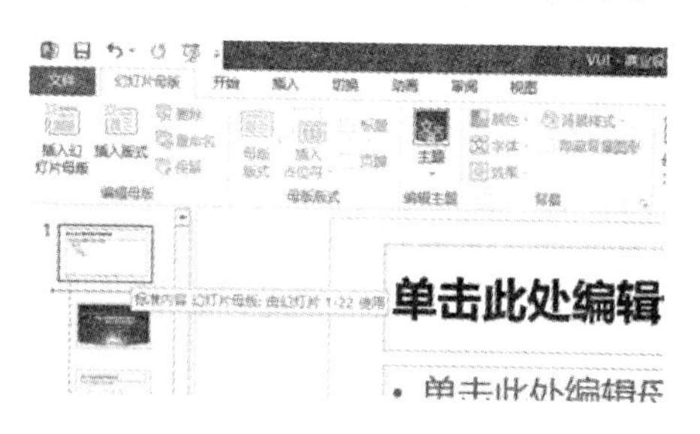

图 6-39 母版的应用

3. 母版和模板的异同

我们在制作 PPT 时经常会在各类素材网站上搜索各种模板，只需要替换其中的内容和元素即可。母版和模板具体有哪些区别呢？首先母版的格式和内容需要自己制作和编辑，而模板就是已经存在且编辑好的、供用户直接使用的样板。其次母版上的修改基本属于用户原创的一些元素，只是需要批量使用。而网上下载的模板很多都是其他人做好的，用户在使用时需要注意版权等问题。

6.4.2 母版的设置

1. 母版视图的打开

步骤 1：在“视图”菜单的“母版视图”工具组中单击“幻灯片母版”，打开“幻灯片母版”视图（见图 6-40）。

步骤 2：打开母版视图后，在窗口左侧列出的所有幻灯片版式即为对应的幻灯片母版，当光标在某一版式上停留片刻后，上面还会显示出当前演示文稿中哪些编号的幻灯片使用了该母版，如图 6-41 所示。

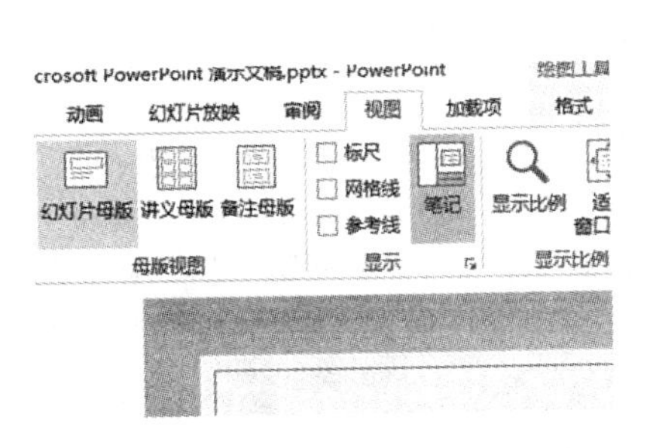

图 6-40　打开“幻灯片母版”视图

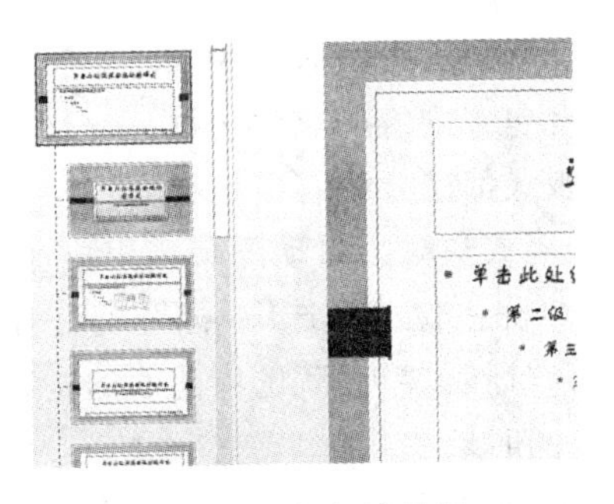

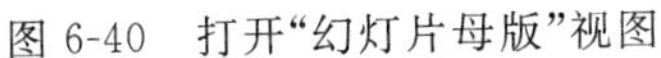

图 6-41　幻灯片母版

2. 在母版中插入时间、页脚、页码

步骤 1：在母版视图下，选择“插入”|“文本”工具组，单击“页眉和页脚”或“日期和时间”，如图 6-42 所示。进入如图 6-43 所示的“页眉和页脚”对话框。

图 6-42　“文本”工具组

图 6-43　“页眉和页脚”对话框

步骤 2：勾选“日期和时间(D)”选项，系统会根据电脑时间自动匹配标准日历，用户也可以选择“固定(X)”，然后在下方单元格中输入日期。

步骤 3：勾选“幻灯片编号(N)”，该功能可以实现幻灯片的快速自动编号。

步骤 4：如需要输入页脚文字，可以勾选“页脚(F)”，并在下方输入框中输入需要显示的文字。

步骤 5：单击“应用(A)”仅使当前设置应用于使用该版式的幻灯片，或者单击“全部应用(Y)”使当前设置应用于该演示文稿中的所有幻灯片。

步骤 6：如果不想在第一页中显示页脚或时间信息，可以勾选“标题幻灯片中不显示(S)”。

3. 删除和添加幻灯片母版版式中的占位符

占位符是带有包含内容的点线边框，一般位于幻灯片版式内。除了“空白”版式之外，所有内置幻灯片版式都包含内容占位符。占位符起到提示作用，一般只在演示文稿编辑时显示，在演示文稿放映时会自动隐藏。用户也可以手工删除和添加。

步骤 1：选项删除占位符。选中“标题幻灯片”版式，在“幻灯片母版”选项卡上的“母版版式”组中，去除“标题”“页脚”选项前面的钩，使版式中的“标题”“日期”“页脚”和“幻灯片编号”等占位符同时被删除。

步骤 2：手动删除占位符。选中“标题和内容”版式，在幻灯片窗格中，分别单击“日期”占位符和“页脚”占位符的边框，按 Delete 键删除。

步骤 3：占位符的恢复。如果要恢复默认页脚占位符，只要在“母版版式”工具组中选中“页脚”复选框即可。如果要在版式中添加其他占位符，可以在“幻灯片母版”选项卡上的“母版版式”组中，单击“插入占位符”，在下拉列表中选择需要的占位符类型并单击，到幻灯片窗口适当位置拖动鼠标绘制。

步骤 4：母版中文字类占位符的设置。选中“标题与内容”版式，在幻灯片窗口单击“标题样式”占位符边框，在“开始”菜单中的“字体”工具组进行字体设置。在“文字样式”占位符中选择第一行文字“单击此处编辑母版文字样式”，设置其为所需格式，用同样的方法修改其他各级别文字。

4. 在母版中插入背景、图片

步骤 1：在母版视图下，选择需要修改的幻灯片版式，右击，选择“设置背景格式(B)”。

步骤 2：在屏幕右侧的“设置背景格式”对话框中选择“填充”|“图片或纹理填充(P)”。

步骤 3：单击“插入图片来自”下的“文件(F)”按钮，在弹出的对话框中选择作为背景的图片，单击“插入(S)”，如图 6-44 所示。

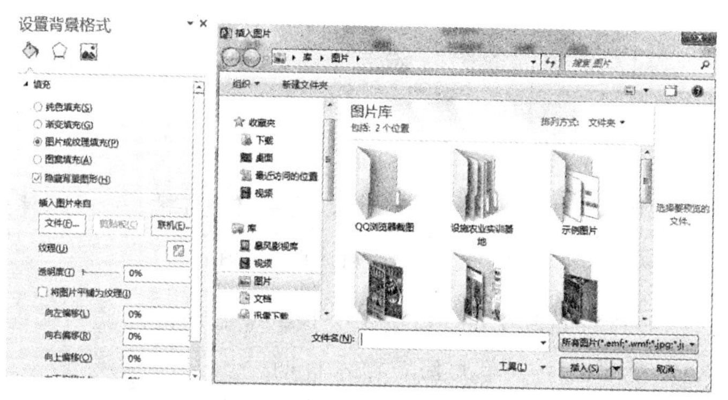

图 6-44　设置背景格式

6.4.3　母版的应用

1. 关闭母版视图

单击“幻灯片母版”选项卡上的“关闭母版视图”按钮，返回幻灯片普通视图。

2. 应用母版版式

步骤 1：选中第一张幻灯片，右击，选择“版式(L)”。

步骤 2：选择“标题幻灯片”版式，如图 6-45 所示。

步骤 3：选中其他幻灯片，选择“标题和内容”版式。

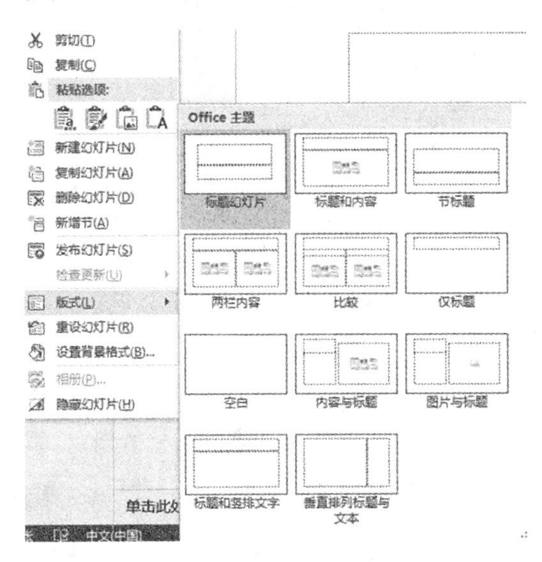

图 6-45　更改幻灯片版式

6.5　幻灯片多媒体效果的设置

6.5.1　音频的插入和设置

为突出重点以及渲染氛围，可以在演示文稿中添加背景音乐、短视频、Flash 等多媒体文件。

1. 音频文件的插入与设置

步骤 1：在幻灯片缩略窗口中选择需要插入音频文件的幻灯片。

步骤 2：单击“插入”菜单，在“媒体”工具组单击“音频”选项，弹出三个下拉选项，分别是“联机音频(O)”“PC 上的音频(P)”以及“录制音频(R)”，如图 6-46 所示。其中联机音频需要在播放中连接网络。

步骤 3：选择“PC 上的音频(P)”，在弹出的对话框中选择要插入的音频文件，单击“插入(S)”，此时幻灯片中会出现一个喇叭图标，如图 6-47 所示。

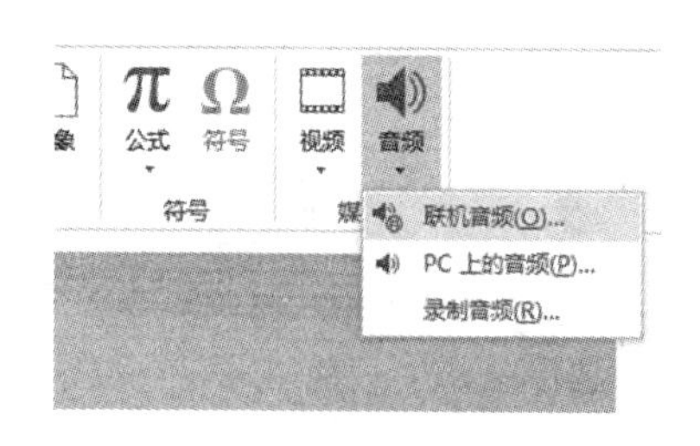

图 6-46 插入音频

图 6-47 音频插入效果

2. 设置音频自动播放

选择喇叭图标，在“音频工具”组的“播放”菜单下“开始”处选择“自动(A)”，并勾选下边的两个复选框(“跨幻灯片播放”和“循环播放，直到停止”)，可以实现音频的自动循环播放，如图 6-48 所示。

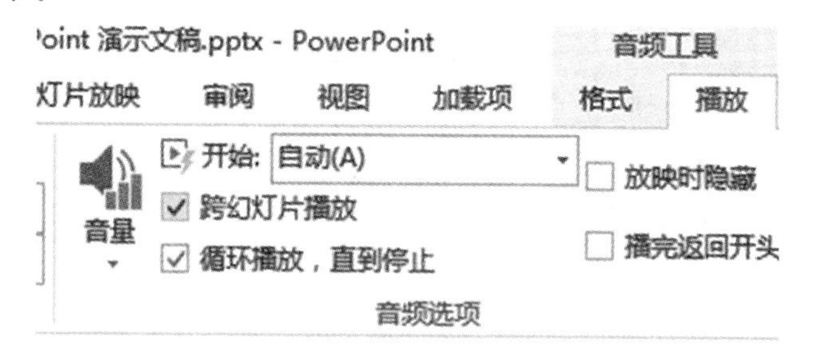

图 6-48 设置音频的自动播放

3. 设置音频停止播放

步骤 1：单击“动画”菜单，在“高级动画”工具组，选择“动画窗格”，如图 6-49 所示。

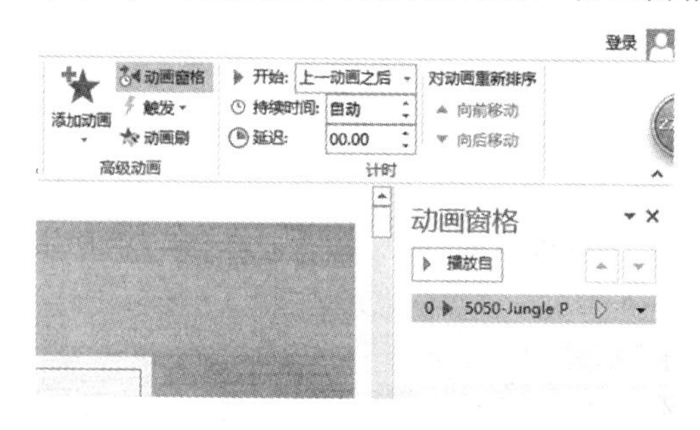

图 6-49 “高级动画”工具组

步骤 2：在右侧的“动画窗格”中，右击插入的音频名称，在快捷菜单中，选择“效果选项(E)”。

步骤 3：在“播放音频”对话框的“效果”选项卡中设置“开始播放”和“停止播放”的选项，如图 6-50 所示。

图 6-50　“播放音频”对话框

其中,“停止播放”设置在 20 张幻灯片后,表示在播放了 20 张幻灯片之后音频停止,也包括重复播放的幻灯片,不是指编号 20 的幻灯片后,所以这个值可以设置得稍微大一点,略超过幻灯片总数。在幻灯片播放完成时,音频也会停止。

4. 音频的其他设置

(1)“播放动画后隐藏(A)”功能可以使幻灯片中的小喇叭图标在放映时被隐藏。

(2)计时功能可以延迟音频的播放时间,如设定 10 秒,则在 10 秒后开始播放。

5. PowerPoint 2013 支持的音频格式

PowerPoint 2013 支持的音频格式如表 6-1 所示。

表 6-1　PowerPoint 2013 支持的音频模式

文件格式	扩展名	音频类型	说明
AIFF 文件	aiff	音频交换文件	这种声音以 8 位的非立体声(单声道)格式存储,这种格式不进行压缩,因此文件较大
AU 文件	au	UNIX 音频	这种文件格式通常用于 UNIX 系统或网站创建
MIDI 文件	mid 或 midi	乐器数字接口	这种文件用于乐器、合成器和计算机之间交换音乐信息的标准格式
MP3 文件	mp3	MPEG Audio Layer3	这是一种使用 MP3 编码器进行压缩的声音文件,一般不大,但音质有损
Windows 文件	wav	波形格式	这种音频文件将声音作为波形存储,意味着同样长度的音频可以被压缩为不同容量存储
Windows Media Audio 文件	wma	Windows Media Audio	这种音频文件使用 Windows Media Audio 解码器进行压缩,是 Microsoft 公司开发的一种数字音频解码方案,用于发布录制的音乐文件

6.5.2 视频的插入和设置

如果需要在演示文稿中插入视频文件,可进行如下操作。

1. 视频的插入

步骤1:选择插入视频的位置,单击"插入"菜单|"媒体"工具组|"视频"。

步骤2:选择要插入的视频文件,单击"插入(S)"即可。

2. 设置视频的播放

步骤1:单击"视频工具"|"播放"菜单。

步骤2:在"视频选项"中,根据需要勾选复选框,可以设置视频是否全屏播放等,如图6-51所示。

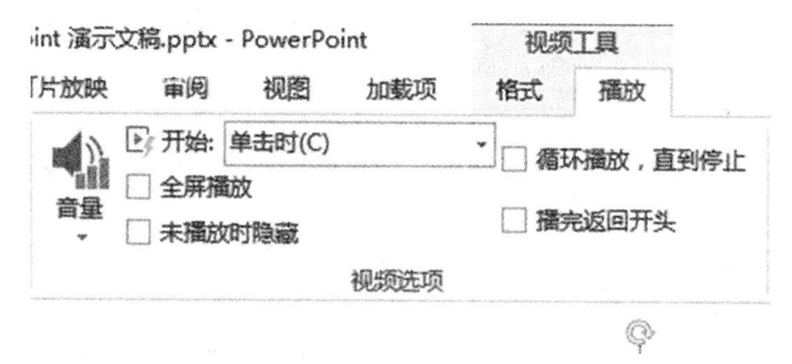

图 6-51 "视频选项"工具组

3. PowerPoint 2013 支持的视频格式

PowerPoint 2013 所支持的视频格式如表6-2所示。

表 6-2 PowerPoint 2013 支持的视频格式

文件格式	扩展名	视频类型	说明
Adobe Fash Media	swf	Flash 视频	此类文件格式通常用于使用 Flash player 通过网络传输的视频
Windows Media	asf	高级流格式	此类文件格式存储经过同步的多媒体数据,并可用于在网络上以流的形式传输音频和视屏内容、图像及脚本命令
Windows 视频文件	avi	音频视频交错	这是最常见的格式之一,因为很多不同的编码压缩器的音频或视频内容都可以存储在 *.avi 文件中
电影文件	mpg 或 mpeg	运动图像专家组	该文件格式是为与 Video-CD 和 CD 媒体一起使用而专门设计的
Windows Media Video 文件	wmv	Windows Media Video	这是一种压缩率很大的格式,它占用的计算机硬盘存储空间最小

6.5.3　自定义动画的设置

PPT 动画制作

1.动画效果的分类

“自定义动画”允许我们对每一张幻灯片，以及每一张幻灯片里的各种对象分别设置不同的、功能更强的动画效果，在 PowerPoint 中自定义动画都是事先制作好的效果。分为“进入”“退出”“强调”和“动作路径”四类，每种类型中又可以选择多种不同的效果。用户只要选中需要添加动画的对象(包括文字对象、图形对象)，然后给这个对象添加动画即可，如图 6-52 所示。添加动画之后还可以进行效果选项、计时选项的调整，使得动画效果在细节上更加符合我们的要求。

图 6-52　添加动画

要做出丰富多彩的动画效果，可为多个对象添加动画效果，或给单个对象添加多种动画效果并给这些动画进行效果选项、计时选项的调整设置，给动画对象安排不同的播放时间点、播放长度、播放效果，将各种动画效果串在起，让它们按设定好的方式播放，使整体协调起来。用户可以选择动画的类别如图 6-53 所示。

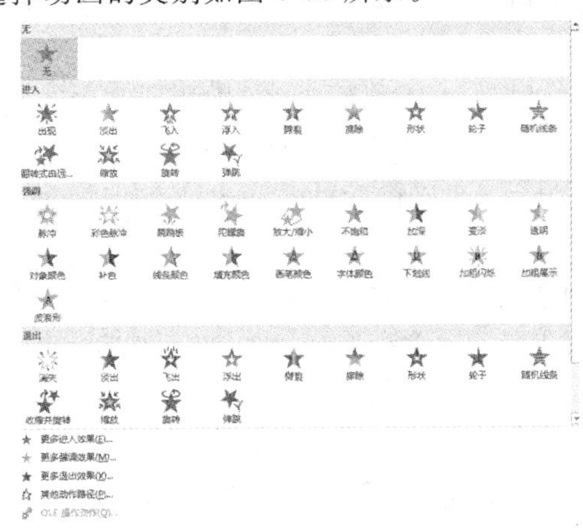

图 6-53　动画类别

①“进入”效果指幻灯片放映时对象进入的效果，如可以让对象主体突然出现，从边缘飞入幻灯片或者跳入视图。

②“强调”效果指幻灯片放映时对象已经存在，只是为了强调文字或元素，再给它们加入一些特殊效果，如对象缩小或放大，更改颜色或使其沿着中心点旋转等。

③“退出”效果指对象退出幻灯片时的效果，包括让对象飞出幻灯片，从视图中消失等。

④“动作路径”指对象按照给定的路径运动的效果，如可以对象上下移动，左右移动或

沿着指定路径移动等。

⑤如果用户想要的效果选项不在列表中，还可以选择“更多进入效果(E)”等选项进行选择，如图 6-54 所示。

图 6-54　更多进入动画效果

2. 自定义动画效果设置

步骤 1：单击需要添加动画效果的幻灯片，在“幻灯片窗格”中，单击需要添加动画的文本框或图片等对象。

步骤 2：在“动画”菜单的“动画”工具组中，单击“效果选项”。

步骤 3：在“效果选项”下拉列表中选择一种动画效果。

步骤 4：放映当前幻灯片，观看动画效果。

3. 触发器的使用

为了在一张幻灯片中依次展示多张图片，但又不希望这些图片显示的次序是固定的。即随便点开一张图片都可以看到当前的图片对象，而不受图片叠放次序的影响，需要对图片设置触发器的功能。

步骤 1：单击需要添加动画效果的幻灯片缩略图。

步骤 2：添加触发对象，如利用“插入”|“插图”|“形状”按钮，选择“圆角矩形”，然后在幻灯片窗格合适位置拖动鼠标，绘制一个圆角矩形。

步骤 3：插入需要显示的图片。

步骤 4：为图片添加一种动画效果。

步骤 5：在“高级动画”工具组中单击“触发”，选择刚才绘制的圆角矩形。

步骤 6：放映幻灯片并显示动画效果。

6.5.4　幻灯片的切换

幻灯片切换是指演示文稿在放映时前、后相邻的两张幻灯片之间的切换方式。演示文稿在放映过程中，需要通过设置幻灯片切换效果，才能使幻灯片之间的切换像电影镜头的变换一样过渡自然，取得良好的放映效果。

步骤1：单击“切换”菜单，单击“切换到此幻灯片”组右侧展开按钮，如图6-55所示。

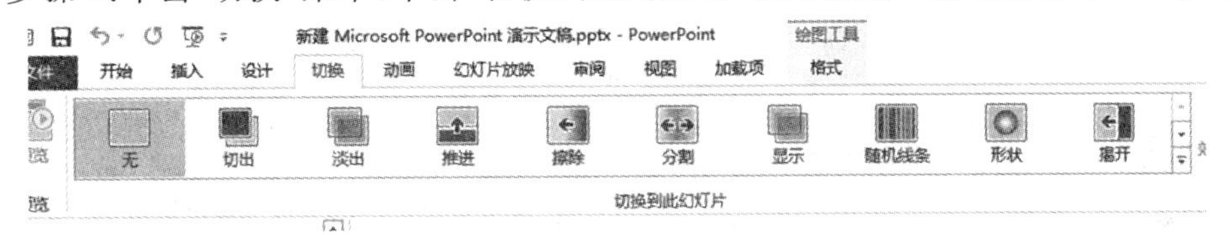

图6-55　“切换到此幻灯片”工具组

步骤2：在下拉列表所示的效果中选择一种作为当前幻灯片的切换效果，如图6-56所示。

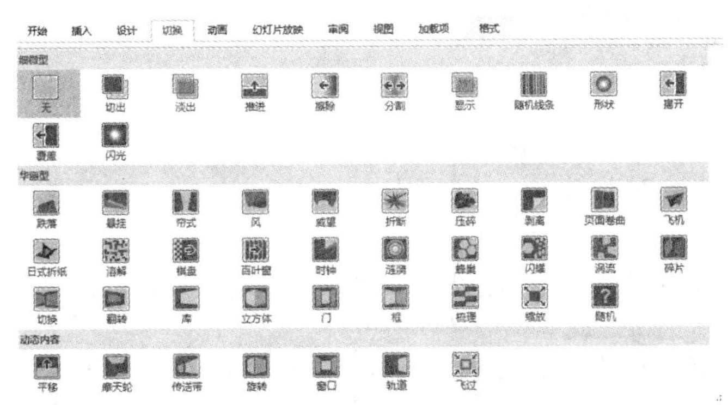

图6-56　幻灯片的切换效果

步骤3：单击右侧“效果选项”，选择切换效果方向。如选择“形状”切换效果，其“效果选项”下拉列表如图6-57所示。

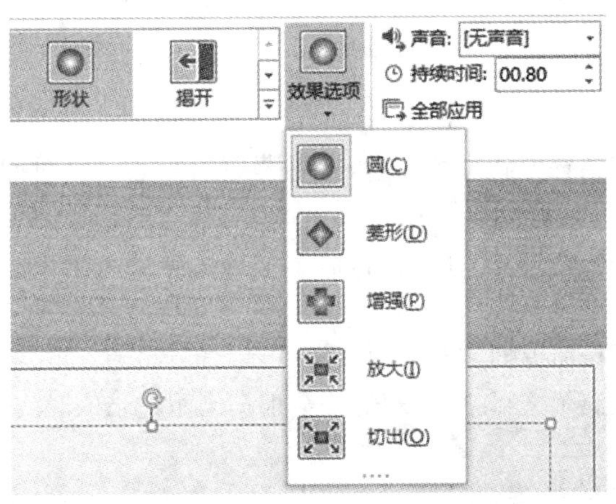

图6-57　设置效果选项

步骤4：单击“插入”菜单|“计时”工具组，设置自动换片时间，并勾选复选框，如图6-58所示。

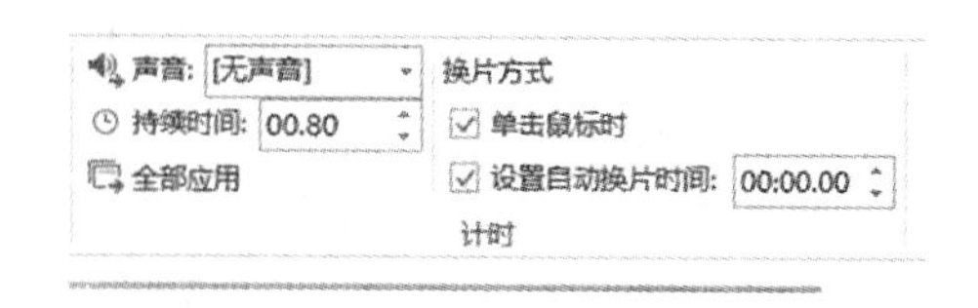

图 6-58 切换效果计时功能的设置

步骤 5:设置幻灯片切换时的声音和持续时间,也可以选择"单击鼠标时"切换。

步骤 6:如需将切换效果应用到所有幻灯片,则可以单击"全部应用",也可以选择一部分幻灯片设置切换效果。

6.6 演示文稿的展示与发布

6.6.1 排练计时功能

PowerPoint 的"排练计时"功能,可以帮助用户做好演讲前的排演工作,让演讲者掌握演讲时间,有助于演讲的成功。

步骤 1:打开演示文稿,单击"幻灯片放映"菜单"设置"组中的"排练计时"按钮,如图 6-59 所示。

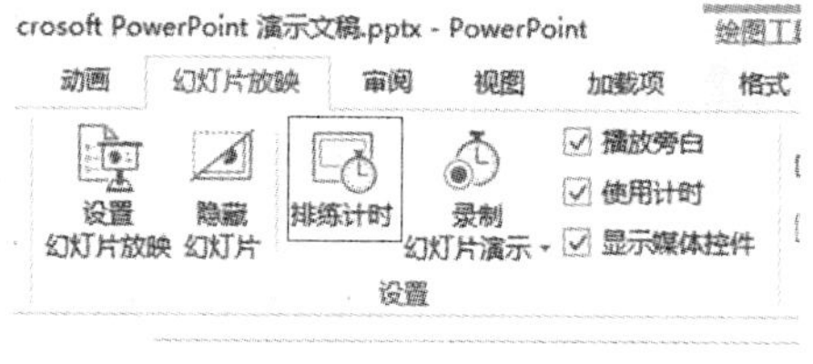

图 6-59 "排练计时"按钮

步骤 2:幻灯片按预览方式开始播放,在屏幕左上角有一个时间控制按钮,记录试讲每一张幻灯片所需的时间。

步骤 3:当最后一张幻灯片放映完后,演示文稿会弹出一个提示对话框,显示总放映时间。

步骤 4:单击"是"按钮返回浏览界面。

步骤 5:重新播放演示文稿,所有幻灯片会根据刚刚记录的时间长度放映。

6.6.2 演示文稿的发布

1. 演示文稿转换为 PDF 文件

步骤 1:选择需要转换的文件,选择"文件"|"导出"。

步骤 2:单击右侧的"创建 PDF/XPS 文档"按钮,可以把演示文稿转换成 PDF 文件,如图6-60所示。

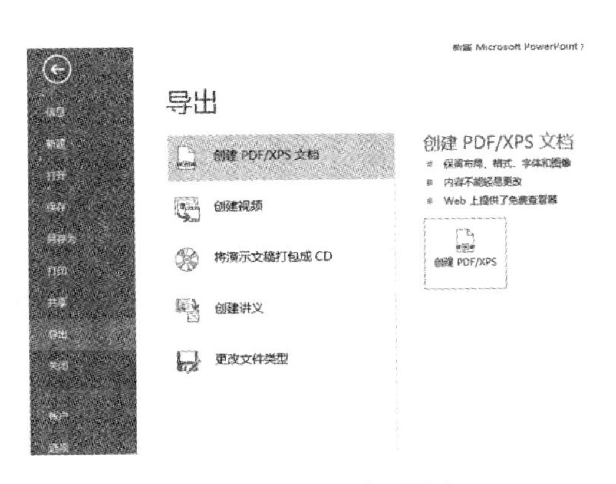

图 6-60　演示文稿的导出

2. 演示文稿转换为 Word 文档

步骤 1：选择“文件”|“导出”命令，单击“创建讲义”按钮。

步骤 2：在窗口右侧单击“创建讲义”，打开“发送到 Microsoft Word”对话框，根据要求选择相应选项。

步骤 3：单击“确定”按钮。

3. 演示文稿转换为视频格式

步骤 1：打开 PowerPoint 2013，选择“文件”|“导出”，单击“创建视频”按钮。

步骤 2：根据需要设置视频尺寸及播放速度，单击“创建视频”按钮，打开“另存为”对话框，将文件命名并保存。

步骤 3：单击“确定”按钮。

6.6.3　演示文稿的现场演示

演讲者在使用演示文稿时，常常需要脱稿演讲，通过视图功能可以分屏显示备注栏信息和正常的演示文稿界面（没有备注）。这样演讲者就可以随时看到在备注栏中事先输入的台词。

步骤 1：确认计算机已与投影仪连接。

步骤 2：右击桌面，打开“屏幕分辨率”对话框，选择监视器 2“将 Window 桌面扩展到该监视器上”选项，单击“确定”。

步骤 3：打开演示文稿，单击“幻灯片放映”菜单，在“设置”组中选择“设置幻灯片放映”按钮，打开“设置放映方式”对话框，在“多监视器”选项区的“幻灯片放映监视器（O）”中选择“主监视器”，选中“使用演示者视图（V）”复选项，单击“确认”。

步骤 4：单击“从头开始”按钮，实现分屏放映。

6.7 知识与内容梳理

本章主要介绍了演示文稿的重要性以及如何新建演示文稿,演示文稿主题、文字的设置,图形、图片的插入,SmartArt 图形和图表的使用,介绍了母版的编辑和幻灯片版式的套用,音频、视频等多媒体元数的插入和设置,动画效果的制作和幻灯片切换方式的设置,以及幻灯片的排练方式、发布和演示模式。

PowerPoint 2013 中用户可以使用模板创建演示文稿,也可以使用大纲文件创建。

PowerPoint 2013 中用户可以通过“文件”|“新建”|“主题”的方式快速查询主题名称和进行效果预览。

PowerPoint 2013 中用户可以将任意图片设置为幻灯片背景。

PowerPoint 2013 中用户可以在“设计”|“自定义”|“幻灯片大小”中选择标准(4 : 3)和宽屏(16 : 9)显示模式。

PowerPoint 2013 中用户可以使用通过母版对幻灯片版式进行批量设置。

PowerPoint 2013 中用户可以对插入的图形和图片进行编辑,并支持图片的在线查找功能。

PowerPoint 2013 中用户可以对对象设置超链接,并在“设计”|“变体”组中设置超链接颜色。

PowerPoint 2013 中用户可以插入音频和视频文件,并可自定义文件的播放时间。

PowerPoint 2013 中用户可以对文字、图片或图形元素设置自定义动画,动画效果分为“进入”“强调”“退出”三种模式。

PowerPoint 2013 中用户可以在切换选项组中设置幻灯片间的切换效果。

PowerPoint 2013 中用户可以以 Word 讲义、PDF 或视频等方式将演示文稿进行发布。

PowerPoint 2013 中用户可以以“分屏显示”的方式帮助演讲。

6.8 课后练习

班级风采演示文稿的制作:创作一个演示文稿用来展示本班的基本情况及班级风采。

设计要求:

1. 插入对应的图片、音频或视频。
2. 插入艺术字,并设置格式。
3. 插入横排或竖排文本框,并设置格式。
4. 插入图形,并设置格式。
5. 为文字内容设置项目符号或编号。

6.插入超链接。

7.设置对象的动画及幻灯片的切换方式。

8.设置幻灯片的版式和主题。

9.设置个别幻灯片的背景。

10.演示文稿的整体设计要美观、大方、整洁,切忌各种图片的简单罗列和效果的盲目添加。

模块 7

计算机网络基础和应用

本章重点

信息时代的重要特征是数字化、网络化和信息化。计算机网络作为快速传递信息的纽带已经成为信息社会的命脉，对人们社会生活的很多方面产生了重要影响。本章将从计算机网络的基础知识、网络发展、网络设置、网络安全、文件下载、网络通信等方面对计算机网络进行介绍。

章节要点

- 计算机网络的分类及体系结构
- 网络协议和 IP 地址
- 域名的分类和网络连接方式
- ADSL 上网和局域网的设置
- 网络浏览器的使用
- 电子邮箱账号的注册和邮件的收发

计算机网络的基础知识

7.1 计算机网络的基础知识

7.1.1 计算机网络概述

1. 计算机网络的定义

网络是由若干节点和连接这些节点的链路组成的。网络中节点可以是计算机、集线器、交换机或路由器等，如图 7-1 所示。

因此，组成一个计算机网络必须具备以下三个基本因素。

(1)不同地理位置至少具有两个或以上的有独立操作系统的计算机，并且它们之间有相互共享资源的需求。

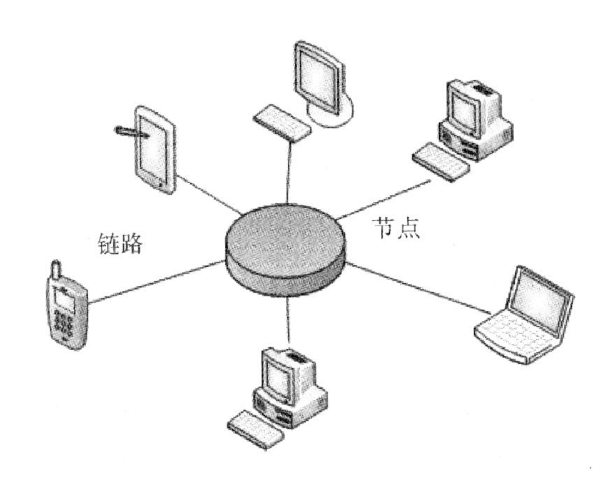

图 7-1　计算机网络示意图

(2)这些计算机之间必须通过某种通信手段和通信线路建立连接。

(3)它们之间要能相互通信,就必须有相互确认并遵循的规范、标准或协议。

同时,网络和网络之间还可以通过路由器互联起来,从而构成一个全覆盖的网络体系,即互联网。因此互联网又称为“网络的网络”。因特网是世界上最大的互联网络,如图 7-2 所示。

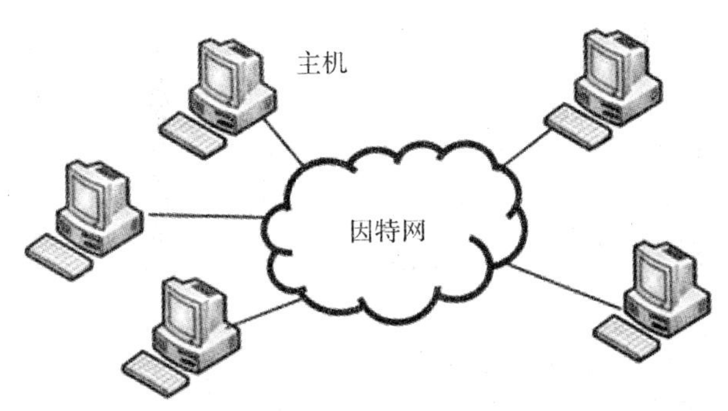

图 7-2　因特网和连接的主机

2.计算机网络的功能

计算机网络的功能可以归纳为以下几个方面。

(1)资源共享。资源共享是指所有网络用户能够分享计算机系统的硬件资源和软件资源。硬件资源共享主要体现在全网范围内处理设备资源、存储设备资源(如硬盘存储器、U 盘等)、输入/输出设备资源(如打印机、绘图仪等)的共享。软件资源共享表现在全网段用户的各种类型的应用程序和数据信息的共享。

(2)信息传递。信息传递是计算机网络的基本功能之一。在网络中,通过通信技术可实现计算机与计算机、计算机与终端之间的数据快速传输,如我们收发电子邮件,使用 QQ、微信进行文字或语音聊天等。

(3)分布处理。分布处理是将同一个任务分配到不同地理位置的节点机上协同完成,用以解决单机无法完成的信息处理任务,如分布式计算、云计算技术等。

(4)网络应用。网络应用是采用各种功能的网络应用系统而实现的服务,如气象采集系统、订票系统、银行取款系统等。

3. 计算机网络的发展

国际互联网又称为因特网(Internet),是以 TCP/IP 协议为基础,将各个国家、部门、机构之间的网络互联起来,组成的全球性网络体系。Internet 将全球已有的各种通信网络,如市话交换网、数字数据网、分组数据交换网等互联起来,构成一条贯通全球的"信息高速公路",是全球计算机系统的集合。

1969 年美国国防部远景研究规划局为军事试验目的而建立的网络,名为阿帕网(ARPANET)。ARPANET 将加利福尼亚大学、斯坦福大学、犹他州立大学等学校的计算机主机连接起来,位于各个节点的大型计算机采用分组交换数据并通过专门的通信交换机(IMP)和专门的通信线路相互连接。

到 1980 年,美国军方希望将内部使用各类通信协议的网络连接起来,又保留各网络的独立性。美国人温顿·瑟夫提出一个想法,即在每个网络内部各自使用自己的通信协议,而在和其他网络通信时使用一种统一的协议,这就促成了 TCP/IP 协议的产生,并确立了 TCP/IP 协议在网络互联方面不可动摇的地位。

1986 年在美国国家科学基金会(NSF)的支持下,通过高速通信线路把分布在各地的一些超级计算机连接起来,以接替 ARPANET,建立名叫 NSFNet 的广域网。NSFNet 的实现以及正式运营,构成了 Internet 的基础。

到了 20 世纪 90 年代初期,随着 WWW(万维网)技术的不断发展,互联网逐渐走向民用。由于 WWW 通过良好的界面,大大简化了网络操作的难度,使得网络用户的数量急剧增加,如今 Internet 已经深入人们的生活。WWW 大大加快了信息的传播速度,给人们带来了一种全新的通信方式,成为继电报和电话发明以来的人类通信方式的又一次革命,也开始了继工业革命后全新的生产生活时代——信息时代。

4. 计算机网络在我国的发展

中国互联网的奠基人胡启恒女士说过,中国的互联网不是八抬大轿抬出来的,而是从羊肠小道走出来的。那么,中国互联网的起点在哪里?它走过羊肠小道之后,又经过了一个怎样的历程,才能发展成为今天的 8.54 亿网民的全球第一互联网大国?在快速迈向网络社会的过程中,我们回头总结中国互联网的历史可以看出我国的 Internet 发展可以分为三个阶段。

(1)第一阶段(1987 年至 1994 年)。当时中国刚刚改革开放,中国的许多科研机构都开始尝试和国外同行开展学术合作和交流活动。在这些合作和交流过程中,通过传统的信息传递方式,不但效率低而且成本高。于是一些学者开始尝试较为新型的信息传输方式——电子邮件。

1987 年 09 月,中国兵器工业计算机应用技术研究所顾问王运丰教授和德国卡尔斯鲁厄大学任计算机系主任维纳·措恩(Werner Zorn)教授将北京的计算机应用技术研究所和卡尔斯鲁厄大学计算机中心实现了计算机联结。同年 9 月 20 日,由措恩教授起草并与中国的王运丰教授一起署名发出的电子邮件成功地传到卡尔斯鲁厄大学的一台计算机上。邮件的内容只有一句话"Across the Great Wall we can reach every corner in the world"(越过长城,我们可以到达世界的每一个角落),如图 7-3 所示。这是目前所知的第一封在中国境内操作发出的电子邮件。

图7-3 研究人员等待来自卡尔斯鲁厄大学的正确字符

1990年11月28日，中国的顶级域名.CN完成注册。由于当时中国尚未实现与国际互联网的全功能联接，.CN服务器暂时设在德国卡尔斯鲁厄大学。

1993年6月，钱华林研究员参加CCIRN会议，讨论中国连入Internet的问题，获得大部分到会人员的支持。

1994年4月初，中美科技合作联委会在美国华盛顿举行。中国科学院副院长胡启恒代表中方向美国国家科学基金会(NSF)重申接入Internet的要求，得到认可。

1994年4月20日，中国国家计算与网络设施(NCFC)工程通过美国Sprint公司接入Internet的64K国际专线开通，中国实现了与国际互联网的全功能连接，互联网被正式引入中国，标志着中国互联网时代的帷幕慢慢拉开，中国正式进入互联网发展期。与此同时，中国互联网的应用和推动力量快速向民间转移。

(2)第二阶段(1994年至1996年)。1994年5月21日，在钱天白教授和德国卡尔斯鲁厄大学的协助下，中国科学院计算机网络信息中心完成了国家顶级域名(.CN)服务器的设置，改变了中国的.CN顶级域名服务器一直放在国外的历史。

1994年9月，中国公用计算机互联网(CHINANET)的建设启动。

1995年1月，邮电部电信总局分别在北京、上海设立的通过美国Sprint公司接入的64K专线开通，并且通过电话网、DDN专线以及X.25网等方式开始向社会提供Internet接入服务。

1996年1月完成第一期骨干网建设。

(3)第三阶段(1996年至今)。

1996年6月，新浪网的前身“四通利方网站”开通。

1996年8月，搜狐网的前身“爱特信信息技术有限公司”成立。

1997年5月，网易公司成立。

1998年11月，腾讯公司成立，1999年2月OICQ(腾讯QQ的前身)上线。

1999年3月，阿里巴巴成立。

2000年1月，百度公司成立。

根据中国互联网络信息中心的统计，从1997年至1999年，中国的网站规模迅速从1500个发展到15000余个。后来形成中国互联网商业格局的巨头在这一时期基本都已诞生。

7.1.2 计算机网络的分类

计算机网络的分类与一般事物分类方法一样，可以按事物所具有的不同性质特点分类。

1. 按覆盖范围分类

计算机网络按照覆盖范围可以分为：局域网、城域网、广域网。

（1）局域网（Local Area Network，LAN）。通常我们所说的“LAN”就是指局域网，这是最常见、应用最广的一种网络。局域网随着整个计算机网络技术的发展和提高得到了充分的应用，几乎每个单位都有自己的局域网，有的甚至家庭中都有自己的小型局域网。局域网在计算机数量上没有太多的限制，少的可以只有几台，多的可达几百台。一般来说，在企业局域网中，工作站的数量在几十到几百台不等。在网络所涉及的地理距离上般来说可以是几米至 10km 左右，一般位于一幢建筑物或一个单位内。

局域网的特点是：连接范围窄，用户数少，配置容易，连接速率高。IEEE 的 802 标准委员会定义了多种主要的 LAN 网：以太网（Ethernet）、令牌环网（Token Ring）、光纤分布式数据接口（FDDI）网络、异步传输方式（ATM）网以及最新的无线局域网（WLAN）。

（2）城域网（Metropolitan Area Network，MAN）。城域网是指在一个城市，但不在同一地理小区域范围内的计算机互联。这种网络的连接距离可以在 10～100km，它采用的是 IEEE802.6 标准。与 LAN 相比，MAN 扩展的距离更长，连接的计算机数量更多。在一个大型城市或都市地区，一个 MAN 网络通常连接着多个 LAN 网，如连接政府机构、医院、电信、公司企业等。城域网多采用 ATM 技术作为骨干网。ATM 是一个用于数据、语音、视频以及多媒体应用程序的高速网络传输方法。ATM 包括一个接口和一个协议，该协议能够在一个常规的传输信道上，在比特率不变及变化的通信量之间进行切换。ATM 也包括硬件、软件以及与 ATM 协议标准一致的介质。ATM 提供一个可伸缩的主干基础设施，以便能够适应不同规模、速度以及寻址技术的网络。ATM 的最大缺点就是成本太高，所以一般在政府城域网中应用，如邮政、银行、医院等。

（3）广域网（Wide Area Network，WAN）。广域网也称为远程网，所覆盖的范围比城域网更广，一般是在不同城市之间的 LAN 或者 MAN 互联，地理范围可从几百千米到几千千米。因为距离较远，信息衰减比较严重，所以这种网络一般是要租用专线，通过 IMP（接口消息处理）协议和线路连接起来，构成网状结构，才能解决循径问题。广域网因为所连接的用户多，总出口带宽有限，所以用户的终端连接速率一般较低，常见的有邮电部的 ChinaNET、ChinaPAC 和 ChinaDDN。

2. 按网络的使用范围分类

按网络的使用范围可分为公用网和专用网。

（1）公用网。公用网是由电信部门或其他提供通信服务的经营部门组建、管理和控制，通过网络内的传输和转接装置可供任何部门和个人使用的网络。公用网常用于广域网的构造，支持网内所有用户的远程通信，如数字数据网（Digital Data Network，DDN）、公众电话交换网（Public Switched Telephone Network，PSTN）等。

(2)专用网。专用网也称为私用网或内网，是某个系统或者部门为内部的特殊工作的需要而建立的单独网络。这种网络不对外提供网络服务，如军队、铁路、电力等系统均有各自的专用网。

3.按网络的拓扑结构分类

将服务器、工作站、通信设备等网络单元抽象成“点”，网络中的传输介质抽象成“线”，这种由“点”和“线”组成的几何图形表示了通信介质与各节点的物理连接结构，称为网络的拓扑结构。

网络的拓扑结构分为总线型结构、星型结构、环型结构、树型结构和网状结构。

(1)总线型结构。总线型结构是将网络中的各个节点设备用一根总线(如同轴电缆等)挂接起来，实现计算机的联网功能，如图 7-4 所示。任何连接在总线上的计算机都能在总线上收发信号，这种结构的特点是所有的节点共享同一介质，某一时刻只有一个节点能够广播消息，如果干线电缆故障将导致整个网络陷入瘫痪。

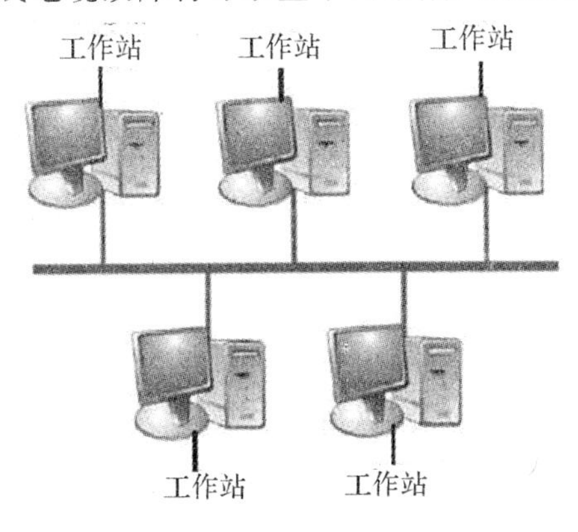

图 7-4　总线型结构

(2)星型结构。星型结构属于集中控制型网络，整个网络由中心节点执行集中式通信控制管理。每一个要发送数据的节点都要将数据发送到中心节点，再由中心节点负责将数据送到目的节点。星型拓扑结构的特点是结构简单，便于管理，方便在网络中增减站点，数据的安全性和优先级容易控制，易于实现网络监控，但中心节点的故障会引起整个网络瘫痪，因此中心节点也是全网可靠性的瓶颈，如图 7-5 所示。

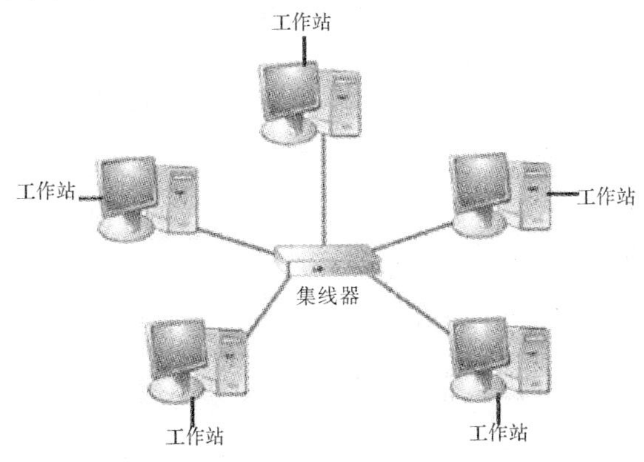

图 7-5　星型结构

(3)环型结构。环型结构是使用公共电缆组成一个封闭环，各节点直接连到环上，信息沿着环按一定方向从一个节点传送到另一个节点，如图 7-6 所示。环接口一般由发送器、接收器、控制器、线控制器和线接收器组成。在环型拓扑结构中，有一个控制发送数据权力的“令牌”，它在后边按一定的方向单向环绕传送，每经过一个节点都要被接收、判断一次，若是发给该节点的则接收，否则的话就将数据送回到环中继续往下传。环型结构的特点是结构简单，容易安装和监控，但是环中每个节点与连接节点之间的通信线路都会成为网络可靠性的瓶颈。环中任何一个节点出现线路故障，都可能造成网络瘫痪。另外，网络建成后，难以增加新的环节点。

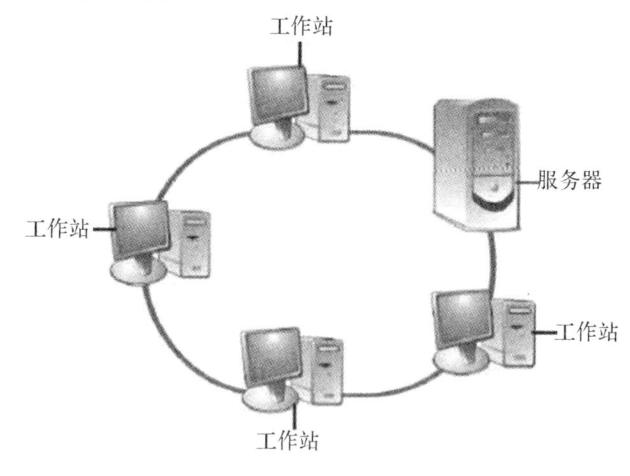

图 7-6　环型结构

(4)树型结构。树型结构实际上是星型拓扑的发展和补充，为分层结构，具有根节点和各分支节点，适用于分支管理和控制的系统。树型结构因为其呈树状排列，整体看来就像一棵朝上生长的树而得名，如图 7-7 所示。

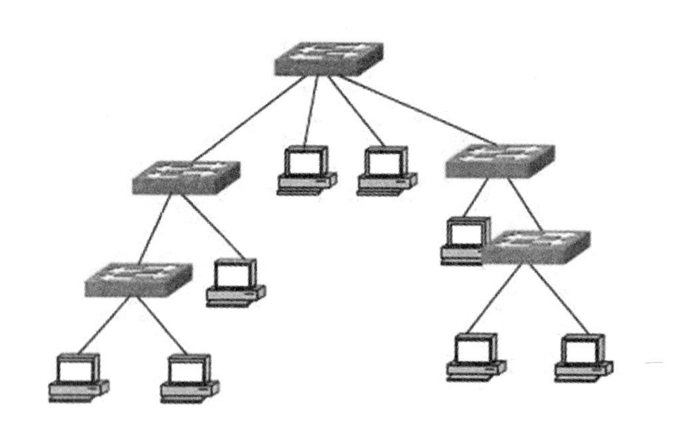

图 7-7　树型结构

(5)网状结构。网状结构也称为分布式网络，主要指各节点通过传输线互联起来，并且每一个节点至少与其他两个节点相连，如图 7-8 所示。网状拓扑结构具有较高的可靠性，但其结构复杂，实现起来费用较高，不易管理和维护，不常用于局域网。

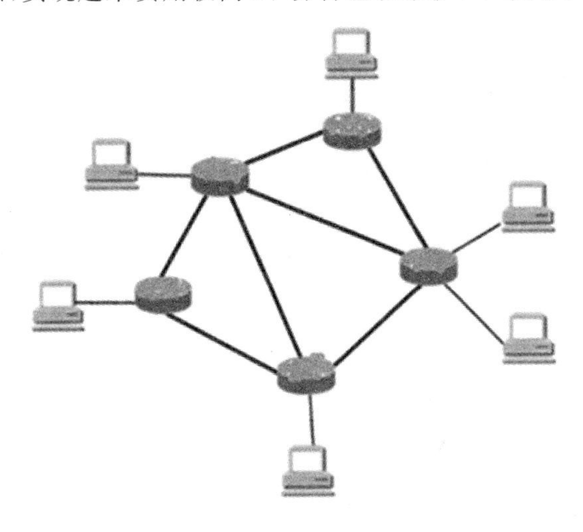

图7-8 网状结构

4.按传输介质分类

按照网络的传输介质进行分类，可以划分为有线网络和无线网络两大类。

(1)有线网络。有线网络指采用同轴电缆、双绞线、光纤等有线介质连接计算机的网络。双绞线是最常见的连接介质，它价格便宜，安装方便，但易被干扰，传输速率较低。光纤采用光导纤维作为传输介质，传输距离长，传输速率高，抗干扰性强，现在得到了广泛的使用。光纤结构如图7-9所示。

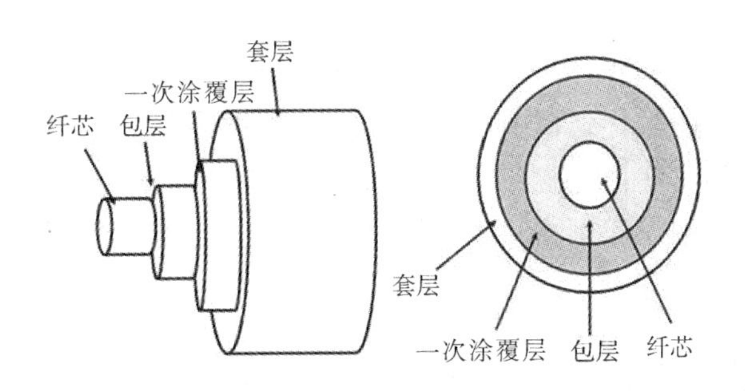

图7-9 光纤结构

(2)无线网络。无线网络采用微波、红外线、无线电等电磁波作为传输介质。无线上网方式灵活，易于安装和使用，越来越受到用户的欢迎。无线上网的方式很多，常见的有基于公共电话网、基于移动通信网络(蜂窝无线网)、基于卫星通信等。

而我们日常在局域网中使用的利用无线网卡和无线路由器的Wi-Fi联网方式从本质上来说属于无线局域网范畴，是一种无线联网技术。以前通过网线连接电脑，而Wi-Fi则是通过无线电波来联网；常见的就是一个无线路由器，那么在这个无线路由器的电波覆盖的有效范围都可以采用Wi-Fi连接方式进行联网，如果无线路由器连接了一条ADSL线路或者别的上网线路，则又被称为热点。

7.1.3 计算机网络的体系结构

随着计算机网络技术的不断发展，规模与应用不断扩大，我们面对越来越复杂的计算机网络系统，必须通过网络体系结构的方法清楚地描述网络系统的组织、结构和功能；使网络系统功能模块化，接口标准化，进而简化网络系统的建设，扩大和改造工作，提高网络系统的整体性能。

世界上第一个网络体系结构是IBM公司于1974年提出的SNA网络。在此之后，许多公司分别提出了各自的网络体系结构，这些网络体系结构的共同之处在于它们都采用了分层结构。

1. 网络系统的分层结构

网络体系结构的层次模型包括两个方面的内容：一是按网络的功能分为若干个层次，在每个功能层次中，制订出共同遵守的规程或约定，被称为同层协议；二是层次之间过渡，从一个层次过渡到另一个层次必须具备一定的条件，称为接口协议。而网络体系结构是各层协议和各层间接口的集合。

2. ISO/OSI网络体系

由于世界各大厂商分别推出自己的网络体系结构，这些不同结构的封闭网络体系之间均不能互联。为了协调各网络体系结构间的联系，由国际标准化组织(ISO)和国际电话电报咨询委员会分别提出的开放系统互连(Open System Interconnection，OSI)参考模型是指在OSI参考模型的指导下设计出来的符合OSI标准的各种网络系统之间具有互联性、可操作性和可移植性。

OSI参考模型将计算机网络体系的逻辑结构分为七层，从最底层到最高层分别是：物理层、数据链路层、网络层、传输层、会话层、表示层和应用层。低三层的实体负责通信子网的通信功能；高三层的实体负责资源子网的信息处理功能；传输层建立在低三层提供服务的基础上，为高三层提供与网络相关的信息交换服务。OSI模型如图7-10所示。

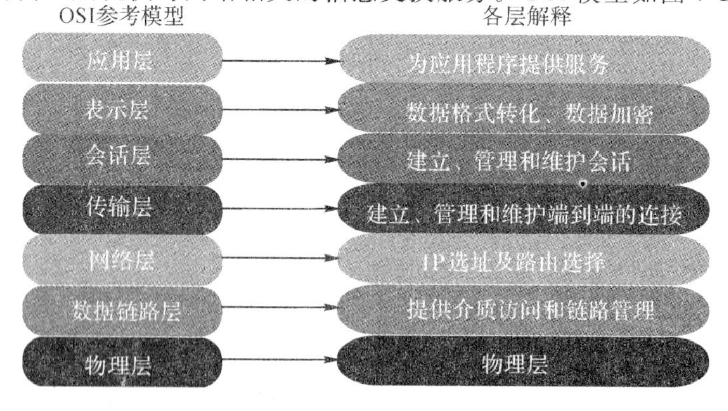

图7-10 OSI模型及功能

3. TCP/IP 模型

在计算机网络技术中，网络的体系结构指的是通信系统的整体设计，目的是为网络硬件、软件、协议、存取控制和拓扑结构提供标准，将直接影响总线、接口和网络的性能，现在广泛采用的是 TCP/IP 参考模型。

TCP/IP 模型是由美国国防部在 ARPANET 中创建的网络体系结构，所以有时又称为 DoD(Department of Defense)模型，是至今为止发展最成功的通信模型，用于构筑目前最大的、开放的互联网络系统 Internet。TCP/IP 模型分为不同的层次，每一层负责不同的通信功能。TCP/IP 简化了层次模型(只有五层)，由下至上分别为物理层、数据链路层、网络层、传输层、应用层。TCP/IP 模型与 OSI 模型的对应关系如图 7-11 所示。

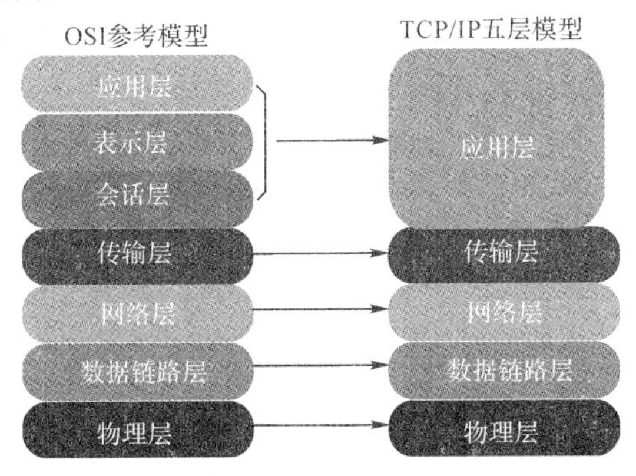

图 7-11 OSI 参考模型与 TCP/IP 模型对应关系

7.2 互联网基础知识

因特网基础知识

7.2.1 计算机网络协议

1. 计算机网络协议的概念

在计算机网络中要做到有条不紊地交换数据，就必须遵守一些事先约定好的规则，这些规则明确规定了所交换的数据的格式以及数据同步问题。这些为进行网络中的数据交换而建立的规则、标准或约定，被称为网络协议。

网络协议并不是写在纸上的，而是一种特殊的软件，是计算机网络实现其功能的最基本机制。网络协议并不是一套单独的软件，它融合于其他所有的软件系统中，是任何软件进行数据传输所必须遵守的一系列规则。因此网络协议遍及 TCP/IP 通信模型的各个层次，从我们非常熟悉的 TCP/IP、HTTP、FTP 到 OSPF、IGP 等，有上千种之多。在实际管理中，底层通信协议一般会自动工作，不需要人工干预。因此对于普通用户而言，不需要关心太多的底层通信协议，只需要了解其通信原理即可。但是对于第三层及以上的协议，比如 TCP/IP 协议，就经常需要人工配置才能正常工作。

2. 网络协议的三要素

一个网络协议主要由以下三个要素组成。

(1)语法：即数据与控制信息的结构或格式。

(2)语义：即需要发出何种控制信息，完成何种动作以及做出何种应答。

(3)同步：即事件实现顺序的详细说明。

3. TCP/IP 协议簇

TCP/IP 模型每一层都提供了一组协议，各层协议的集合构成了 TCP/IP 模型的协议簇。

(1)数据链路层协议。TCP/IP 的数据链路层中包括：地址解析协议(Address Resolution Protocol，ARP)，用来将逻辑地址解析成物理地址；反向地址解析协议(Reverse Address Resolution Protocol，RARP)，通过 RARP 广播，将物理地址解析成逻辑地址。

(2)网络层协议。网络层包括多个重要协议，主要协议有 4 个，即 IP、RIP、IGMP 和 ICMP。互联网协议(Internet Protocol，IP)是其中的核心协议，IP 协议规定网络层数据分组的格式。互联网控制报文协议(Internet Control Message Protocol，ICMP)提供网络控制和消息传递功能。路由信息协议(Routing Information Protocol，RIP)适用于小型网络的路由协议。互联网组管理协议(Internet Group Management Protocol，IGMP)用于主机和多播路由器的请求和探询。

(3)传输层协议。传输层协议主要包含 TCP 和 UDP 两个协议。传输控制协议(Transmission Control Protocol，TCP)是面向连接的协议，用于保证传输的可靠性和进行流量控制。用户数据报协议(User Datagram Protocol，UDP)是面向无连接的不可靠传输层协议。

(4)应用层协议。应用层包括了众多的应用与应用支撑协议。常见的应用层协议有：文件传送协议(FTP)、超文本传输协议(HTTP)、简单邮件传送协议(SMTP)、远程登录(Telnet)。常见的应用支撑协议包括域名服务(DNS)和简单网络管理协议(SNMP)等。

各层之间的主要网络协议如图 7-12 所示。

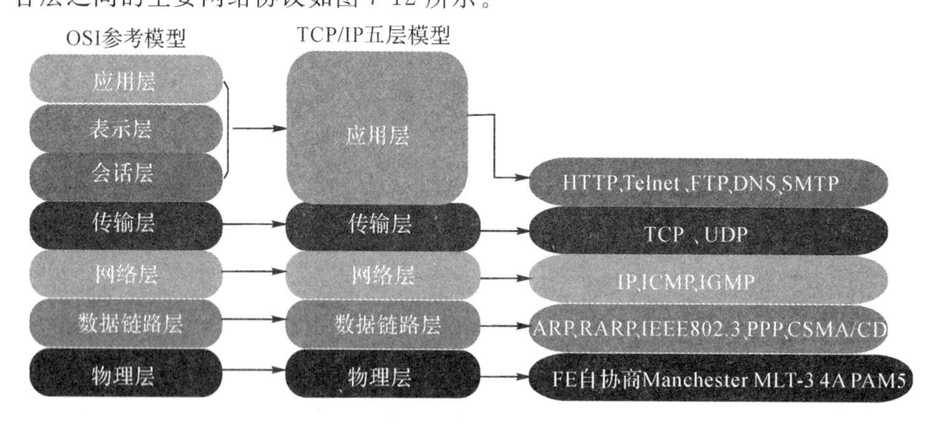

图 7-12　各层主要网络协议

7.2.2 IP 地址

1. IP 与 IP 地址

IP(Internet Protocol)意思是“网络之间互连的协议”,也就是为计算机网络中的计算机相互连接进行通信而设计的协议。它规定了计算机在因特网上进行通信时应当遵守的一系列规则。任何厂家生产的计算机系统,只有遵守 IP 协议才可以与因特网互连互通。正是因为有了 IP 协议,因特网才得以迅速发展,成为世界上最大的、开放的计算机通信网络。因此,IP 协议也可以叫作“因特网协议”。

IP 地址(Internet Protocol Address)是为使接入因特网的计算机在通信时能够互相识别,而在 Internet 上的给主机编址的方式,也称为网际协议地址。大家日常见到的情况是每台联网的 PC 上都需要有 IP 地址,才能正常通信。我们可以把“个人计算机”比作“一台电话”,那么“IP 地址”就相当于“电话号码”,而 Internet 中的路由器,就相当于电信局的“程控式交换机”。常见的 IP 地址,分为 IPv4 与 IPv6 两大类。

2. IPv4 与 IPv6

IPv4 是一个 32 位的二进制数,通常被分割为 4 个“8 位二进制数”(也就是 4 字节)。IP 地址通常用“点分十进制”表示成(a. b. c. d)的形式,其中,a、b、c、d 都是 0～255 之间的十进制整数。由于 IPv4 只支持 4 字节的因特网地址,因此随着计算机技术的发展,入网的机器数量不断增加,IP 地址资源日益短缺。因此,第二代因特网协议应运而生,也被称为 IPv6。IPv6 的 IP 地址有 128 位,是 IPv4 可用地址的 4 倍。在可预见的时期内,能够为所有可以想象出的网络设备提供一个全球唯一的地址。

3. IP 地址编址方式

IPv4 编址方式将 IP 地址空间划分为 A、B、C、D、E 五类,其中 A 类、B 类、C 类是基本类,D 类、E 类作为多播和保留使用,如表 7-1 所示。

表 7-1 IP 地址编址方式

A类		0	网络 ID					主机 ID	
B类		1	0	网络 ID				主机 ID	
C类		1	1	0			网络 ID		主机 ID
D类		1	1	1	0			组播地址	
E类		1	1	1	1	0		保留	

(1)A 类地址。一个 A 类 IP 地址是指,在 IP 地址的四段号码中,第一段号码为网络号码,剩下的三段号码为本地计算机的号码。如果用二进制表示 IP 地址的话,A 类 IP 地址就由 1 字节的网络地址和 3 字节的主机地址组成,网络地址的最高位必须是“0”。A 类 IP 地址中网络标识的长度为 8 位,主机标识的长度为 24 位。A 类网络地址数量较少,有 126 个网络,每个网络可以容纳的最大主机数为 $256^3-2=16777214$ 台。因此,A 类地址适合规模特别大的网络使用。

(2)B 类地址。一个 B 类 IP 地址是指,在 IP 地址的四段号码中,前两段号码为网络号码。如果用二进制表示 IP 地址的话,B 类 IP 地址就由 2 字节的网络地址和 2 字节的主机地址组成,网络地址的最高位必须是“10”。B 类 IP 地址中网络的标识长度为 16 位,主机标识的长度为 16 位,B 类网络地址适用于中等规模的网络,有 16384 个网络,每个网络所能容纳的计算机数 $256^2-2=65534$ 台。

(3)C 类地址。一个 C 类 IP 地址是指,在 IP 地址的四段号码中,前三段号码为网络号码,剩下的一段号码为本地计算机的号码。如果用二进制表示 IP 地址的话,C 类 IP 地址就由 3 字节的网络地址和 1 字节的主机地址组成,网络地址的最高位必须是“110”。C 类 IP 地址中网络的标识长度为 24 位,主机标识的长度为 8 位。C 类网络地址数量较多,有 209 万余个网络,适用于小规模的局域网络,每个网络最多只能包含计算机 $256^1-2=254$ 台。

(4)D 类和 E 类地址。D 类地址和 E 类地址的用途比较特殊。D 类地址称为广播地址,供特殊协议向选定的节点发送信息时用;E 类地址保留给将来使用。

在 Internet 中,一台主机可以有一个或多个 IP 地址,但两台或多台主机却不能共用一个 IP 地址。如果有两台主机的 IP 地址相同,则会引起 IP 地址冲突的异常现象,无论哪台主机都将无法正常工作。

7.2.3 域名

1. 域名的概念

域名(Domain Name),是由一串用点分隔的名字所组成的 Internet 上某一台计算机或计算机组的名称,因为人们在记忆有意义的字符串上往往比单纯记忆数字更容易。网络中有负责解析域名的机器,叫作域名服务器(Domain Name Server,DNS)。域名的组成一般为:主机名.子域名.所属机构名.顶级域名。

(1)顶级域名。顶级域名又分为:国家顶级域名(National Top-Level Domainnames,NTLDs),200 多个国家都按照 ISO3166 国家代码分配了顶级域名,例如中国是 cn,美国是 us,日本是 jp;国际顶级域名(International Top-Level Domainnames,ITDs),例如表示工商企业的.com,表示网络提供商的.net,表示非营利组织的.org 等。

(2)所属机构名。所属机构名是指顶级域名之下的域名,在国际顶级域名下,它是指域名注册人的网上名称,例如 ibm,yahoo,microsoft 等;在顶级域名之下,中国的二级域名又分为类别域名和行政区域名两类。类别域名共 6 个,包括:用于科研机构的 ac;用于工商金融企业的 com;用于教育机构的 edu;用于政府部门的 gov;用于互联网络信息中心和运行中心的 net;用于非营利组织的 org。

(3)子域名。子域名用字母(A~Z,a~z,大小写等)、数字(0~9)和连接符(—)组成,各级域名之间用实点(.)连接,三级域名的长度不能超过 20 个字符。如无特殊原因,建议采用申请人的英文名(或者缩写)或者汉语拼音名(或者缩写)作为子域名,以保持域名的清晰性和简洁性。

2. 域名分类

常见的域名类型有：

(1)按语种分类：按语种的不同可以分为英文域名、中文域名、日文域名、韩文域名等。其中现在我们常见的就是英文域名。如英文域名"taobao.com"，对应的中文域名为"淘宝.com"

(2)按地区分类：在国内我们常用的就是.cn 域名，.cn 是中国大陆的国家一级域名。另外还有.com.cn、.net.cn、.org.cn 等。国内不同省市也有自己的顶级域名，例如内蒙古的顶级域名就是：.nm.cn。此外美国国家顶级域名是.us，日本是.jp。

3. 统一资源定位符。

统一资源定位符(Uniform Resource Locator，URL)，是专为标识 Internet 网上资源位置而设的一种编址方式，如平时所说的网页地址指的即是 URL，它的位置对应在浏览器中的地址栏。

URL 由三部分组成，第一部分指出协议服务类型，第二部分指出信息所在的服务器主机域名，第三部分指出包含文件数据所在的精确路径。

URL 中的域名可以唯一地确定 Internet 上的每一台计算机的地址。域名中的主机部分一般与服务类型相一致，如提供 Web 服务的 Web 服务器，其主机名往往是 www；提供 FTP 服务的 FTP 服务器，其主机名往往是 ftp。

7.2.4　因特网的连接

因特网服务提供方(the Internet Service Provider，ISP)是向广大用户综合提供互联网接入业务、信息业务和增值业务的电信运营商。任何一台安装了 TCP/IP 协议并有一个 IP 地址，都可以通过电话拨号、专线上网、DSL 接入、无线接入等方式接入因特网。

1. 电话拨号接入

通过调制解调器(Modem)拨号接入速度比较慢，是早期使用较多的接入方式，现在已很少使用，但在某些场合临时使用也不失为一种解决问题的办法。

计算机用户通过 Modem 接入公用电话网络，再通过公用电话网络连接到 ISP，通过 ISP 的主机接入 Internet，在建立拨号连接以前，向 ISP(我国一般是当地电信部门)申请拨号连接的使用权，获得使用账号和密码，每次上网前需要通过账号和密码拨号。拨号上网方式又称为拨号 IP 方式，因为采用拨号上网方式，在上网之后会被动态地分配一个合法的 IP 地址。在用户和 ISP 之间要用专门的通信协议串行线路网际协议 SLIP 或点对点协议 PPP。

特点：拨号上网的投资不大，但功能比拨号仿真终端方法联入要强得多，适合一般家庭及个人用户使用；速度慢，因为其受电话线及相关接入设备的硬件条件限制，带宽一般在 56KB/s 左右。

2. 专线上网

数字数据网(Digital Data Network，DDN)是利用铜缆、光纤、数字微波或卫星等数字传输通道，提供永久或半永久连接电路，以传输数字信号为主的数字传输网络。在连到 Internet 时，是通过 DDN 专线连接到 ISP，再通过 ISP 连接到 Internet。局域网通过 DDN

专线连接 Internet 时，一般需要使用基带调制解调器和路由器。

特点：DDN 提供点到多点的连接，适合广播发送信息，也适合集中控制等业务，适用于大型企业；采用数字电路，传输质量高，时延小，通信速率可根据需要选择；电路可以自动迂回，可靠性高。

3. DSL 接入

DSL 是数字用户专线技术，可以利用双绞线高速传输数据。现有的 DSL 技术已有多种，如 HDSL、ADSL、VDSL、SDSL 等。下面我们以国内常见的 ADSL 技术为例。ADSL 是非对称数字用户线(Asymmetric Digital Subscriber Line)的缩写，采用了先进的数字处理技术，将上传频道、下载频道和语音频道的频段分开，在一条电话线上同时传输 3 种不同频段的数据且能够实现数字信号与模拟信号同时在电话线上传输。它的连接是主机通过 DSL Modem 连接到电话线，再连接到 ISP，通过 ISP 连接到 Internet。

特点：ADSL 提供了下载传输带宽最高可达 8Mb/s，上传传输带宽为 64kb/s 到 1Mb/s 的宽带网络。与传统上网模式相比，减轻了电话交换机的负载，不需要拨号，属于专线上网，不需另缴电话费。

4. 无线接入

由于铺设光纤的费用很高，对于需要宽带接入的用户，一些城市提供无线接入。用户通过高频天线和 ISP 连接，距离在 10km 左右，带宽为 2～11Mb/s，费用低廉，但是受地形和距离的限制，适合城市里距离 ISP 不远的用户，其性能价格比很高。

特点：无线网络系统既可达到建设计算机网络系统的目的，又可让设备自由安排和搬动。

7.2.5 上网设置

1. ADSL 上网设置

ADSL 安装包括局端线路调整和用户端设备安装量方面。在局端线路方面，由服务商负责上门将用户原有的电话线接入 ADSL 局端设备。用户端的 ADSL 安装也非常方便，只要将电话线连上滤波器，滤波器与 ADSL Modem 之间用一条两芯电话线连上，ADSL Modem与计算机的网卡之间用一条交叉网线连通即可完成硬件安装，如图 7-13 所示。

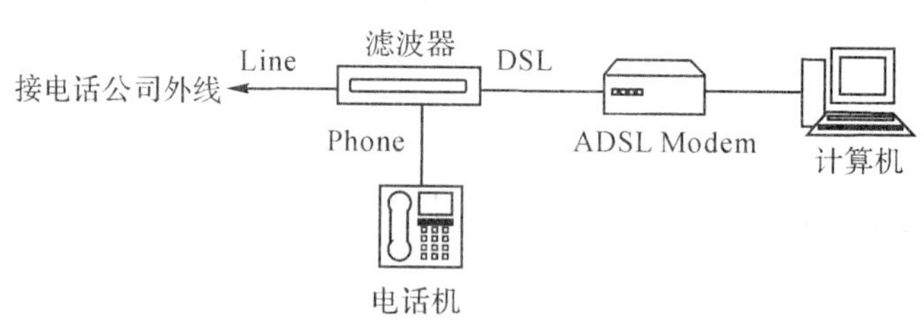

图 7-13　ADSL 接入模型

在设置好调制解调器并与电话线正确连接后，就可以建立与 Internet 的连接了。在计算机上，我们可以安装 ISP 提供的专用拨号端，输入上网账号和密码，进行拨号。如果没有专用拨号端，我们也可以在电脑上通过 Windows 提供的“设置连接或网络”向导，自己建立与 Internet 的连接。

步骤 1：单击“开始”按钮，打开“控制面板”，选择“网络和 Internet”选项下的“网络和共享中心”，打开“查看网络状态和任务”对话框。

步骤 2：点击“设置新的连接或网络”，打开“设置连接或网络”对话框，选择“连接到 Internet”选项并单击“下一步(N)”，以建立与 Internet 的连接，如图 7-14 所示。

步骤 3：选择“宽带(PPPoE)”连接，按照提示，填入从 ISP 处获得的账号及密码，“连接名称”可以任意设置，这里默认为“宽带连接”。填写完毕单击“连接(C)”按钮，即可开始进行连接。

步骤 4：连接成功，会提示“用户已连接到 Internet”，我们已成功将计算机接入Internet。

步骤 5：今后想再次连接到 Internet，可以单击系统任务栏中的网络图标，找到我们刚创建的“宽带连接”，输入用户名和密码后，单击“连接(C)”按钮，即可接入 Internet。宽带连接的窗口如图 7-15 所示。

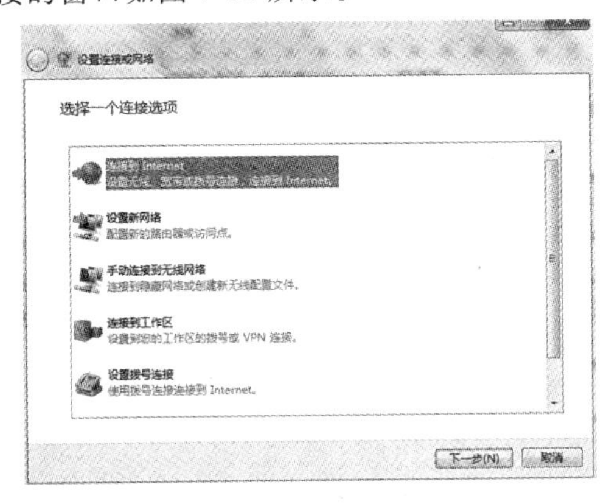

图 7-14　建立连接

图 7-15　宽带连接窗口

2. 局域网的设置

如果需要满足同一空间内多个用户的上网需求，往往需要通过设置局域网来实现。局域网用户需要在原有上网的基础上多加一个 ADSL 路由器并用网线将路由器与 ADSL Modem 连起来，如图 7-16 所示。

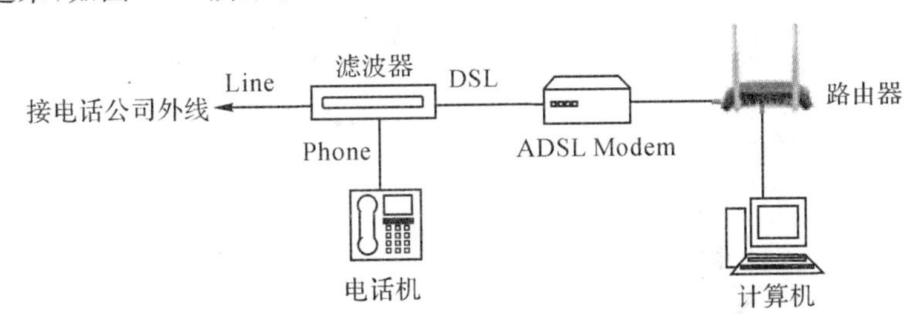

图 7-16　ADSL 局域网接入模型

此外还需要对路由器进行设置，具体操作步骤如下。

步骤1：首先用网线将ADSL Modem与路由器的WAN口连上，剩下的LAN端口可以连接其他计算机或交换机，如图7-17所示。

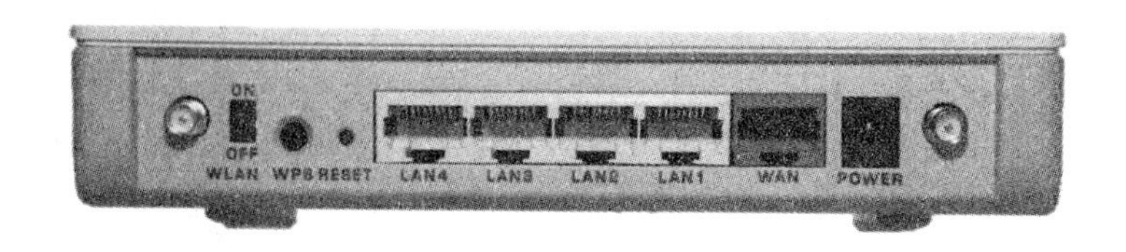

图7-17　路由器后侧接口

步骤2：然后打开浏览器，在地址栏里面输入192.168.1.1后按Enter键确认。系统提示输入用户名和密码，填入路由器默认的用户名和密码。一般路由器默认用户名和密码都是admin，其他路由器可参照说明书。这里用的是TP-Link WR842N，只需直接输入管理员密码，如图7-18所示。

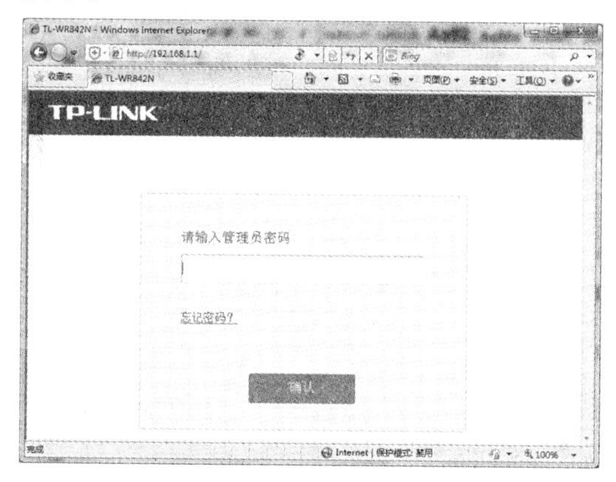

图7-18　路由器登录界面

步骤3：根据弹出的设置向导或在左面的导航栏里面单击“设置向导”，单击“下一步”，如图7-19所示。

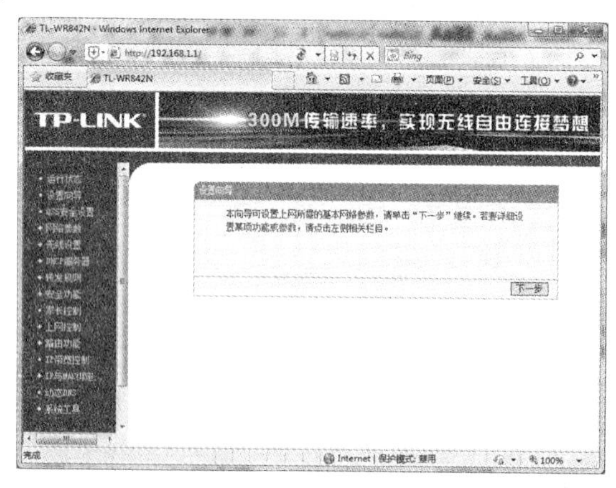

图7-19　设置向导界面

步骤 4:选择“PPPoE(ADSL 虚拟拨号)”,单击“下一步”,如图 7-20 所示。

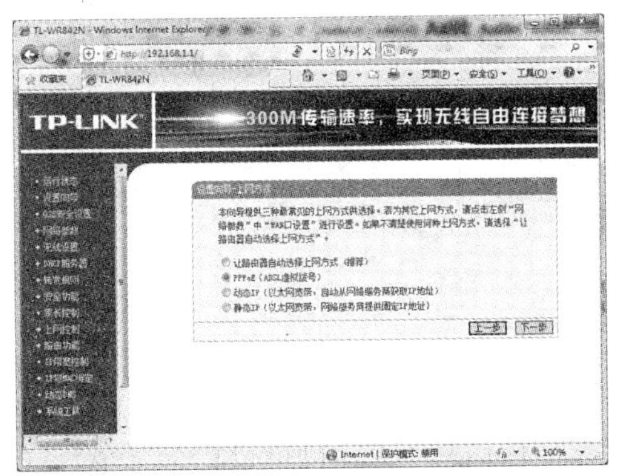

图 7-20　选择上网方式

步骤 5:输入在使用 ADSL 拨号时使用的用户名和密码,如图 7-21 所示。

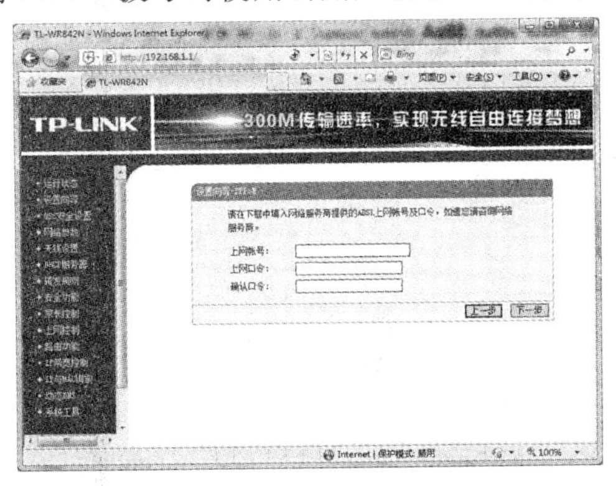

图 7-21　账号和密码界面

步骤 6:单击“完成”。(如果路由器带有无线功能,可以设置相关的无线网络参数。)

7.3　网络浏览器的使用

7.3.1　Internet Explorer 浏览器

(1)Internet Explorer 的窗口界面。浏览器是帮助人们浏览、查询网上信息资源的工具软件。Internet Explorer 是微软公司推出的一个功能强大的网络软件,用户利用它不仅可以上网,还可以收发电子邮件,进行网上聊天、开会等。

双击桌面上的“Internet Explorer”图标或在“开始”菜单中选择“所有程序”找到并单击“Internet Explorer”便可启动。Internet Explorer 的窗口界面非常简洁,除标题栏之外,将地址栏和标签选项卡集成在一行内,并且默认只显示几个常用的功能按钮。如果想使用更多功能，可以右击标题栏空白处，在弹出的菜单中包括添加菜单栏、收藏夹栏、命令栏和状态栏等更多功能，如图 7-22 所示。

图 7-22 Internet Explorer 窗口界面

除了微软默认浏览器外，许多公司还开发了许多功能强大的浏览器，如火狐(见图 7-23)、360、百度、谷歌 Chrome 等。

图 7-23 火狐浏览器窗口界面

(2)浏览网页。用户可以根据自己的兴趣任意浏览 Web 站点。下面以网易主页网站(http://www.163.com)为例，介绍浏览一个站点的基本过程。

①通过网址访问网页。在地址栏中输入“www.163.com”，按 Enter 键确认，则网易主页显示在浏览器的主窗口中，如图 7-24 所示。如果当前浏览的页面较长，可以使用滚动条翻动页面并阅读页面中的内容，按“Alt+鼠标滚轮”的方式可缩放页面。

图 7-24 网易主页

②查看已浏览过的页面。用户在浏览网页的过程中经常需要在不同网页中进行切换，查看本次浏览期间已浏览过的页面可以使用工具栏中的“后退”或“前进”按钮，在前后浏览页面之间进行跳转。或者通过 Internet Explorer 提供的本次浏览期间的历史列表功能，在“后退”按钮上右击便可以打开本次浏览期间的历史列表，用户可以从中选择要浏览的网页名称，迅速返回到该页面。该列表在每次启动 Internet Explorer 时都将被重建。如果想查看最近几天浏览过的网页，可在“后退”按钮上右击或使用快捷键“Ctrl＋Shift＋H”打开“历史记录”列表，然后在列表中单击要浏览的网页。同时 Internet Explorer 浏览器还提供了恢复上次浏览会话的功能，可以恢复最后一次关闭的页面，我们只需要在“工具”菜单中单击“重新打开上次浏览会话”即可。

③网页的全屏浏览。Internet Explorer 的标题栏、菜单栏、地址栏、状态栏在屏幕上占用了比较大的空间，限制了用户的视野，使用户要不断地拖动页面右侧的滚动条才能查看页面上的全部信息。为了方便用户浏览，Internet Explorer 中提供全屏显示功能，用户只要单击常用工具栏中的“全屏”按钮，页面就会显示在整个屏幕上。由于“全屏”按钮不是系统的默认显示按钮，用户可以在命令栏任意位置右击，在弹出的菜单中选择“自定义”|“添加或删除命令”打开“自定义工具栏”窗口，将该按钮添加到工具栏中，或直接使用快捷键 F11。

7.3.2　网页的保存与打印

用户可以保存整个网页页面，也可以保存其中的部分内容(如文字、图形或链接等)。信息保存后，用户可以在其他文档中使用它们或将其作为 Windows 墙纸在桌面上显示，也可以通过 QQ 或微信等方式将指向该页的链接发送或分享给其他需要的人。

(1)保存当前页面。

步骤 1:选择“页面”菜单中的“另存为”命令或使用快捷键“Ctrl＋S”，弹出“另存为”对话框。

步骤 2:在“另存为”对话框中指定文档保存的位置和名称，然后单击“保存(S)”按钮，如图 7-25 所示。利用该保存方式只能保存页面的 HTML 文档本身，图片、动画等信息需要另行存储。

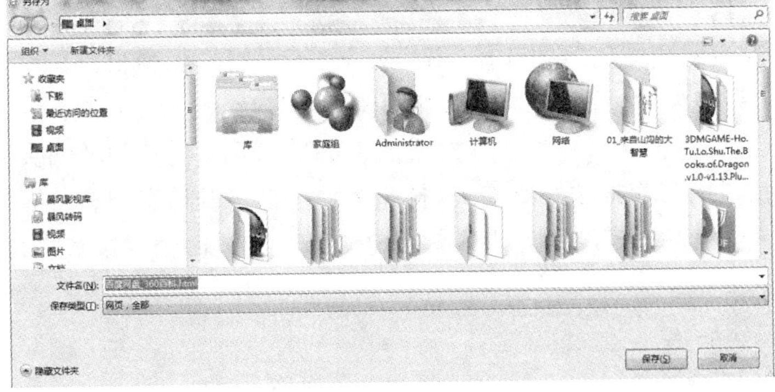

图 7-25　保存网页

(2)直接保存(不打开网页或图片)。

步骤1:右击链接项或图片,在弹出的快捷菜单中选择"目标另存为(A)"选项(见图7-26),弹出"另存为"对话框。

步骤2:在"另存为"对话框中指定保存的位置和名称,然后单击"保存(S)"按钮,便开始下载并保存指定的内容。

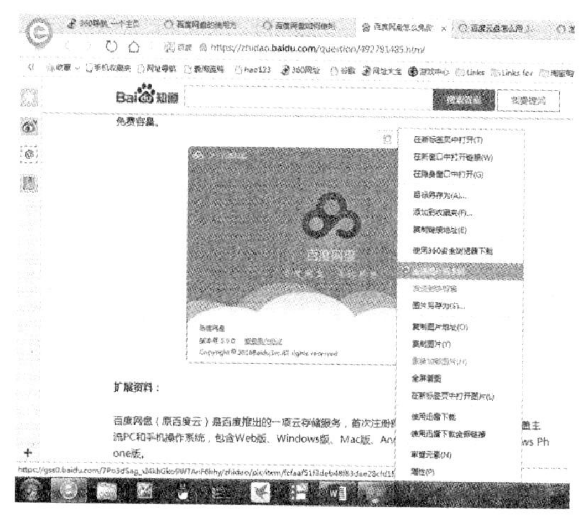

图7-26 下载网页信息

(3)网页文本信息的复制。

步骤1:选定要复制的信息。

步骤2:在"页面"菜单中,单击"复制"命令或直接按"Ctrl+C"快捷键。

步骤3:在需要显示信息的文档中,单击放置这些信息的位置,在"编辑"菜单中选择"粘贴"命令或按"Ctrl+V"快捷键。但是,在浏览器中不能将某个Web页的信息复制到另一个Web页中。

(4)查看网页源文件。在浏览器的"页面"菜单中单击"查看源(V)"命令,即可查看当前页的HTML源文件,如图7-27所示。该方式常用于查找当前页面中的图片或视频下载信息。

(5)保存图片。

步骤1:右击网页上的图片。

步骤2:在弹出的快捷菜单中选择"图片另存为(V)"选项,弹出"另存为"对话框。

步骤3:在"另存为"对话框中指定保存的位置和名称,然后单击"保存(S)"按钮。

(6)打印网页信息。如果用户要以纸质文件的形式保存浏览到的网页信息,则需要使用打印功能。由于网页的特殊组织模式,打印网页与打印普通文档有所区别。

步骤1:选择页面右上角的"工具"菜单中的"打印(P)"命令或按快捷键"Ctrl+P",如图7-28所示。

图 7-27 查看源文件

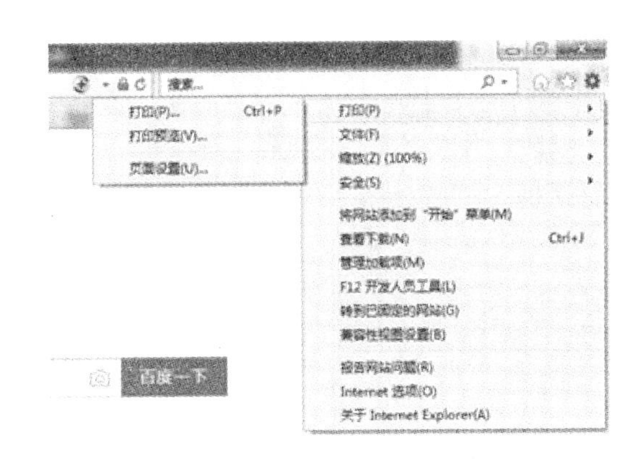

图 7-28 网页打印

步骤 2:在弹出的对话框中选择打印机和需要打印的份数,如只需打印页面中的一部分,可以选择"页面范围"中的"选定范围(T)"选项,如图 7-29 所示。单击"打印(P)"。

(7)打印链接文档和链接列表。如果用户希望同时打印链接到该页的所有页面,则在"打印"对话框的"选项"工具卡中选择"打印链接的所有文档(K)"复选框。如果用户希望在文档结尾打印文档内的所有链接列表,则在"打印"对话框中选择"打印链接列表(B)"复选框。同样,在选择"按屏幕所列布局打印(I)"选项后该选项不可用,如图 7-30 所示。

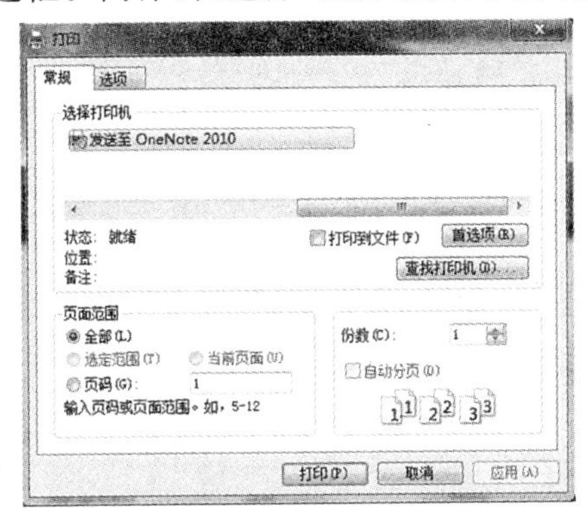

图 7-29 "打印"对话框

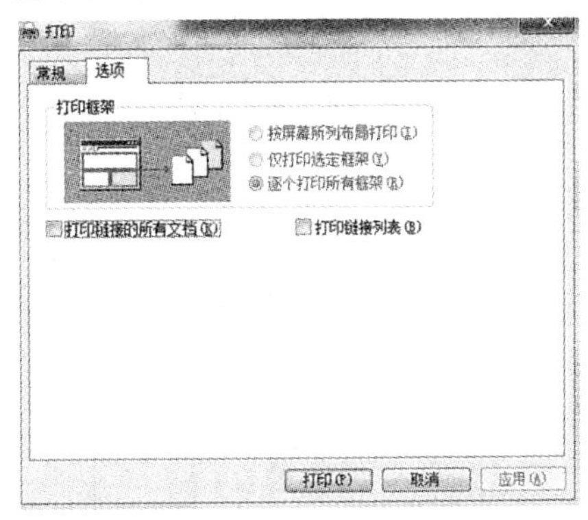

图 7-30 打印链接文档和链接列表

(8)打印图片。如只需打印网页中的图片,可以直接将鼠标移到要打印的图片上,右击,在弹出的快捷菜单中选择"打印图片"选项,便可以打印该图片。

7.3.3 网页的收藏

在浏览网页的过程中需要对感兴趣的内容进行保存,以便需要时查看。浏览器中的收藏夹功能可以帮助用户有效地管理浏览的网页。收藏夹是一个文件夹,Internet Explorer 的收藏夹用于分类存储用户收集的网页地址,用户可以在该文件夹下建立子文件夹对网页进行分类整理。

(1)将网页添加到收藏夹中。

步骤 1:进入需要收藏的网页,单击“收藏夹”栏最左侧的“添加到收藏夹”按钮,即可将当前网页添加至收藏夹。

步骤 2:右击页面,在弹出的快捷菜单中选择“添加到收藏夹”命令,出现“添加到收藏夹”对话框,在“网页标题”中输入名称,再单击“添加”按钮即可,如图 7-31 所示。

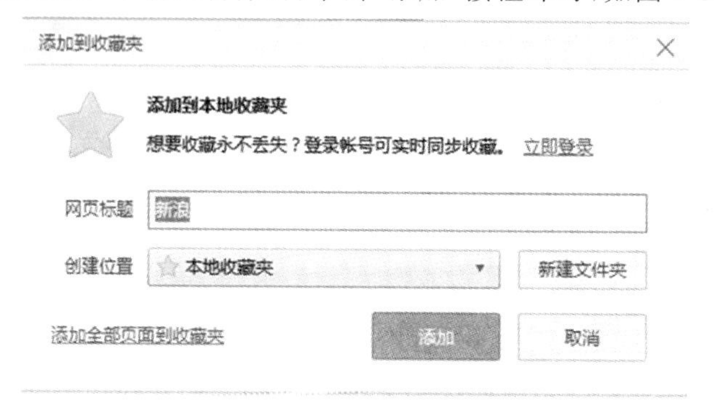

图 7-31 “添加到收藏夹”对话框

(2)整理收藏夹。一般情况下,Internet Explorer 将收藏的网页的 URL 存放在默认文件夹中。一旦用户收藏了大量的 URL,查找起来比较困难,较好的管理方式是对用户所收藏的 URL 进行分类管理。用户可以为每一类 URL 建立一个文件夹,将所有保存的 URL 分门别类地放入不同的文件夹中。

步骤 1:选择“收藏夹”菜单中的“整理收藏夹”命令,弹出“整理收藏夹”对话框。

步骤 2:若要建立新文件夹,选择“新建文件夹”按钮。

步骤 3:若要对 URL 进行分类,选择“移动”按钮。

步骤 4:若要删除文件夹或收藏的网页,选择“删除”按钮。

步骤 5:若要修改文件夹或收藏的网页名称,选择“重命名”按钮。

(3)建立快捷方式。为了便于访问因特网,用户可以在桌面上为经常访问的网页建立快捷方式。

右击网页,在弹出的快捷菜单中选择“创建快捷方式(T)”即可,如图 7-32 所示。如果浏览器窗口没有最大化,也可以将链接直接从浏览器窗口拖动到桌面上。

用户还可以将经常访问的网页的快捷方式放到桌面上的任务栏中或者“开始”菜单中。

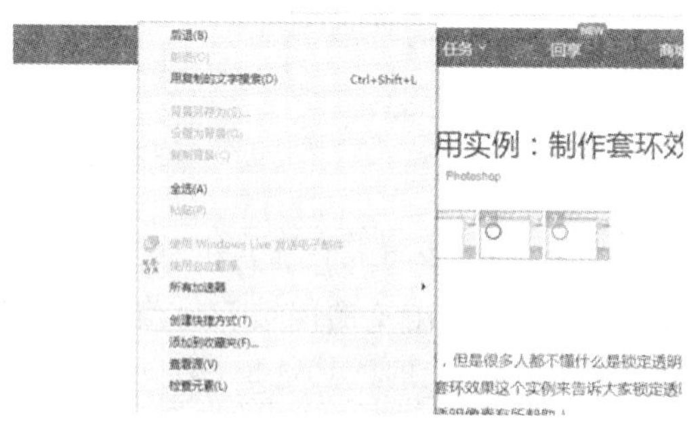

图 7-32 创建网页快捷方式

7.4 即时通信与网络交流

7.4.1 电子邮件的作用

电子邮件(也叫作E-mail)是通过Internet邮寄的信件。它具有方便、快捷和廉价的特点,是现代人生活和交往中的重要的通信工具。虽然随着QQ、微信等社交工具的普及,电子邮件的使用频次越来越少,但是在教育、科研和商业领域,电子邮件依然是双方主要的沟通方式之一。

1.电子邮件的功能

电子邮件系统一般都具有以下功能。

(1)信息的起草与编辑功能。供用户撰写信件生成待发的电子文档。另外还可以编辑、修改收发的邮件。

(2)新建收发功能。将编辑好的电子文档发送出去,发送电子文档的同时也可以附带发送其他电子文档。可以发送给一个用户也可以给同时发送给多个用户。

(3)收信通知功能。当系统收到新的电子邮件时,能通过短信等方式提示用户收取信件。

(4)信件收取与检索功能。可以在收到信件中按一定条件检索和读取。检索条件可以是发件人、收信时间、信件标题等,也可保存信件。

(5)信件回复和转发功能。用户在收到信件后无须查找发信人地址,直接按发信地址回复信件,不但可省去键入回复地址的麻烦,也可避免键入错误的回复地址。另外收到的信件可以转发给指定的收件人。

(6)退信说明功能。若信件未能成功传送给收件人,如收件人的E-mail地址不正确或传送通路有故障,电子邮件系统会返回退信的理由和原因给发件人。

(7)信件的管理功能。供用户对收到的信件进行管理,包括存储、删除等。

(8)地址簿管理。供用户管理众多联系人的邮件地址,以方便与他人联系。

(9)电子邮件的安全功能。提供邮件账号和口令的认证,可进行邮件加密传送。

2.电子邮件的地址

电子邮件地址是电子邮件系统识别发、收件人及传送邮件的唯一标识。Internet上的电子邮件地址也称为E-mail地址,其实质是用户在某个邮件服务器上的注册用户(账号)名与服务器主机名所处网络域名的组合。其地址格式如下:

用户名@邮件服务器主机名.网络域名

如账号XXX@163.com,则可以理解为此地址是在域名为.com的网络,主机名是163的邮件服务器上,注册用户名为XXX的E-mail地址。任何一个E-mail地址都是全球唯一的,否则邮件将无法送达。

7.4.2 电子邮箱的注册和使用

网易邮箱是网易公司推出的一个网络邮箱。网易邮箱在中国的市场占有率自 2003 年起至今,一直高居全国前列。截至 2016 年 9 月,网易邮箱用户总数达 8.9 亿。

1. 电子邮箱的注册

步骤 1:在任意浏览器地址栏中输入 www.163.com 进入网易主页,单击右上角“注册免费邮箱”,如图 7-33 所示。

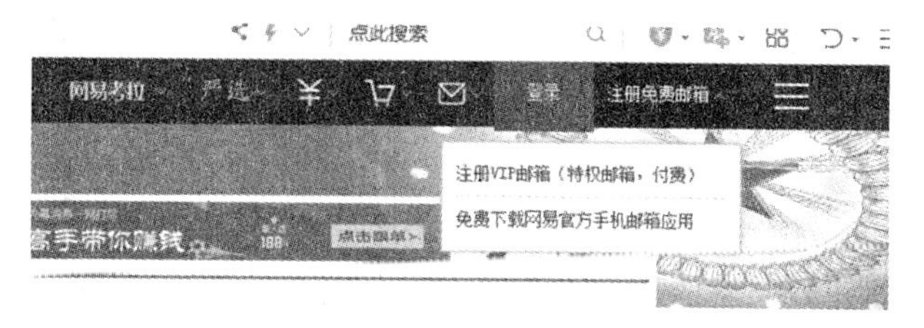

图 7-33　邮箱注册界面

步骤 2:进入注册界面,在表单中填写账号和密码等信息,单击“立即注册”即可完成邮箱注册,如图 7-34 所示。

注册字母邮箱　注册手机号码邮箱　注册VIP邮箱

* 邮件地址　test @ 163.com
6~18个字符，可使用字母、数字、下划线，需以字母开头

* 密码
6~16个字符，区分大小写

* 确认密码
请再次填写密码

* 手机号码　+86-
忘记密码时，可以通过该手机号码快速找回密码

* 验证码
请填写图片中的字符，不区分大小写　看不清楚？换张图片
免费获取验证码

* 短信验证码
请查收手机短信，并填写短信中的验证码

同意"服务条款"和"隐私权相关政策"

立即注册

图 7-34　邮箱注册

步骤 3:在邮箱登录界面输入刚才注册的账号和密码,登入邮箱。

2. 电子邮件的接收

要接收电子邮件，先单击工具栏右上角中的“收信”按钮下载电子邮件，然后单击左侧文件夹列表中的“收件箱”，可以看到“收件箱”界面，如图 7-35 所示。要查看某个电子邮件，在邮件列表中双击此电子邮件即可。如果希望给发信人回信，则可在邮件窗口中单击“答复”按钮。

图 7-35 邮件接收

3. 电子邮件的阅读

在网易邮箱中单击“收信”按钮接收到电子邮件后，用户可以在单独的窗口或预览窗口中阅读这些电子邮件。

4. 电子邮件的编写和发送

步骤 1：单击“写信”按钮，这时会弹出“新邮件”对话框，如图 7-36 所示。

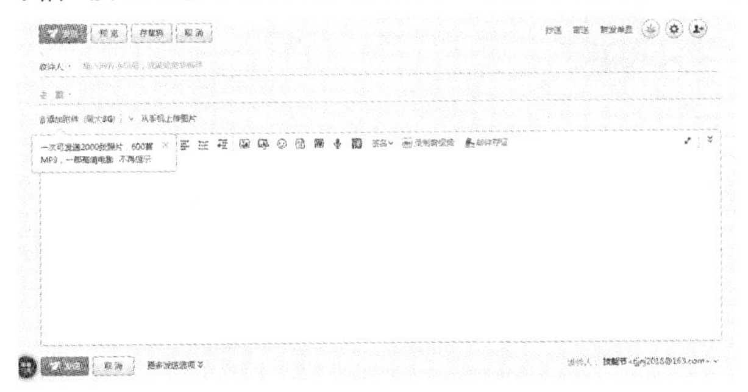

图 7-36 “新邮件”对话框

步骤 2：在“收件人”框内输入收件人的邮箱地址，如需发送给多个对象，可以同时输入多个地址，不同地址间以“;”间隔。在“主题”框内输入要发送邮件的主题，这时就可以在下面的编辑窗口编辑邮件内容了。

步骤 3：在分别输入收件人的地址、抄送的地址、主题和需要发送的文字内容后，选择“添加附件”命令，弹出“打开”对话框，如图 7-37 所示。

步骤 4：选择作为附件的文件，然后单击“打开(O)”按钮，或直接双击作为附件的文件，回到“新邮件”窗口，这时附件框内出现了插入的附件的名称。

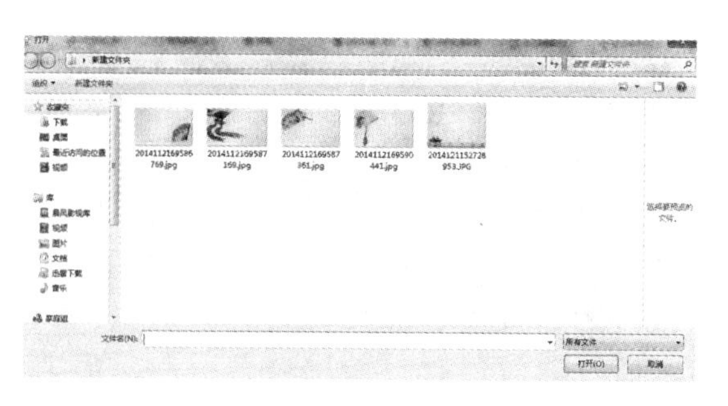

图 7-37 插入附件

步骤 5:内容编辑完成后,单击工具栏上的“发送”按钮即可。

5. 电子邮件的其他功能

(1)通讯录功能。在工具栏中,单击“通讯录”按钮,弹出通信录界面。界面中显示了经常联系的电子邮箱地址,如图 7-38 所示。单击“写信”按钮可以发送电子邮件,单击“更多”可以对联系人进行分类。

图 7-38 通信录

(2)草稿箱。在撰写完邮件后如果要保存邮件的草稿以便以后继续编写,可单击右上角的“存草稿”按钮,然后以邮件(.eml)、纯文字(.txt)或 HTML(.htm)格式将邮件保存在系统中,如图 7-39 所示。

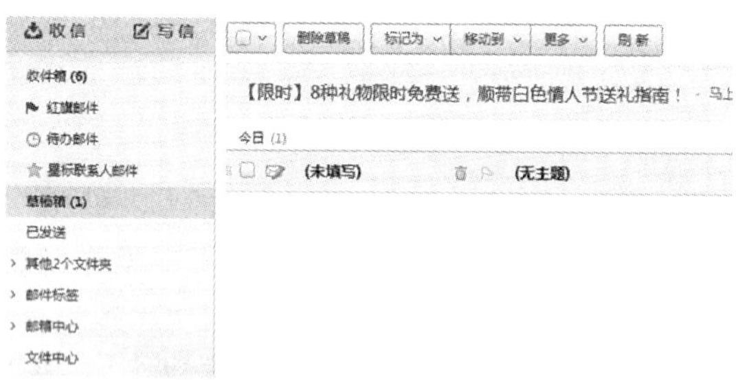

图 7-39 草稿箱

(3)已发送:已发送功能可以随时查看之前发送的所有电子邮件。

(4)邮件标签:邮件标签功能可以对邮件进行分组,以便用户对邮件进行分类操作。

7.4.3　其他常用通信及网络交流工具

除了电子邮箱外，腾讯 QQ、微博、微信、抖音都是当前我们常用的网络社交软件。

(1)腾讯 QQ。腾讯 QQ 是腾讯公司开发的一款基于 Internet 的即时通信(IM)软件。目前 QQ 已经覆盖 Microsoft Windows、OS X、Android、iOS、Windows Phone 等多种主流平台。其标志是一只戴着红色围巾的小企鹅。腾讯 QQ 支持在线聊天、视频通话、点对点断点续传文件、共享文件、网络硬盘、自定义面板、QQ 邮箱等多种功能，并可与多种通信终端相连，目前在线活跃人数在 3 亿人左右，是国内一款十分流行的即时通信软件。

(2)微博。微博(Weibo)，即微型博客(MicroBlog)的简称，也即是博客的一种，是一种通过关注机制分享简短实时信息的广播式社交网络平台。微博是一个基于用户关系信息分享、传播以及获取的平台。用户可以通过 WEB、WAP 等各种客户端组建个人社区，以 140 字(包括标点符号)的文字更新信息，并实现即时分享。微博的关注机制分为可单向、可双向两种。微博作为一种分享和交流平台，其更注重时效性和随意性，能表达出每时每刻的想法和最新动态。目前微博暂停对不满 14 周岁的未成年人开放注册功能。

(3)微信。微信(Wechat)是腾讯公司于 2011 年 1 月 21 日推出的一个为智能终端提供即时通信服务的免费应用程序。微信支持跨通信运营商、跨操作系统平台通过网络快速发送免费(需消耗少量网络流量)语音短信、视频、图片和文字，同时，也可以使用通过共享流媒体内容的资料和基于位置的社交插件“摇一摇”“朋友圈”“公众平台”“语音记事本”等服务插件。

微信提供公众平台、朋友圈、消息推送等功能，用户可以通过搜索号码、扫二维码等方式添加好友和关注公众平台，同时微信可以将内容分享给好友以及将用户看到的精彩内容分享到微信朋友圈。截至 2016 年 12 月微信的月活跃用户数已达 8.89 亿。

(4)抖音。抖音 App 是一款社交类的软件，通过抖音短视频 App 你可以分享你的生活，同时也可以在这里认识到更多朋友，了解各种奇闻趣事。实质上抖音是一个专注年轻人的 15 秒音乐短视频社区，用户可以选择歌曲，配以短视频，形成自己的作品。抖音用户可以通过视频拍摄快慢、视频编辑、特效(反复、闪一下、慢镜头)等技术让视频更具创造性。抖音平台都是年轻用户，配乐以电音、舞曲为主，视频分为两派：舞蹈派、创意派，共同的特点是都很有节奏感。也有少数放着抒情音乐展示咖啡拉花技巧的用户，成了抖音圈的一股“清流”。

7.5　知识与内容梳理

本章主要介绍了计算机网络的基础知识，以及计算机网络的分类和体系架构；介绍了计算机网络协议的作用和 IP 地址的分配；以及如何使用浏览器浏览、保存、下载、收藏网页；最后介绍了电子邮件的作用和电子邮箱的注册和使用。

计算机网络按照覆盖范围可以分为：局域网、城域网、广域网。按网络的使用范围可分为公用网和专用网。按网络的拓扑结构分为总线型结构、星型结构、环型结构、树型结构和网状结构。按网络传输介质可以划分为有线网络和无线网络两大类。

计算机网络体系可以分为ISO/OSI体系和TCP/IP体系。其中OSI结构有7层，TCP/IP有5层。

计算机网络协议是为进行网络中的数据交换而建立的规则、标准或约定。目前使用最多的是TCP/IP协议。

每台计算机的IP地址都是唯一的，常见IP地址分为IPv4和IPv6，其中IPv6为新一代IP地址。

域名是由一串用点分隔的名字所组成的Internet上某一台计算机或计算机组的名称。网络中有负责解析域名的机器，叫作域名服务器。

常用的网络浏览器有Internet Explorer、360浏览器、火狐浏览器等。通过浏览器，用户可以浏览、收藏网页以及下载文本或图片。

电子邮件是通过Internet邮寄的信件，它具有方便、快捷和廉价的特点，是现代人生活和交往中的重要的通信工具。

用户可以自行注册电子邮件账号，并通过电子邮件地址接收和发送邮件。

当前我们常用的网络社交软件还有腾讯QQ、微博、微信、抖音等。

7.6 课后习题

7.6.1 单选题

1. 决定网络应用性能的关键是(　　)。

A. 网络的传输介质　　B. 网络的拓扑结构

C. 网络的操作系统　　D. 网络硬件

2. 下面不属于局域网的硬件组成的是(　　)。

A. 服务器　　B. 工作站　　C. 网卡　　D. 调制解调器

3. 下面关于电子邮件的说法，不正确的是(　　)。

A 电子邮件的传输速度比一般书信的传送速度快

B 电子邮件又称E-mail

C 电子邮件是通过Internet邮寄的信件

D 通过网络发送电子邮件不需要知道对方的邮件地址也可以发送

4. 在Internet中用于远程登录服务的是(　　)。

A. FTP　　B. E-mail　　C. Telnet　　D. WWW

5. 局域网由(　　)统一指挥,提供文件、打印、通信和数据库等功能。

A. 网卡　　B. 数据库管理系统

C. 工作站　　D. 网络操作系统

6. 电子邮件所包含的信息(　　)。

A. 能是文字　　B. 只能是文字与图像信息

C. 只能是文字与声音信息　　D. 可以是文字、声音和图像信息

7、建立局域网,每台计算机应安装(　　)

A. 网络配置器　　B. 相应的网络配置器的驱动程序

C. 相应的调制解调器的驱动程序　　D. 调制解调器

7.6.2　思考题

1. 计算机网络的基本功能? 日常生活中哪些地方需要用到网络?

2. 网络有几种拓扑结构以及各自的优、缺点?

3. 衡量计算机网络的主要性能指标有哪些?

4. 数据通信有哪些方式? 试述各种通信方式的机制。

5. 简述 TCP/IP 体系结构和每一层的主要功能。

6. IPv4 地址划分为哪几类? 试各举一例。

7. 常见的域名有哪些类型? 学习分析具体域名。

8. 简述怎样使用历史记录来打开以前的网页。

7.6.3　操作题

操作题 1:利用浏览器打开新浪网主页

找出国内新闻的网页,并把网页用文字格式,保存到本地。

操作题 2:注册邮箱并发送邮件

新注册一个网易 163 邮箱账号,发送一个邮件给自己的好友。主题是我的邮件,内容为我的计算机学习。

模块 8

多媒体技术基础

本章重点

多媒体技术是计算机技术应用的重要方向之一，其中图像是多媒体软件中最重要的信息表现形式之一。Photoshop 软件是最常见的图形图像处理软件，可以用于图像处理、图形设计、海报制作等诸多方面。此外随着互联网技术的发展，以美图秀秀为代表的移动端图像处理软件也成为人们经常使用的应用之一。

本章将从 Photoshop 软件介绍，Photoshop 常用工具，图层和蒙版的使用，简单图形处理和其他常用软件等多个方面对多媒体常用软件的功能和使用进行讲解。

章节要点

- Photoshop 软件的基本界面
- Photoshop 常用工具
- Photoshop 图层和蒙版的概念和使用
- 使用 Photoshop 软件进行简单的图片处理
- 美图秀秀等移动端修图软件的使用

8.1 Photoshop 软件介绍

8.1.1 Photoshop CS6 工作界面

Photoshop 是美国 Adobe 公司开发的优秀图形图像处理软件，它的理论基础是色彩学，通过对图形中各像素的数字描述，实现了对数字图像的精确调控。Photoshop 可以支持多种图像格式和色彩模式，能同时进行多图处理，它的选择工具、图层工具、滤镜工具能使用户得到各种手工处理无法得到的美妙图像效果。不但如此，Photoshop 还具有开放式结构，能兼容大量的图像输入设备，如扫描仪和数码相机等。

学会使用工作界面是了解和掌握 Photoshop 软件的基础，其工作界面主要由标题栏、菜单栏、属性栏、工具栏、图像编辑栏、控制面板和状态栏等部分组成，如图 8-1 所示。

标题栏
菜单栏
工具栏
图像编辑栏
状态栏
属性栏
控制面板

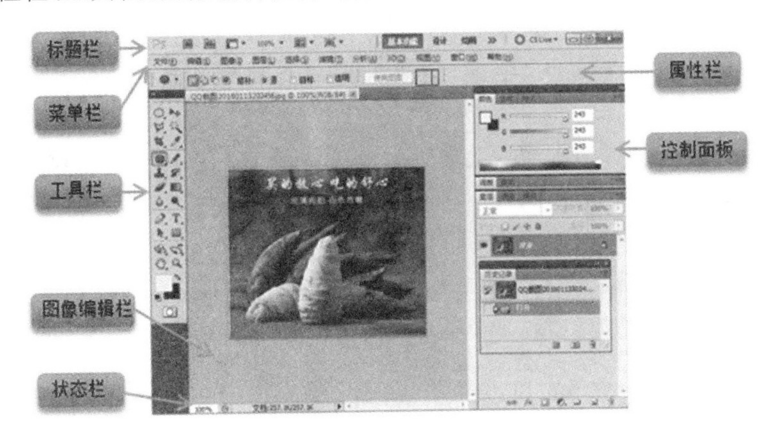

图 8-1　Photoshop 工作界面

(1)标题栏：用来显示程序的名称和控制窗口的按钮。

(2)菜单栏：由“文件”“编辑”“图像”“图层”“选择”“滤镜”“分析”“3D”“视频”“窗口”“帮助”等 11 个菜单命令所组成，可以完成对图像的编辑、色彩调整、滤镜特效等操作，如图 8-2 所示。

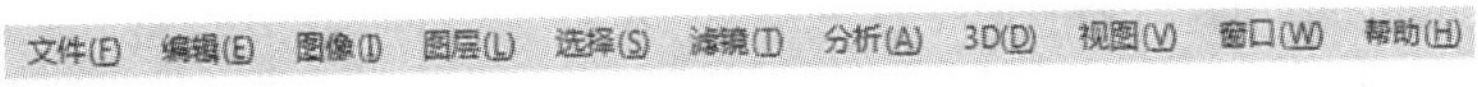
文件(F) 编辑(E) 图像(I) 图层(L) 选择(S) 滤镜(T) 分析(A) 3D(D) 视图(V) 窗口(W) 帮助(H)

图 8-2 菜单栏

文件：单击“文件”菜单可以执行新建、打开、存储、关闭、植入以及打印等系列命令。

编辑：单击“编辑”菜单可以执行还原、剪切、拷贝、粘贴、描边、填充等图像编辑命令。

图像：单击“图像”菜单可以使用模式、调整、图像大小、色阶、色彩平衡等设置。

图层：单击“图层”菜单可以新建、复制图层、建立蒙版、文字、色彩调整等各类图层操作。

选择：单击“选择”菜单可以对选择范围内图像进行反向、修改、变换、扩大、载入选区等操作。

滤镜：单击“滤镜”菜单可以为图像设置各种不同的特殊效果，常用于如阳光、下雨、雾气、玻璃等不同特效的制作。

分析：单击“分析”菜单可以进行图像比例、标尺等测量及统计功能操作。

3D：单击“3D”菜单可以打开 3D 文件，将 2D 图像转换成 3D，进行 3D 渲染等 3D 图像操作。

视图：单击“视图”菜单中的命令可以对整个视图进行调整和设置，包括缩放视图、改变屏幕模式、设置标尺和参考线等。

窗口:单击“窗口”菜单可以控制工具栏和控制面板的显示和隐藏。

帮助:单击“帮助”菜单可以查询软件的版本信息,以及各种命令工具和功能的使用。

在使用菜单命令时,如果命令显示为灰色,则表示当前无法使用,当命令右侧有三角形符号时,则表示该命令含有子菜单。如果菜单命令右侧有省略号,则会弹出与之相关的对话框。

(3)属性栏:位于菜单栏的下方,主要用于对所选择工具的属性进行设置。属性栏中显示的内容会随着所选择工具的不同而改变,比如在选择选框工具时,属性栏中就会显示与其相关的具体参数设置。选择工具属性栏如图 8-3 所示。

图 8-3 选框工具属性栏

(4)工具栏:位于界面的最左边,是工作界面中最常用的功能。当需要使用工具栏中的工具时只要单击相应的工具按钮即可,同时部分工具按钮的右下角有一个小三角形,表示该工具拥有子菜单。单击工具按钮即可弹出所隐藏的工具选项,选框工具栏如图 8-4 所示。

(5)图像编辑栏:位于工作界面的中心位置,用来显示当前图像及编辑效果。图像的绘制和编辑都在此区域中进行。

(6)控制面板:主要用于对当前图像的颜色、图层、样式及相关的操作进行设置。面板位于工作界面的右侧,用户可以进行分离、移动和组合等操作。控制面板界面如图 8-5 所示。

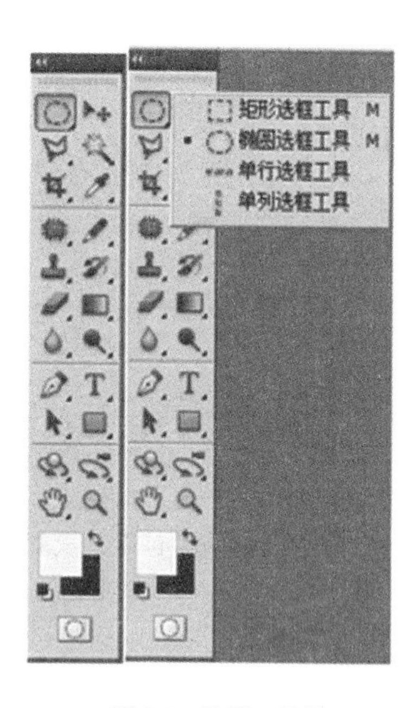

图 8-4 选框工具栏

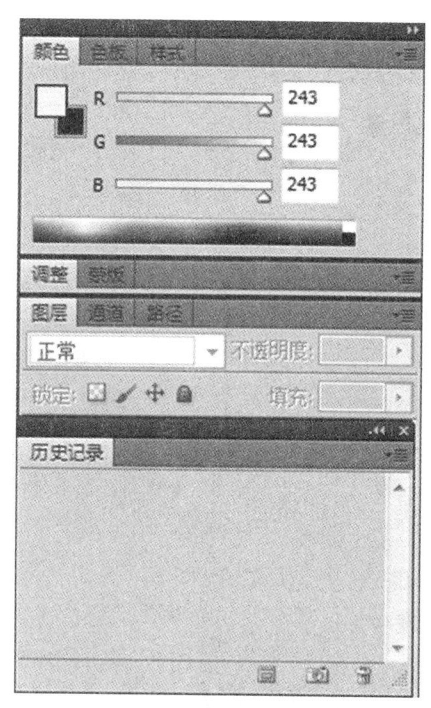

图 8-5 控制面板

(7)状态栏:位于工作界面的底部,主要用于显示当前所编辑图像的具体参数、文件大小和显示比例等信息。

8.1.2　Photoshop CS6 常用工具

在运用 Photoshop 软件进行图片处理时会使用到各种工具,熟练使用各类工具能够提高处理图片的效率。下面将对工具栏中的各种常用工具进行介绍。

(1)选框工具。选框工具主要用来进行区域图像的选择。选框工具包括规则型选框工具、不规则型选框工具、魔棒工具等。规则型选框工具可以对矩形、椭圆形、单行和单列区域进行选择。不规则型包括了多边形、套索、磁性套索等工具。魔棒工具主要用于相似色彩区域的选择。

(2)移动工具。移动工具是 Photoshop 软件工具栏中使用频率非常高的工具之一,主要功能是负责图层、选区等的移动、复制操作,包括跨文件的移动和文件内的移动。同时在移动工具状态下,选择图层按住 Alt 键,会移动并复制一个新的图层。选择图层按住 Shift 键,会约束角度,只能沿着水平、垂直、45°三个方向移动。

(3)裁剪工具。裁剪工具可以将图像根据实际需求进行大小的剪裁。

(4)吸管工具。Photoshop 中的吸管工具可用于拾取图像中某位置的颜色。一般用来取前景色后用该颜色填充某选区,或者取色后用绘图工具(如画笔工具、铅笔工具等)来绘制图形。

(5)修补工具。修补工具用于修改有明显裂痕或污点等有缺陷或者需要更改的图像。选择需要修复的选区,拉取需要修复的选区拖动到附近完好的区域方可实现修补。修补工具可以用其他区域或图案中的像素来修复选中的区域。同时将样本像素的纹理、光照和阴影与源像素进行自动匹配。

(6)画笔工具。画笔工具可以模拟画笔效果在图像或选区中进行绘制。可以在空白的图像中画出图画,也可以在已有的图像中进行二次创作。同时还可以设置不同的笔尖和硬度。画笔又称为笔刷,我们可以通过“画笔预设”功能把任意图像设置为预设画笔,并绘制出不同效果。

(7)填充工具。填充工具包括渐变工具和油漆桶工具,可以在选定区域内进行色彩和图案的填充,以达到不同的色彩效果。

(8)图章工具。图章工具可以以预先定义的图像为复制对象进行复制,用于对图像进行美化。

(9)文字工具。文字工具包括横排文字工具、直排文字工具、横排文字蒙版工具、直排文字蒙版工具等。应用文字工具可以创建文字图层并实现文字的输入和编辑。

(10)钢笔工具。钢笔工具用于在图像中绘制路径,通过路径可以进行复杂图像的扣取,存储选取区域以及绘制平滑线条。

8.1.3 图层的介绍

(1)什么是图层。图层就像在一张张透明的玻璃纸上作画,透过上面的玻璃纸可以看见下面纸上的内容,但是无论在上一层上如何涂画都不会影响到下面的玻璃纸,上面一层会遮挡住下面的图像。最后将玻璃纸叠加起来,通过移动各层玻璃纸的相对位置或者添加更多的玻璃纸即可改变最后的合成效果。一幅作品可以被分解为多个元素,即每一个元素由一个图层进行管理。分层绘制具有很强的可修改性,极大地提高了后期修改的便利度,最大可能地避免重复劳动。单击“图层”面板,将显示图层信息面板,如图 8-6 所示。

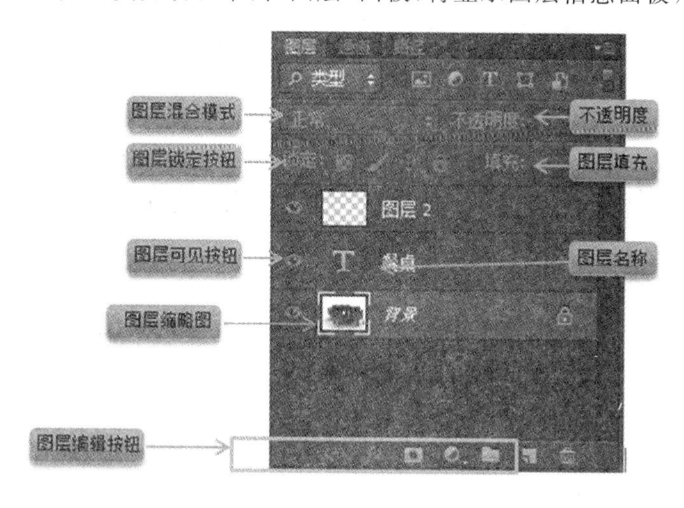

图 8-6 “图层”面板

图层混合模式:用于创建图层的各种特殊效果,如溶解、变暗、正片叠底、颜色、线性加深、叠加、柔光、强光等。

图层锁定按钮:可以设置当前图层的锁定方式,包括透明像素、图像像素、锁定位置、锁定全部等。被锁定的对象将不能进行编辑,如需再次编辑需要单击该按钮进行解锁。

图层可见按钮:该按钮可以控制图层中图像的显示与隐藏状态。

图层缩略图:用来显示当前图层的图像信息。

图层编辑按钮:包括了图层操作的常用快捷按钮,包括链接图层、添加图层样式、创建新图层以及删除图层等。

不透明度:针对整个图层,数值越大,不透明度越高。

图层填充:针对的是图层上的填充颜色,通过输入数值可以控制当前图层中非图层样式部分的透明度,对描边、投影、斜面浮雕等图层特效不起作用。

图层名称:可以根据用户需要自定义,以便对不同图层加以区别。

(2)图层的常用操作。图层的常用操作包括复制、移动和合并图层。

①复制图层。选择“图层”|“复制图层”命令在弹出的对话框中输入名称后,单击“确定”按钮。按“Ctrl+J”组合键可以复制当前图层,同时拖动图层到“新建图层”按钮上也可以复制该图层。

②移动图层。选择“图层”|“排列”命令可以调整图层顺序，也可以在“图层”面板中直接拖动。在 Photoshop 软件中，位于上方的图像将遮盖下方图像，用户可以通过更改不同图层顺序显示不同的视觉效果，如图 8-7 所示。

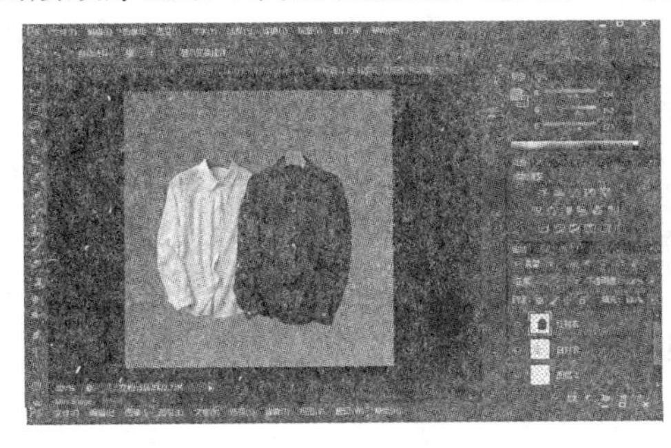

图 8-7　调整图层顺序设计效果

③合并图层。当有两个或者两个以上图层时，可以将需要的图层合并。可以选择“图层”|“合并图层”或按“Ctrl＋E”组合键将多个图层合并为一个图层。或者选择“图层”|“合并可见图层”，要先将不想合并的图层隐藏。选择“图层”|“拼合图层”可以将所有可见图层合并到背景层中，如果有隐藏图层，将会弹出对话框，提示是否需要扔掉隐藏的图层。

④图层的链接。当想要对几个图层同时进行移动、旋转、自由变形等操作时，可以链接图层。选择“图层”|“选择链接图层”，此时已经建立链接的图层旁边显示链条图形，表示当前图层已链接。

⑤图层的删除。当不再需要某个图层时，可以将其删除。删除图层的方法如下：选择“图层”|“删除”/“图层”命令，在弹出的对话框中单击“是”即可删除。也可以单击“图层”面板右上角的小三角按钮，在弹出的面板菜单中选择“删除图层”命令即可。

8.1.4　蒙版的介绍

(1)蒙版的概念。蒙版可以覆盖在图像中，保护被遮挡的区域，只允许用户对被遮挡区域以外的区域进行修改。蒙版与选区范围的功能是相同的，两者之间既可以相互转换，又有所区别，可以使用选框工具对选取范围进行修改。

(2)快速蒙版的使用。快速蒙版可以快速地将选取范围转换为蒙版，对该蒙版进行处理后可以将其转换为一个精确的选取范围。快速蒙版的使用如图 8-8 所示。

图 8-8　利用快速蒙版更改背景

(3)图层蒙版的使用。图层蒙版可以将图像中不需要的部分遮住,绝大多数图像的合成都需要用到图层蒙版。图层蒙版主要依靠蒙版中的像素的亮度来显示屏蔽效果,亮度越高,屏蔽效果越小,反之亮度越低,效果越明显。图层蒙版的使用效果如图 8-9 所示。

图 8-9　利用图层蒙版制作咖啡杯效果

(4)剪切蒙版的使用。剪切蒙版可以用一个图层中包含的像素的区域来限制上一个图层的显示范围,其最大的优点就是可以通过一个图层来控制多个图层的可见内容。剪切蒙版的使用效果如图 8-10 所示。

图 8-10　利用剪切蒙版更换背景

8.1.5　文字标签的制作

以下将以图 8-11 所示文字标签为例,介绍 Photoshop 软件的基本操作方法,包括图层的新建、打开、保存,选框工具的使用,文字工具、渐变填充工具与图层管理,图层样式及特效的使用。

图 8-11　文字标签效果

该案例中的促销文字标签共有两个，分别是如图 8-12 所示的环保文字标签和如图 8-13 所示的包邮文字标签。

图 8-12　环保文字标签效果

图 8-13　包邮文字标签

下面将对两个标签的制作过程进行介绍。

(1)环保文字标签的制作。该标签包括了图层的新建，色彩的填充，投影和描边特效，以及文字工具的使用。

步骤 1：在开始菜单中选择“文件”|“打开”命令，载入原始图片。

步骤 2：在图片左上角使用矩形选框工具|选取长度为 200 像素、宽度为 50 像素的矩形范围。选择“图层”|“新建”|“图层”或者按“Shift＋Ctrl＋N”键新建图层，并命名为环保标签。

步骤 3：设置前景色为红色，选择“油漆桶”工具或按“Alt＋Delete”快捷键填充选区。

步骤 4：在“图层”面板底部单击“添加图层样式”按钮进入“图层样式”对话框。在对话框中选择“投影”选项，设置投影参数如图 8-14 所示。

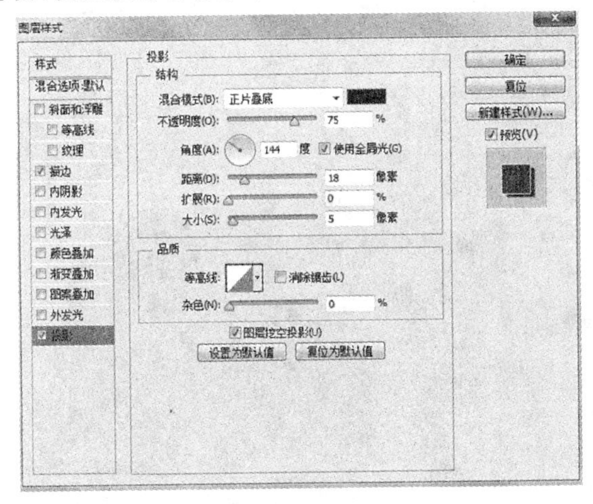

图 8-14　添加投影

步骤 5：如果想进一步美化标签，可以给标签添加描边。在“图层样式”对话框中选择“描边”选项，设置描边参数如图 8-15 所示。

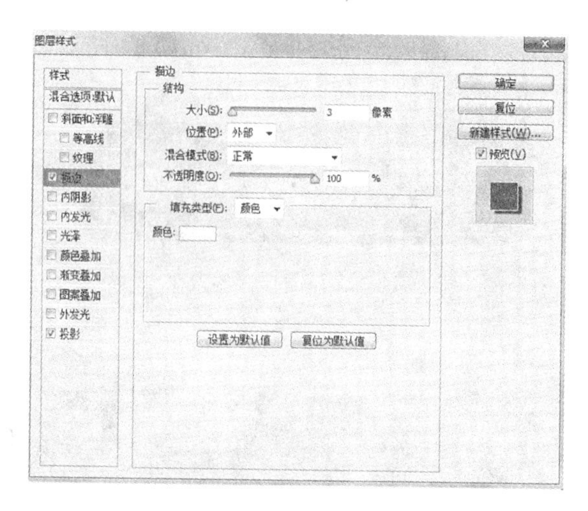

图 8-15 添加描边

单击“确定”按钮。返回工作界面可以看到标签效果如图 8-16 所示。

图 8-16 标签效果

步骤 6:单击文字工具,在选区上建立文字图层,输入文字“真环保无气味”,设置字体为华文琥珀,白色,并调整到合适大小。环保文字标签效果如图 8-17 所示。

真环保无气味

图 8-17 添加文字图层

(2)包邮标签的制作。该标签包括了图层的叠加、投影和描边特效,文字的栅格化以及渐变填充。

步骤 1:在图片左上角使用椭圆选框工具,按住 Shift 键建立圆形选区。选择“图层”|“新建”|“图层”或者按“Shift+Ctrl+N”键新建图层,并将图层命名为包邮标签。

步骤 2:将前景色设置为黄色,并填充新图层。将图像移至左下角合适位置。

步骤 3:为图像设置投影和描边效果。

步骤 4:在图像上添加文字图层“质保十年”并设置字体为黑体。

步骤 5:新建图层,并用矩形选框工具在图层上选取矩形区域。将前景色设置为黄色,后景色设置为红色。利用线性渐变工具填充图层,图像效果如图 8-18 所示。

图 8-18　包邮标签效果

步骤 6:添加文字图层,并添加文字“满 2000 元全国包邮”,设置字体为华文琥珀。

步骤 7:选择“图层”|“栅格化”|“文字”将文字转换为图像。

步骤 8:按住 Ctrl 键并单击文字图层缩略图载入选区,将前景色设置为黄色,后景色设置为褐色,并利用渐变工具填充文字。

步骤 9:为文字添加黑色描边。

最终效果如图 8-19 所示。

图 8-19　最终效果

8.2 其他多媒体软件介绍

除了 Photoshop 之外，还有很多专业的图片编辑及修复工具，如 Illustrator、CorelDraw、Painter、3dsmax、美图秀秀、光影魔术师等。其中随着数码相机和智能手机技术的不断发展，越来越多的人选择使用手机软件进行图片的快速处理。其中美图秀秀就是国内流行的照片处理软件之一，该软件简单、易用，是照片后期处理、人像照片快速美容、商品图片美化的必备照片处理软件，下面将对如何使用美图秀秀进行图像处理进行介绍。

8.2.1 美图秀秀下载和安装

美图秀秀是一款简单、易操作的图片处理软件，具有独有的美化、美容、拼图、场景和边框等功能，能够轻松地对拍摄的图片进行美化与修饰。在使用美图秀秀前，可以在美图秀秀的官方网站上下载最新版本的软件，如图 8-20 所示。

图 8-20 电脑版与手机版软件下载

此外，用户也可以在手机的应用商城中搜索“美图秀秀”APP，进行软件的下载和安装。

另外，手机或电脑容量过小的用户也可以选择网页版美图秀秀，只要在浏览器中输入相关网址就可以进行在线的图片编辑。网页版界面如图 8-21 所示。

图 8-21　网页版美图秀秀界面

8.2.2　商品的美化

(1)调整商品的亮度。曝光不足是指摄影过程中,因对被摄物体亮度估计不足,使感光材料上感受到的光的亮度不足。曝光不足是用户在进行数码照片拍照时常见的问题,这类照片往往色彩黯淡,影像密度小,色彩不饱和,难以激发客户的购买欲望,如图 8-22 所示。

图 8-22　曝光不足商品图片

此类照片可以通过调整亮度和对比度进行一定修复,具体操作如下:

步骤 1:打开美图秀秀软件,载入原图。

步骤 2:选择“美化”菜单,在基础界面拖动圆形滑块调整照片亮度。

步骤 3:也可以选择“一键美化”按钮来智能调整亮度。

步骤 4:调整后保存图片。对比效果如图 8-23 所示。

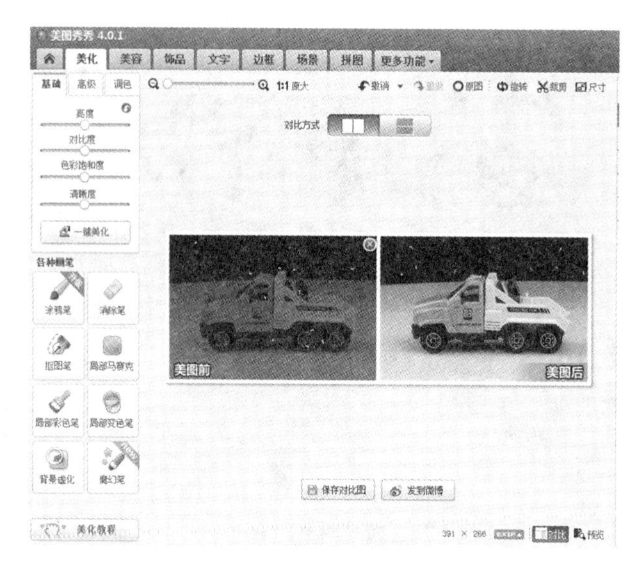

图 8-23　亮度调整界面

(2)添加特效。此外,还可以点击右上角的“特效”按钮,为商品图片添加后期特效。用户可以根据商品的特点进行设置。效果如图 8-24 所示。

图 8-24　特效效果

8.2.3　人物的美化

人物是商品图片的重要组成部分,是服装、箱包等各类用品的载体。美图秀秀具有强大的美颜功能，可以对人物照片进行快速优化，具体操作如下：

步骤 1：载入原图，点击顶部“美容”菜单，如图 8-25 所示。

步骤 2：点击“瘦脸瘦身”选项，在需要变瘦的区域拖动鼠标，效果如图 8-26 所示。

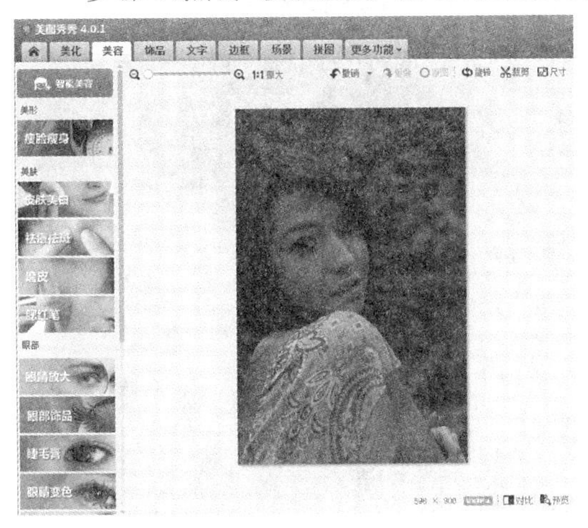

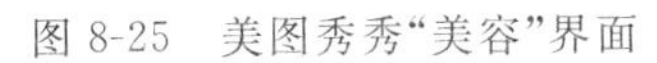
图 8-25 美图秀秀“美容”界面

图 8-26 瘦脸瘦身效果

步骤 3：选择“皮肤美白”工具，在“整体美白”选项中，调节美白的力度和肤色。由于示例图片的画面整体偏暗，同时脸上有较多粉刺，可以适当加大美白力度，并且将肤色略偏暖色系，如图8-27所示。

步骤 4：选择“祛痘祛斑”工具，将祛痘笔调整到合适大小去除脸部痘痕。效果如图 8-28 所示。

图 8-27 皮肤美白效果

图 8-28 祛痘祛斑效果

步骤 5：选择“磨皮”选项，对皮肤进行后期处理，效果如图 8-29 所示。

步骤 6：选择“腮红”选项，在脸部适当涂抹使肤色更自然。

步骤 7：选择“眼睛放大”工具，将红圈移动到眼睛上轻轻拖动，适当放大眼部。效果如图 8-30 所示。

图 8-29 磨皮效果

图 8-30 放大眼部效果

步骤 8:选择“染发”工具,在头发上轻轻拖动就可以进行染发操作。最终效果如图 8-31所示。

步骤 9:此外还可以通过添加特效和边框等方式对图片进行进一步美化,效果如图8-32所示。

图 8-31 效果对比

图 8-32 美化效果

8.2.4 拼图海报的制作

除了商品和人物美化功能外,美图秀秀还具有强大的拼图能力,可以通过模板将不同商品进行组合。具体操作如下。

步骤 1:打开美图秀秀软件,选择“拼图”菜单,在左侧选择“海报拼图”,如图 8-33所示。

步骤 2:点击“添加图片”按钮,载入图片,在右侧选择如图 8-34 所示的模板。

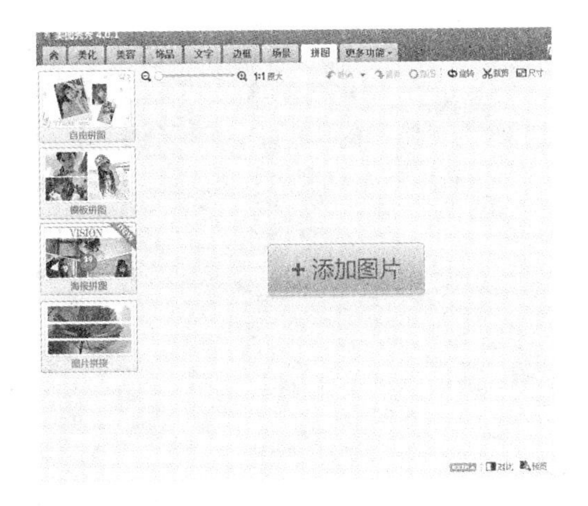

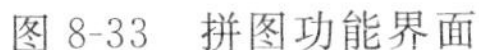
图 8-33　拼图功能界面

图 8-34　添加海报拼图模板

步骤 3:在界面中拖动图片可以更改图片的大小和角度,拖动图片可以改变图片的位置,如图 8-35 所示。

步骤 4:编辑完成后点击“保存”按钮,就可以完成拼图海报的制作。

步骤 5:点击“文字”按钮,为海报添加文字说明。效果如图 8-36 所示。

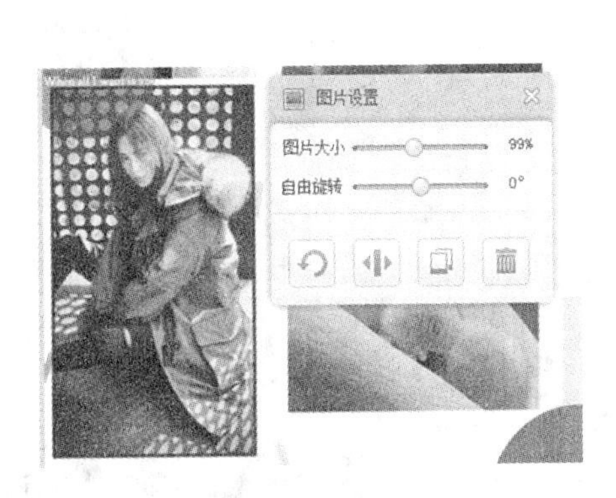

图 8-35　编辑图片

图 8-36　海报效果

8.3　知识与内容梳理

本章主要介绍了 Photoshop 软件的界面和常用功能,图层和蒙版的基本概念和使用场景,简单的图形处理以及其他常用图形处理软件如美图秀秀的使用。

Photoshop 是美国 Adobe 公司开发的优秀图形图像处理软件。

Photoshop 软件中的常用工具包括选框工具、移动工具、裁剪工具、吸管工具、修补工具、画笔工具、填充工具、图章工具、文字工具和钢笔工具等。

图层就像在一张张透明的玻璃纸上作画,最后将玻璃纸叠加起来,通过移动各层玻璃纸的相对位置或者添加更多的玻璃纸即可改变最后的合成效果。

蒙版是可以覆盖在图像中，保护被遮挡的区域，只允许用户对被遮挡以外的区域进行修改。

美图秀秀是一款简单、易操作的图片处理软件，具有独有的美化、美容、拼图、场景和边框等功能，能够轻松地对拍摄的图片进行美化与修饰。

8.4 课后习题

操作题 1：优惠券的制作

使用 Photoshop 软件制作如图 8-37 所示的店铺优惠券，制作该优惠券会使用到填充工具、选框工具、图层工具、文字工具等。

图 8-37　优惠券效果

操作题 2：图片美化

使用美图秀秀软件处理一下图片，包括亮度和对比度的调整以及特效的美化，美化效果如图 8-38 所示。

8-38　美化效果对比